Panicks Series 04

TRIZ

CREATIVITY AS EXACT SCIENCE

TRIZ는 과학이다

에디슨은 WHY 시행착오를 더 했을까?

겐리흐 알트슐러 저 박성균 · 박선순 역

도서출판 GS인터비전

Prologue

특별한 프로세스를 제어할 생각으로 누군가를 놀라게 하기란 오늘날 쉽지가 않다. 열핵 에너지를 제어하는 것은 무엇이 문제인가? 그것은 다가오는 몇 년 안에 제어될 것이다. 유전자를 제어하는 것은? 당신이 어떻게 이 질문을 바로 할 수 있는가? 우리는 유전 공학을 이미 갖고 있지 않은가? 날씨를 제어하는 것은? 어떤 의문이 있을 수 있는가? 또한 확실하게 비를 내리게 할 수 있다. 별들의 운동을 제어하는 것은? 그 것이 쉬운 문제는 아닐지 모르지만, 원칙적으로는 장애가 없다. 언젠가 별을 제어하는 방법을 배울 것이고, 그것은 시간의 문제이다. 오늘날 아직 제어되지 않는 어떤 것을 제어한다는 생각은 자연스럽게 받아들여지고 있다. 우리가 그것을 제어하는 수단을 찾고, 제어할 것이다. 하지만 아직 창의성 프로세스를 규칙으로 제어한다는 생각은 큰 저항에 직면하고 있다.

"누구나 창의성 행위가 자기 마음대로 되지 않는다는 것을 알고 있다."라고 극작가 로소이(Rosoy)가 말했다. "이것은 의지나 강제적인 명령의 막대한 노력에도 불구하고 반응하지 않는다. 그러나 역설적으로 보일지 모르나, 창조[1)]의 순간에 예술가는 생각하지 않는다. 왜냐하면 생각이 창의성을 죽이기 때문이다. 나의 경우를 생각해 보면, 예술가는 바로 창조의 순간까지, 그리고 그 이후에는 생각하지만, 바로 창조 행위 순간에는 의식적으로 그것을 곰곰이 생각하지 않는다. 과학 창의성에서는 이것은 자연히 훨씬 복잡해진다. 하지만 이것은 예술에 가깝다. 아마도 피를 나눈 자매와 같다. 문화, 과학, 기술, 예술의 모든 영역에서 위대한 성취와 발견의 시작점은 기대하지도 않은, 분명한 이유 없이 일어난 한순간의 계발(啓發)이었다고 몇 년 전 영향력 있는 논문 주석에서 읽은 적이 있다. 이것이 바로 창의성이 무엇인지를 말하고 있다."[2)]

나는 30년 전 발명 과학을 연구하기 시작했을 때 이러한 창의성 관점과 마주쳤다.

1) Creativity는 창조성과 창의성으로 번역하며, 그 표현에 논란의 여지가 있지만 이 문맥에서는 창조로 표현하는 것이 자연스러워 보인다.
2) Question of Philosophy, 1975, No. 8, 151쪽.

업적에 대해서 이야기 할 때 과학자와 발명가들은 갑작스러운 계발에 관해서 만장일치로 이야기하며, 창의과정을 제어하는 것이 불가능할 뿐 아니라 그것이 무엇이고 어떻게 나타나는지 이해하기가 불가능하다고 이야기한다. 과학과 기술에 있어서 큰 업적을 이룬 사람이 창의성의 불가사의를 이야기할지라도, 나는 그들의 말을 이의 없이 즉각적으로 확실하게 믿지 않았다. 왜 모든 창의성이 의문을 받아야 하는가?

다른 모든 프로세스와 달리 제어할 수 없는 이것을 어떤 종류의 프로세스라고 할 수 있는가? 많은 발명은 너무 늦게 나타난다. - 이 사실은 오랫동안 알려져 왔다. 발명가 는 자주 실수를 한다. 다리가 달린 기관차와 손이 있는 재봉틀을 꿈꾸면서 말이다. 그래서 이것이 항상 그래야 한다는 뜻인가? 나는 이 문제를 연구하기로 마음을 먹었고, 나는 1, 2년 안에 그것을 해결하리라 생각하였다.

이 문제는 훨씬 더 복잡하다는 사실이 밝혀졌다. 바람이 없이 항해하는 범선(帆船)함대를 만드는 문제가 있다고 상상해 봐라. 그러나 항해하는 배는 바람에 의존하는 특성이 있고, 이것에 관해서 아무것도 할 수 없어 보인다. 무언가 비슷한 것이 발명 창의성에서 나타났다. 발명의 문제는 오랜 시간 동안 variant[3]의 선택(이것을 이렇게 한다면 어떨까?)으로 해결되어 왔다. 이 프로세스는 역시 이해하기 어려운 많은 뜻밖의 요인에 의해 좌우된다는 것이 밝혀졌다. 실제로 우리는 발명 문제를 제어할 수 없다. 이것은 다른 기술로 전환할 필요가 있다는 의미이다. 그 기술은 같은 결과인 발명을 만들지만, 다른 생산 프로세스로써 제어 가능해야 하고, 잘 조직화 되어 효과적이어야 한다. 결론적으로 만약 당신이 바람과 독립적이기를 원한다면, 증기선을 건조하고, 왕복 항해선을 만들지 못하리라는 당신의 믿음을 포기하라. 비록 도처에 있는 모든 함선에서 범선밖에 볼 수 없을지라도…

개략적으로 조차 발명문제 해결 이론을 세우는 것은 매우 노동 집약적인 일이다. 1960년대에 한 연구팀이 모였다 : 첫 번째 공공연구소와 학교가 생겼고, 그곳에서 누구나 발명문제 해결책에 관한 새로운 기술을 시험하고 가다듬을 수 있었다. 1980년 대인 오늘날, 약 100여개의 이러한 연구소와 학교가 운영 중이다. 여기에서 매년 과학자, 엔지니어, 그리고 학생들은 발명문제 해결에 대한 이론적 원리를 연구하고 있다. 〈성

3) variant : 방안, 문제해결을 위한 다양한 아이디어, 해결안, 대안

과〉의 규모가 빠르게 성장해서, 졸업생들은 그들의 연구가 끝난 후에도 발명을 계속하였다. 이 이론은 개선되고 있고, 경험이 쌓여, 이것이 〈성과〉의 결과에 반영되었다. 이 책은 새로운 창의성 기술을 설명하고 있으며, 이 사고 과정은 혼돈이 아니라 조직화되어, 평범하게 제어될 수 있다. 이 책은 두 가지 방법으로 읽을 수 있다. 첫 번째 방법은 너무 상세히 읽지 말고 단순하게 전반적으로 쭉 읽는 것이다. 마치 하늘을 날고 바다로 들어가는 방법에 관한 책을 읽는 것처럼 : 이것들은 충분이 흥미로운 방법이다. 하지만 스스로가 화성까지 날아가거나 메리엔(Marianna) 해구까지 내려가기를 바라지 않는다.

독자는 자신의 기억 속에 핵심 생각을 간직한다. : 여기 새로운 창의성 기술이 있다. 독자가 발명문제를 해결해야 한다면, 당신은 방안의 맹목적인 선택이 아니라 이론을 숙지함으로써 시작해야 한다. 이 책을 읽는 두 번째 방법은 다음과 같다. : 기본 원리와 규칙을 기억해 두면서, 각 장의 끝에 있는 문제를 풀거나 최소한도 풀고자 하면서, 그리고 만약 문제가 풀리지 않으면 그 장을 다시 읽으면서, 연구하는 자세로 읽는다.

문제란? 자연히 예제를 제시하지 않고서는 발명문제 해결 이론을 말할 수는 없다. 그런 이유 때문에 이 책에는 많은 예제가 있다. 그런 문제를 두려워하지 마라. 만약 그것이 당신의 분야가 아니라고 방치하지 마라. 그것들은 제어된 사고로 심리적 관성을 극복하고, 이 책에서 제시된 기술 시스템 발전법칙을 적용하기 위한 연습 문제들이다. 각 문제의 해결책은 협소한 전문지식을 필요로 하지 않는다. 기억에 남아있는 학교 물리정도면 충분하다.

이 책은 우선적으로 엔지니어를 대상으로 하였다. 하지만 기술 분야에 있지 않은 사람도 역시 이해할 수 있다. 발명문제(원리와 구체적인 공식 및 규칙이 없는) 해결책에 있는 사고제어 원리를 다른 인간 활동 영역에 있는 창의적 사고 체계로 바꾸어 말할 수 있다. 그러므로 이 책은 폭넓은 독자층에 적절하다. 이 책을 읽는 사람들 중에서 이것을 더 공부하고 싶은 사람이 생겼으면 좋겠다. 새로운 형태의 창의적 사고를 제어하고 탐색하는 분야에 종사하는 사람들이 기술, 과학, 예술에서 생겼으면 좋겠다. 재능을 부여받은 사고의 특성을 찾아내고, 우연히 스치고 지나가는 섬광으로 부터 강력한, 제어 가능한 지식의 불꽃으로 이 사고 과정을 바꾸는 것 보다 더 매력적인 것이 있겠는가?

CONTENTS

1

<창의성>

창의성 이라는 성과 위에 서서

1.1 시도를 주저하지 말라〈시행착오법〉.

1.2 시행착오를 줄여준 발명의 역사

1.3 생각을 활성화하는 방법들

1.4 어려운 문제를 쉬운 문제로 바꿀 수 있다면

1.5 발명문제 속에 숨어있는 모순의 형태

1.6 발명의 보물창고는 기술 시스템의 발전 법칙에

1.7 발명문제 해결을 위한 알고리즘(ARIZ)

1.8 아리즈에서 발명 과제의 해결책 이론으로

1.9 학습문제 : 문제 5 ~ 8

1.1 시도를 주저하지 말라<시행착오>.

발명은 인간의 가장 오래된 직업이다. 인류의 먼 조상이 인간이 되어가는 과정은 일하는 도구의 발명으로 시작되었다. 첫 번째 발명은 사실 인간이 만들지 않았고, 기성품으로 인간을 위해 제공되었다. 인간은 날카로운 돌로 죽은 동물의 가죽을 자를 수 있다는 것을 알았고, 그래서 인간은 돌을 골라 사용하기 시작하였다. 숲에 불이 나자, 인간은 불의 따뜻함과 그것을 방어 수단으로 쓸 수 있다는 것을 깨달았다. 그래서 인간은 낮에도 불을 유지하기 시작했다.

사람들은 그것만으로 아직 문제를 식별 하지 못했지만, 단지 기존에 있는 해결책들을 찾아내기 시작했다. 창의성 부분은 이러한 해결책들의 적용 방법을 추측하는 데에 있었다. 하지만 거의 동시에 발명문제 역시 그들에게 제시되었다. : 무딘 돌을 어떻게 날카롭게 할 것인가? 손에 좀 더 잘 맞는 돌을 어떻게 만들 것인가? 바람과 비로부터 불을 어떻게 보호할 것인가? 한 장소에서 다른 장소로 물을 어떻게 옮길 것인가? 이러한 발명문제를 해결하기 위해서 그들은 시행착오 방법에 의지해야만 했고, 가능한 모든 방안을 다루어야 했다. 오랫동안 방안 선택이 불규칙하게 진행되었다.

하지만 점차 어떤 방법들이 표면화되었다. : 자연 모델 복사하기, 상호 작용하는 대상물의 크기와 수 늘이기, 단일 시스템으로 여러 대상물 가져오기 등. 물질 특성에 관

돌도끼

손잡이가 있는 돌도끼

1백만년전 최신식 도구 돌도끼는 손잡이가 달리므로
현재까지도 유용하게 사용되고 있다.

한 사실, 관찰 그리고 정보가 쌓였다. 이런 지식의 활용은 탐색을 향한 능력을 향상시켰고, 문제 해결 과정에 약간의 질서를 주었다. 하지만 과제 자체 또한 변화를 겪었고, 몇 세기가 계속됨에 따라 과제는 점차 복잡해져갔다. 오늘날 우리에게 필요한 한 가지 올바른 해결방안을 찾기 위해서 수많은 〈공허한〉시도를 하면서 일을 하고 있다.

발명가의 작품에 대해서 일부 전통적이지만 올바르지 못한 견해가 있다. 일부는 "이것은 모두 우연이다."라고 말한다. 다른 사람들은 "모든 것은 근면에 달려있다. 당신은 여러 가지 방안을 계속해서 시도해 보아야 한다."라고 주장한다. "이 모든 것은 천부적 재능에 달려있다."라고 주장하는 사람도 있다. 이러한 모든 견해에는 사실적 요소가 있지만, 단지 외견상 피상적으로만 사실이다. 시행착오 방법은 그 본질이 효율적이지 못하고, 문제와 발명가의 개성에 의존한다. : 모든 사람이 〈굉장한〉시행을 시도할 수 없을 뿐 아니라, 인내를 가지고 어려운 과제에 스스로를 던져 그것을 풀 수도 없다.

19세기말에 에디슨은 시행착오 방법을 사용하였다. 그는 자신의 작업장에 천 명에 가까운 작업자를 고용하였다. 그 결과, 한 가지 기술문제를 여러 개의 과제로 나누고, 각 과제에 대해서 동시에 많은 방안을 시험할 수 있었다. 에디슨은 과학 연구소를 발명하였다(나의 견해로 이것은 그의 발명 중 최고이다).

분명히 천 명의 인부는 한 명의 인부보다 더 많은 구멍을 팔 수 있다. 하지만 그들이 파는 방법은 기본적으로 같다.

현대 〈발명 산업〉은 에디슨 계열로 조직화되어 있다. 과제가 어려우면 어려울수록 수행해야 하는 시행 횟수는 증가하고, 그것을 풀기 위해 고용해야 할 사람의 수도 증가한다. 에디슨은 3~5명의 그룹에게 동시에 〈가장 신뢰할 수 있는 유리와 금속 부품의 접합 방법〉을 다루는 과제를 줄 수 있었다. 오늘날에는 수십 명 또는 수백 명 과학자와 엔지니어로 구성된 많은 팀이 동시에 달려들어 이러한 과제를 해결한다.

오늘날 주요 발명은 고립된 개인이 아니라 팀이 한다는 것은 공리이다. 모든 그런 믿음처럼 이것은 부분적인 사실만을 반영한다. 최고로 중요한 것은 개인이나 팀이 수행한 일이 무엇인가가 아니라 일의 조직화 수준이다. 〈혼자서〉일하는 굴착기 운전기사 인부 팀보다 훨씬 생산적으로 일한다. 그리고 인부 〈팀〉은 각 인부가 개인으로 작업하기 때문에 느슨한 팀이라 할 수 있다.

시행착오 방법과 이것을 기반으로 하는 창의성 노동 조직체는 현대 과학 혁명의 요구와 모순 관계에 있다. 〈헛된〉시행 횟수를 획기적으로 줄일 수 있는 창의성 과정을 관리하기 위한 새로운 방법이 필요하다. 또한 이 효과적인 새로운 방법의 응용을 가능하게 해 줄 새로운 창의성 과정의 체계화가 필요하다. 그리고 발명과제 해결을 위해 실제 업무에 적용 할 수 있는 과학적 기반의 이론이 필요해졌다.

1.2 시행착오를 줄여준 발명의 역사

'원은 완벽한 도형'이라고 주장한 그리스 수학자 파포스(Pappos)의 〈수학 집성〉중 7권에서 처음으로 〈발견학습(heuristics, 이후 휴리스틱스)〉이라는 용어가 사용되었다. 파포스는 고대 수학자들의 업적들을 망라하고 그들의 업적에 대해 다른 증명을 해 보여 이론들을 더 일반화 했다. 유클리드(Euclid), 베르가모(Pergamos)의 아폴로니우스(Appolonius) 그리고 아리스토스 엘더(Aristos the Elder)를 그의 선구자로 인용하면서 발견과 발명에 있어 불필요한 시행착오를 줄일 수 있는 과학인 휴리스틱스의 기본을 제공하였다.

그 후에 데카르트(Descartes), 라이프니츠(Leibniz) 그리고 푸앵카레(Poincare)를 포함한 많은 수학자들이 창의적인 휴리스틱스 문제에 대해 공헌하였다. 수학은 분명하게 실험적 발전의 가능성을 부정하였기 때문에 다른 과학보다 더 일찍, 더 강력한 창의적 과제를 해결하기 위한 도구가 필요하였다. 처음부터 발견과 발명이라는 용어는 휴리스틱스에서 폭넓은 해석으로 제시되었다.

발견가와 발명가들은 예술가, 시인, 정치가, 군사 지휘관, 철학자 등을 포함한다고 간주되었다. 수학 창의성 기술을 연구할 때 수학자들은 사실에 입각한 자료에 관심을 두었다. 그들은 수학문제 해결 과정을 조사하였고, 연구를 통해 얻은 경험을 분석하였으며, 학생들과 실험하였다. 하지만 그들이 창의성의 일반법칙을 정형화하려고 시도하자마자, 과학적인 접근방법과 멀어졌고, 조화롭지 못한 사실, 역사적 일화 등에 대해서 작업하기 시작하였다. 이에 대한 전형적인 책으로 포야(D. Poya)[1-2]와 아담어(G. Adamar) [3]의 책이 있는데, 수학을 다룰 때 분석적, 구체적 그리고 심오했던 것들이 일반 또는 기술 창의성으로 방향을 바꾸자 피상적이 되었다.

'창의성 이론'에 대한 많은 업적을 이룬 러시아 공학자 엥겔마이어(P. K. Engelmeier)는 휴리스틱스에 대해서 많은 연구를 하였다. 그가 쓴 〈Heurology〉는 창의성의 일반이론이라 불리는 것, 즉 예술적 창조, 기술 발명, 과학적 발견, 그리고 모든 것에 사용할 실용적 활동 등 모든 창의성 현상을 포괄하는 이론을 담고 있다. 따라서 파동이론 역시 〈Heurology〉이다[4. 132쪽]. 엥겔마이어의 책들은 가치 있는 많은 아이디어를 표현하면서, 특히 생물공학의 탄생 가능성에 대한 흥미 있는 자료를 담고 있다. 엥겔마이어는 다음과 같이 썼다. "천재는 아마도 하늘이 준, 흔치 않은 선물이 절대 아니다. 오히려 완전히 바보로 태어나지 않은 모든 사람의 운명일지 모른다[4. 135쪽]." 반세기 후에 이 개념을 형태학 분석의 저자인 츠비키(Zwicky)가 그대 로 되풀이 하였다.

19세기 후반에 과학 및 기술 창의성의 심리학에 대한 탐색 연구가 출현하기 시작하였다. 본질적으로 그러한 것들은 휴리스틱스이었지만, 사고 심리학에 핵심을 두고 있다. 처음에 이 과학적 탐색은 대부분 발명가 개인을 연구하는 쪽으로 방향을 잡았다. 이 시기에 창의성이 있는 개인은 예외적인 어떤 것으로 간주되었다. 심리적 무질서와 천재의 닮은 점, 발명가 혈액의 특별한 조성 등에 대한 많은 논의가 있었다.

그 후, 20세기에 와서야 창의적 재능은 실질적으로 모든 사람에게서 발견될 수 있다고 확신하는 쪽으로 점차 방향을 잡아갔다. 심리학자들은 간단한 과제로 실험하기 시작하였다. 특별히 던커(K. Dunker)와 세키(L. Sekey)[5]가 흥미로운 연구를 하였다. 실험자가 방안 목록을 집계함으로써 과제를 해결하고, 이 과정에서 대부분은 그들의 이전 경험에 의존하며, 검토한 각각의 방안이 그들 과제에 대한 견해를 변형한다는 사실이 밝혀졌다. 그러나 발명가에게 일반적으로 많은 시행횟수가 필요한데, **"왜 어떤 발명가는 적은 시행으로 문제를 해결하는가?"**라는 핵심 문제에 대해서 그들은 어떤 힌트도 얻지 못했다. 창의성 심리학은 그 시기에 이 의문에 대해서 답을 줄 수 없었다. 근본적으로 1930년대와 1940년대 이후, 그 원리에 대한 새로운 결과가 없었다.

왜 심리학자들이 복잡한 과제의 해결을 포함한 실제적 창의성 과정을 연구하지 않고 단순한 과제와 퍼즐을 갖고 고집스럽게 실험해야 했는가? 심리학자 린코브스키 (N.P.

Linkovsky)[6]는 그러한 연구는 실질적으로 극복할 수 없는 장애에 부딪혔다고 분명하게 말하였다. 이 창의성 과정은 시간을 연장할 뿐이다. 관찰을 시작해서 다음 5년 또는 10년이 지나도 〈실험 발명가〉는 자신의 문제를 계속해서 다루고 있을지 확신할 수 없다. 그리고 바로 이 관찰 자체가 실험의 신성을 위반하고 있다. : 심리학자 가 발명가를 상세하게 연구하면 할수록, 그는 발명가의 사고 과정을 더 배우겠지만, 의문이 많아질수록 실제 사고과정 자체에 영향을 주어, 그것을 바꾸고 비틀 것이다.

창의성 과정은 오랫동안 지속되겠지만, 해결책은 스스로 종종 갑작스러운 〈섬광같은 계발(啓發)〉의 형태로 나타난다. 이 경우에 발명가에게 질문을 하는 것은 완전히 불가능하다. 그리고 어떤 경우에는 발명가와 관련된 사실들이 사고의 진짜 과정을 반영하지 않을 수도 있다. 1920년대로 거슬러 올라가 철학자 랍신(I. I Lapshin)은 다음과 같이 썼다. "과제에 대한 깊은 지식을 가진 재능 있고, 큰 감성과 통찰력이 있는 과학자의 사려 깊은 노력을 알고 나서, 그들의 재능은 일종의 하늘이 준 신비로운 명물이라고 주장하는 것은 극히 이상하다[7, vol 2. 125~126쪽]."

오늘날조차 심리학자들이 창의성을 안내해 준다는 생각은 별의 움직임을 안내해 준다는 생각보다 훨씬 더 비현실적이다. 아무래도 이것은 먼 미래의 일이라서 아마 영원히 불가능할지도 모른다. 그래서 심리학자들은 그들의 창의성 연구를 한쪽에 밀어 놓고, 퍼즐이나 단순한 체스 도전 등과 같은 한정된 실험을 선호한다.

체스 이론은 수많은 복잡한 실제 게임을 모으고 분석한 결과로 만들어졌다. 또한 그 접근 방법은 발명 창의성을 연구할 때에도 이용될 수 있다. 우선 많은 발명 명세서를 모으고 연구해야 한다. 하지만 체스 게임의 기록은 어느 정도 체스 선수의 사고 과정을 반영하지만, 발명 명세서는 그들 작업의 결과 이상을 새기지는 못한다. 그러므로 발명가의 사고 과정을 재구성해야 하고, 이것을 위해 여러 기술 분야를 포괄하는 어려운 과제를 스스로 풀 수 있어야 한다. 체스 분석을 기반으로 최고 거장의 게임이 평범한 선수의 게임과 어떻게 다른지를 이해하고자 하는 충동이 생겼다. 때때로 최고 거장은 오직 그와 동격의 선수에 의해서만 이해될 수 있다. 복잡한 발명 과제의 해결책을 연구하기 위해 깊은 물에 들어가는 위험을 감수하는 심리학자는 스스로 높은 수준의 과제를 풀어야 한다.

이것이 어렵기 때문에, 심리학자들은 문제를 스스로 해결하지 않고서 발명가의 창의성을 이해하려는 시도를 해야 한다. 하지만 그러면 연구자의 관심이 단지 심리적 요인에 집중된다. 하지만 심리적 요인은 이차적이고 조건적이다. 발명에 있어서 주된 일은 그 기술 시스템이 〈단지 불규칙〉한 게 아니라 분명한 법칙에 따라 한 상태에서 다른 상태로 변형된다는 것이다. 하지만 이것은 정확하게 심리학자의 영역 너머에 있는 창의성의 일차적이고 객관적인 측면이다.

굽이쳐 흐르는 강의 배 위에 있는 타수(舵手)의 행동을 연구한다고 상상해 보자. 물론 강자체에 대해서 알고자 하는 게 아니라, 단지 순수하게 심리적 용어로 타수의 행동을 설명하려고 한다. 오른쪽으로 빠르게 타륜(舵輪)을 돌리기 시작한 타수를 보고 있다. 왜 그런가? 아마 태양이 그의 시야에 있고, 그는 그것을 피하려 하고 있다. 이것이 이유이다. 하지만 이제 그가 천천히 왼쪽으로 타륜을 돌리고 있다. 왜 그런가? 아마 그는 자신의 얼굴을 태양으로 돌려, 결과적으로 햇볕에 얼굴을 태우기로 하였는가? 하지만 이제 타수가 바뀌고 새로운 사람이 곧바로 타륜을 돌리기 시작한다. 그는 하나님이다. 그는 태양을 등지고 있다. 맞다, 이것은 타수의 행동이 그가 일광욕을 좋아하는지 어떤지에 따라 결정된다는 것을 의미이며, 이제 그것을 기록해 두자.

불행하게도 이것은 과장이 아니다. : 이것이 정확하게 기술 시스템의 객관적인 발전 법칙의 존재를 무시한, 순수하게 심리적 접근 방법이 관찰하는 방법이다. 앞으로 한 장(章)에 걸쳐 던커(Dunker)가 했던 고전적인 실험을 상세하게 검토하게 될 것이다. 하지만 먼저 기술 시스템 발전 법칙에 대해서 배우고, 그가 햇볕을 사랑한 이면에 무엇이 있는지 판단할 것이다.

모든 과학은 〈연금술〉과 〈화학〉이 거쳐 간 단계를 거친다. 〈연금술〉 단계에서는 두 가지 공식 중에 하나로 전체 세계의 다양성을 감싸 포옹하려고 하였다. 예를 들어 연금술을 이제 중요하지 않은 제3의 어떤 것으로써, 화학이 연구한 한 분야 로 여긴다. 연금술사들은 그들에게 영원한 건강, 끝없는 젊음, 지혜, 죽음을 생명으로 가져다주고, 금속을 금으로 바꾸어 주는 철학자의 돌을 얻으려고 노력하였다.

심리학자들의 창의성 사고는 아직도 〈연금술〉 수준이다. : 그들은 단순한 실험으로 어떤 창의성 기술을 얻으려고 한다. 창의성의 일반 이론을 세우는 것은 창의성의 구체적인 모습을 연구하기에 앞서서 해야 한다. 단지 발명 예술 이론을 요구함으로써 과학적 창의성과 문학적 창의성은 머지않아 개별 이론의 발전에 차례차례 새로운 일격을 가할 일반 창의성 이론을 만들 수 있을 것이다.

과학적 이론을 향한 길은 멀고도 험하다. 그러나 실상의 실행과 생산은 단순한 방안을 모으는 것보다 더욱 매혹적이고 효과적인 창의성 과제의 해결이라는 새로운 방법을 요구한다. 그리고 그러한 방법들은 나타났다. 이러한 것은 순수하게 심리적 방법이지만, 그것들은 심리학자가 만들지 않았다.

1.3 생각을 활성화하는 방법들

발명과제가 어려울수록, 해결책을 얻기 위해 작업해야 하는 방안의 수는 증가한다. 그리고 발명과제는 가장 긴급한 과제이기 때문에 주어진 기간 내에 제시된 방안의 수가 많아질 것이다. 또한 강력한 해결책을 발견하고자 한다면, 조사된 아이디어는 더욱 독창적이고 대담해야 하며, 기대하지 않았던 어떤 것을 포함해야 한다.

생각을 활성화하는 방법들의 목적은 *1) 아이디어의 발생 과정을 강화하고, 2)전반적인 흐름에서 독창적인 아이디어의 〈집중도〉를 올리는* 데에 있다.

문제를 해결할 때 발명가는 먼저 자신의 전문 분야 가까이에 있는 관습과 전통적인 방안들을 고르면서 긴 시간을 소비한다. 때때로 발명가는 이러한 방안을 넘어서 계속하지 않는다. 아이디어는 강력한 해결책을 거의 기대할 수 없는 〈심리적 관성 벡터〉 방향을 향한다. 심리적 관성은 다른 분야로 들어갈 때의 두려움, 몇 사람에게 재미있어 보이는 아이디어를 제안할 때의 우려감, 〈기발한〉아이디어를 만들기 위한 기본적 방법들의 무시 등 매우 다양한 인자에 의해 결정된다. 생각을 활성화하는 방법들은 이러한 장애를 극복하는데 도움이 된다.

이러한 방법들 중에 가장 유명한 것으로 1940년대 오스본(A. Osborne, 미국)이 제시한 **브레인스토밍**이 있다. 오스본에 의하면 일부 사람들은 아이디어를 더 잘 만드는 경향이 있는 반면, 어떤 사람들은 비판적 분석을 더 잘하는 경향이 있다. 보통의 토의에서 몽상가와 비평가가 한 장소에서 함께 있으면 서로를 방해한다. 오스본은 아이디어의 창출과 분석 단계를 분리하자고 제안하였다. 20~30분 동안 〈아이디어 창출자〉가 수십 개의 아이디어를 제시한다. 기본 규칙은 비판이 금지된다는 것이다. 누구나 일부러 비현실적인 아이디어를 제시할 수 있다(이것은 일종의 촉매제 역할을 해서 새로운 아이디어의 출현을 자극한다). 〈스토밍〉참가자들이 제시된 아이디어를 취해, 발전시키는 것이 바람직하다.

〈스토밍〉을 잘 체계화한다면 심리적 관성에 의해 강요된 아이디어로부터 빠르게 벗어날 수 있다. 아무도 대담한 아이디어의 제안을 두려워하지 않고, 호의적이고 창의적 분위기가 생기면, 이것이 모든 종류의 애매한 아이디어와 억측에 대해서 길을 열어준다. 보통 여러 전문가들이 스토밍에 참가한다. 다양한 기술 분야에서 나온 아이디어들은 서로 충돌하고, 때로는 그것이 흥미 있는 조합을 만들어 준다.

브레인스토밍의 기본 개념(새로운 아이디어가 무의식 밖으로 나오게 하기 위해)은 미국에서 높은 인기가 있는 프로이드 이론에 근거를 두고 있다. 이 이론에 따르면 〈방향 잡힌 의식〉은 화산의 용융 핵 주위의 딱딱한 표피와 같이 〈방향 잡히지 않은 잠재의식〉과 겹쳐 있는 얇은 층이다. 의식 속에 있는 논리와 통제가 잠재의식 밖으로 기본적인 힘, 본능, 충동, 갈망이 깨고 나오는 것을 방해한다. 의식 하에서는 질서와 투명도가 지배하는 한편, 잠재의식에서는 이따금 헤치고 나아가면서 대 파괴, 폭풍우 같은 힘이 물결치며, 인간으로 하여금 논리적이지 않은 행동, 범죄를 저지르게 한다. 오스본의 의견에 의하면 심리적 관성은 의식을 지배하는 질서에 의해 생긴다. 그러므로 새로운 아이디어가 잠재의식으로부터 의식으로 헤치고 나오도록 해야 한다. 이것이 브레인스토밍의 철학이고 심리적 개념이다.

이러한 이유 때문에 오스본은 잠재의식을 자유롭게 해주는 방식으로 〈아이디어 창출자〉집단의 아이디어 창출 과정을 구성 하였다. 〈아이디어 창출자〉는 상사가 아니어야 하고, 편안한 분위기를 만들고자 노력해야 한다. 때로는 일종의 〈돌진〉개념이 스토밍 아이디어에 추가되었다. 그리고 〈아이디어 창출자들〉은 다시 생가할 시간 없이 아이디어를 제안한다. 아이디어는 외견상 닥치는 대로, 생각 없이, 방향 없이 나온다. 그러는 동안 테이프 녹음기가 모든 대화를 녹음한다. 이 스토밍 하는 동안 생긴 아이디어들은 전문가 평가를 위해 〈비평가〉집단에게 넘겨진다. 비평가들의 과제는 이제 각각의 아이디어로부터 합리적인 핵심 부분을 추출하는 것이다.

다음과 같은 의문이 생긴다. : 사고의 통제(사고는 심리적 관성에 의해 결정된다는 그러한 종류의 통제)를 최소화하기 위해서 당신은 질서 있는 사고절차를 밟아야 하고, 어떤 기초 규칙을 도입해야 한다. 오스본이 이 역설을 알았는지 모르겠다.

1950년대에 브레인스토밍은 큰 희망이었다. 그러나 실제로 이 접근은 어려운 과제에 적합하지 않다는 사실이 드러났다. 여러 종류의 브레인스토밍 방안이 시도되었다(개인, 두 사람으로, 집단, 두 단계, 〈아이디어 회의〉, 〈인공두뇌학적 수업〉등). 이러한 실험은 오늘날도 계속되고 있다. 그러나 브레인스토밍은 단순한 과제 해결에만 효과적임이 이미 분명해졌다. 스토밍 기법을 적용한 대부분 좋은 결과는 발명문제가 아니라 조직체 문제(이미 생산하고 있는 제품에 대한 새로운 응용분야 찾기, 광고 개선하기 등)에서 얻어졌다.

생각을 활성화하기 위한 다른 방법들이 있다. 예를 들어 **초점 대상 방법(Focal Object Method)**은 아무렇게나 고른 몇몇 물체의 특성을 개선이 필요한 물체로 전이하는 방법이다. 그 결과로써 색다른 조합을 찾아냄으로써, 심리적 관성을 극복할 수 있다. 그래서 만약 〈호랑이〉를 우연한 대상으로 고르고, 〈연필〉을 개선해야 하는 초점 대상으로 골랐다면, 이때 〈줄무늬 연필〉, 〈고기를 먹는 연필〉, 〈어금니가 있는 연필〉과 같은 조합을 얻는다. 이러한 조합을 조사하고 그것을 발전시킴으로써 때때로 독창적인 아이디어를 생각해 낼 수 있다.

스위스 천문학자 츠비키(Zwicki)는 **형태학적 분석**을 제시하였는데, 먼저 대상물의 주요 특성을 여러 축으로 펼친 다음, 각 축에 가능한 모든 종류의 방안 요소들을 기입한다. 예를 들어 겨울철에 차 엔진의 시동을 거는 문제를 검토한다면, 가열 에너지 자원, 자원에서 모터로 에너지 전이, 이 전이를 제어하는 방법 등을 각각 축으로 잡을 수 있다. 〈에너지 자원〉축에 대한 요소들로 축전기, 화학 열 발생기, 가솔린 히터, 다른 엔진 구동 모터, 끓는 물, 증기 등을 선택할 수 있다. 모든 축에 요소들을 기입하고 이러한 여러 요소들을 조합함으로써 가능한 모든 방안을 찾을 수 있다. 이런 과정에서 이전에 제안할 수 없었던 기대치 않은 조합을 발견할 수 있다.

길잡이 질문 방법에 의한 생각은 그 이름이 제시하는 바와 같이 일련의 안내 질문으로 방향을 잡는다. 그러한 방법들을 여러 저자들이 제안하였다. 전형적인 질문은 다음과 같다 : 만약 당신이 반대를 한다면 어떻겠는가? 만약 당신이 이 문제를 다른 문제로 대체한다면 어떻겠는가? 만약 당신이 물체의 모양을 바꾼다면 어떻겠는가? 만약 당신이 다른 재료를 사용한다면 어떻겠는가?

생각을 활성화하는 가장 강력한 방법은 고든(W.Gordon)이 제안한 **시넥틱스(Synectics, 창조적 문제 해법)**이다. 1960년대 그는 미국에 〈시넥틱스〉사를 세웠다. 브레인스토밍이 시넥틱스의 기본을 이루고 있지만, 전문가나 준전문가 집단이 스토밍을 수행하고, 그들은 스토밍을 하면서 얻은 문제 해결 경험을 쌓는다. 시넥틱 스토밍은 비평을 일부 허락한다. 시넥틱스는 가장 중요하게 유추를 기초로 한 네 가지 특별한 방법의 의무적인 활용을 제공한다. : **직접**(현재 문제와 유사하게 해결된 문제는 어떤가); **의인**(과제 대상물에 스스로 들어가, 그 관점에서 생각하라); **상징**(두 단어로 과제 본질에 대한 모델을 정의하라); **상상**(동화에서는 문제를 어떻게 해결한다고 상상할 수 있는가).

생각을 활성화하는 이러한 방법들의 주된 장점은 단순성과 접근성이다. 브레인 스토밍과 같은 방법은 한 두 번의 과정을 거치면서 숙달될 수 있다. 보통 시넥틱스를 전부 공부하는 것은 몇 주가 걸린다. 이제 생각을 활성화하는 방법들을 보편적이고, 임의의 과제 해결에 적용할 수 있나 : 과학, 기술, 조직체 등.

이러한 방법들의 주된 단점은 약간 어려운 과제의 해결에 적절하지 못하다는 것 이다. 스토밍(단순 또는 시넥틱스)은 시행착오 방법보다는 더 많은 아이디어를 던져준다. 하지만 과제 해결의 〈대가〉로 10,000번 내지 100,000번시행이 필요하다면, 그것은 대단한 것이 아니다. 생각을 활성화하는 방법들은 비록 개선된 형태일지라도 방안을 선택하는 옛날 전술을 유지한다. 이러한 방법들은 발전하지 못했고, 그 방법들을 조합한 시도들은 실질적으로 새로운 결과를 가져오지 못했다. 그러므로 소련에서 이러한 생각을 활성화하는 방법들은 넓은 응용성을 찾지 못했다.

1.4 어려운 문제를 쉬운 문제로 바꿀 수 있다면

만약 당신이 누군가에게 사냥 방법을 묻는다면, 즉시 그는 무엇을 사냥하기를 원하는지 되물을 것이다. 미생물, 모기, 고래, 이 모든 것은 사냥할 수 있는 생명체이다. 그러나 미생물, 모기, 그리고 고래의 사냥은 질적으로 다른 세 종류의 사냥이다. 누구도 이러한 세 종류의 사냥을 〈일반적으로〉 연구하지는 않는다. 그러나 발명에서는 오랫동안 창의성이 〈일반적으로〉 연구되었고, 〈미생물〉 발명으로부터 끌어 낸 결론을〈고래〉발명에 폭넓게 적용하였고, 그 반대로도 적용하였다.

발명가의 기술을 연구하기 위한 과학적인 접근은 문제란 다양하고 전체적으로 연구될 수 없다는 단순한 진리를 파악하면서 시작되었다. 몇 번의 시행착오 후에 해결할 수 있는 매우 간단한 문제들이 있는가 하면, 해결하는데 몇 년이 걸리는 상상할 수 없는 복잡한 문제들도 있다. 쉬운 문제를 쉽게 만드는 것은 무엇인가? 어려운 문제는 왜 어려운가? 문제를 어렵게 만드는 것은 정확하게 무엇인가? 어려운 문제를 쉬운 문제로 변환하는 약간의 수단을 찾을 수는 없는가? 이러한 질문을 조사하기 전에, 먼저 〈쉬운〉 문제와 〈어려운〉 문제의 개념을 정의 해 보자.

또한 난이도에 따라 문제를 다섯 수준 또는 급으로 나눌 수 있다. 가장 쉬운 문제(1수준)는 주어진 목표를 위해 정확하게 쓰이는 수단(장치, 방법, 물질)을 사용하는 특징이 있다. 다음은 1수준 문제의 예이다.

문제 1

노(爐)는 용융 금속을 담고 있다. 관을 통해 노의 중심부로 액체 산소를 공급한 다. 관의 출구 위치까지 관을 통해 이동하는 산소의 기화를 막으려면 무엇을 해 야 하는가?

답은 명백하다. 필요한 것은 단열이다. 만약 이미 단열하고 있다면, 그것을 강화하고, 두껍게 하고, 이중벽을 설치하고, 냉각을 강화하는 등에 의존해야 한다. 다음은 정확하게 실제 문제를 해결한 방법이다. : 〈용융 금속 안으로 액체 산소를 보내기 위한 네 개의 동심원 관의 형태의 장치. 최내층 관을 통해 흐르는 산소의 기화를 막기 위해 주위 열을 단열하는 두께 15~20밀리미터 단열층이 설치되었다(발명가 설명, 특허인증서 번호 317,707).

열에 대응하기 위해서 단열을 해야 한다. 그런데 단열 두께가 1.5~2밀리미터이면 너무 얇을 것이고, 1.5~2미터라면 그러한 보호 층을 갖는 관은 노 안에서 너무 많은 공간을 차지하기 때문에 좋지 않다. 당신이 예상하는 바와 같이 두께는 15~20밀리미터이어야 한다. 해결책은 특허로 볼 때 분명하다. 이 문제를 갖고 많은 실험을 해 보았는데, 과학 연구원, 건축설계사, 기술 대학 학생, 초중고 학생 등 누구나 몇 번의 시행만으로 이 문제를 풀 수 있었다. 발명가 인증서 번호 317,707이 열 명의 저자 업적이라는 것이 이상하다.

이것은 1수준으로 풀린 전형적인 문제이다: 또한 원리상 같은 문제가 여러 수준에서 풀릴 수 있다. 발견, 발명, 산업 표준, 상표에 관한 여러 회보를 살펴보면, 발명의 약 30%는 이러한 문제(1수준)에 대한 해결책임을 알 수 있다. 문제 1의 해결책 탐색은 실질적으로 제로에 가깝다. 이 수준에 대한 발명 창의성 기술은 개선할 필요가 없다.

이제 다음과 같은 문제가 있다고 가정해 보자: "불꽃이 전기 용접공을 방해해서 용접공이 용접 영역에서 진행되는 과정을 볼 수 없다. 불꽃이 금속 방울 등 흐릿한 부분을 희미하게 한다. 어떻게 해야 하나?" 이와 같이 정형화한다면 이 문제는 어려움 없이 1수준으로 해결할 수 있다. 용접 영역을 불꽃보다 더 밝은 불빛으로 밝혀야 한다. 이제 보충 설명을 넣어서 문제의 난이도를 올려보자.

문제 2

> 불꽃이 용접공을 방해해서 용접공이 용접 영역에서 발생하는 과정을 볼 수 없다. 불꽃이 금속방울 등 흐릿한 부분을 희미하게 한다. 장치를 실질적으로 복잡하게 하지 않고, 생산성을 떨어뜨리지 않으면서 관찰 조건을 개선해야 한다.

이 새로운 문제는 좀 더 복잡하므로 수십 가지의 방안을 골라야 한다. 예를 들어 용접 영역을 밝게 하기 위한 보조등불의 도입을 포함한 모든 제안을 제외한다. 왜냐하면 그러한 것들은 필요한 장치를 상당히 복잡하게 할 것이기 때문이다. 용접 불꽃을 주기적으로 끄는 것을 요구하는 어떤 제안도 적절하지 않다. 왜냐하면 이것은 생산성을 떨어뜨리기 때문이다. 이 문제의 조건에 어울리는 가장 간단한 해결책은 다음과 같다. : "용접 과정의 관찰을 개선하기 위해 설계된 빛 필터 삽입물이 있는 구조로 용접공의 눈과 얼굴을 보호하기 위한 장치; 이 장치는 반원 형태의 반사경을 갖추고 있고, 반사경이 용접 재료와 용융 영역으로부터 나오는 불꽃을 모으면서, 동시에 용접공을 보호해 준다(발명가 인증서 번호 252,549)."

- 1수준 문제에서는 대상(장치 또는 방법)을 변경하지 않는다(이미 있는 열 절연이 강화된다).
- 2수준에서는 대상을 실질적이지는 않지만 변경한다(거울을 보호 장치로 도입한다).
- 3수준에서는 대상을 본질적으로 변경하고,
- 4수준에서는 대상을 완전히 변경한다.
- 5수준에서는 전체 기술 시스템을 변경하고, 거기에 대상을 맞춘다.

다음은 3수준의 발명 사례이다. "너트와 볼트(또는 고정나사와 나사못)가 움직이는 동안에 그들 사이에 마찰을 줄여 표면의 마모를 예방하기 위해 설계된 너트와 볼트의 조합; 그들이 움직이는 동안 그 사이에 틈새를 주고, 전자기장으로 조절되는 코일을 나사산에 두어, 볼트에 대한 나사의 점진적인 움직임이 보장된다."(발명가 인증서 번호 154,459). 너트와 볼트는 그대로 있지만, 그것들은 원래 모양이 크게 변경 되었다.

4수준 발명의 사례로써 엔진 마모를 검사하는 새로운 방법을 다루어 보자. 이전에 마모 검사는 기름 시료를 주기적으로 취해 시료가 포함하고 있는 금속입자의 수를 측정함으로써 수행되었다. 발명가 인증서 번호 260,249에 따르면 기름에 발광 추적자를 첨가하여 발광 크기(작은 금속입자가 발광을 줄인다)의 변화를 추적함으로써 지속적으로 금속 입자의 농도를 확인하는 방법이 제안되었다. 원래의 방법이 완전히 바뀌었다. 여기서 활용된 물리효과는 앞의 사례보다 친숙하지 못하다. 발견된 아이디어는 이 특허의 마모 확인 방법보다 넓은 응용분야를 갖는다. 그리고 다른 응용분야에서도 발광의 소멸로부터 금속입자의 겉모습을 추적할 수 있다.

5수준의 발명의 사례로"구리-알루미늄-니켈과 구리-알루미늄-망간으로 구성된 합금 단결정을 다루어 보자. 이 합금 단결정은 온도 변화에 따라 그 탄성 특성이 변화하여 열에너지를 기계 에너지로 전환해준다. 하지만 온도의 작은 변화에 따라 그 특성이 많이 바뀌는 물질을 알지 못한다. 이와 같은 물질을 찾거나 얻는 것은 그 자체가 발견의 폭을 넓혀준다. 새로운 변형 물질은 대부분의 발명문제를 해결하기 위해 활용될 수 있다(열 엔진, 여러 가지 측정 장치 등을 만들기)."

1수준 문제의 해결책은 몇 가지 분명한 방안들 중에서 선택이 필요하다. 비록 엔지니어들이 특허 응용 분야를 항상 표현하지는 않더라도, 어느 엔지니어나 어려움 없이 날마다 이런 문제를 풀 수 있다. 2수준에 대한 방안의 수는 수십 개 정도 나타난다. 어떤 엔지니어는 원리상으로 50~70개의 방안을 고를 수 있다. 하지만 이것은 확실한 인내와 고집, 그리고 문제의 해결 가능성에 대한 확신을 요구한다. 때때로 엔지니어는 단지 열 번의 시행을 하고 나서 포기한다. 3수준 문제에 대한 올바른 해결책이 올바르지 못한 수백 번의 시행 사이에 묻힐 수도 있다. 4수준에서는 해결책을 찾기 위해서 수천, 수만의 시행이 있을 수 있다. 마지막으로 5수준에서 시행착오 횟수는 10만~100만까지 증가한다. 예를 들어 에디슨은 축전기를 발명하기 위해서 5만 번의 시행을 하여야 했다. 여기서 문제는 오직 본질적인 실험에 있다 : 개념적인 실험, 즉 "그리고 이렇다면 어떨까?"라는 모든 가능성은 아마도 매우 클 것이다.

다음은 4수준의 학습 문제 사례이다.

문제 3

> 불균일한 널빤지와 나뭇가지를 잘게 부수면, 이것은 나무껍질과 나뭇조각 혼합물로 구성된다. 나무껍질과 나뭇조각은 밀도와 그 밖에 외관이 크게 다르지 않다. 어떻게 이것들을 분리할 수 있을까?

이 문제를 다룬 많은 특허가 여러 나라에서 발표되었다. 발명가들은 고집스럽게 (그러면서 성공하지도 못하면서) 밀도의 미세한 차이를 이용하여 나무 조각으로부터 껍질 조각을 분리하려고 하였다. 이 문제에 대한 실험에서 시행착오 횟수가 때때로 수백 번까지 갔지만, 어느 것도 심리적 장벽을 극복하지 못했다. 원리상 새로운 것을 취했다면, 그것이 핵심이고, 진짜 방향이었을 것이다.

다음과 같이 묻고 싶다 : 만약 그들이 높은 수준의 발명을 성공했다면, 그것은 그들이 계속해서 수백, 수천 개의 방안으로 작업을 했다는 의미인가?

여기서 매우 흥미로운 릴레이 과정이 진행된다. 한 가지 문제가 나타났고, 그 〈대가〉는 10만 번의 시도이다. 누군가가 만 번의 시도를 하면서 일생의 절반을 보냈지만, 해결책에 이르지 못했다. 다른 사람이 이 문제를 풀기 시작하여, 아직 탐색하지 않은 다른 영역을 조사한다. 계속 이런 식이다. 이 문제는 100년이 걸려도 해결할 수 없었다는 명성을 얻는다. 그러나 실제로 문제는 조금씩 단순화되어 마침내 풀린다. 이 시점에 연구자들이 나타나, 그가 〈영원한〉 문제를 푼 발명가의 비밀을 설명하려고 한다. 하지만 비밀은 없다. 마지막 주자보다 처음에 릴레이 문제를 공격했던 실패자가 훨씬 성공적일 수 있었다. 단순히 그들에겐 너무 넓은 탐색 영역이 주어졌다.

본질적으로 문제는 한 사람이 아니라 전체 팀으로, 마르크스의 정의에 따르면 〈동시대의 협력〉으로 풀린다. 매우 복잡한 문제에 대해서는 여러 세대 동안 발명가들의 협력이 필요한 경우도 있다. 그들의 노력이 점차 5수준의 문제를 상대적으로 단순한 1수준의 문제로 바꾸고, 동일한 시행착오 방법으로 누군가가 마지막 장애물을 넘을 때 까지 계속된다.

〈문제가 스스로 해결사를 찾는다.〉라고 말할 수 있는 다른 방법이 있다. 복잡한 문제는 그것이 한 분야와 관련되어 있고, 그것을 해결하기 위해서는 전혀 다른 분야의 지식이 필요하기 때문에 어렵다. 1898에 크루크수(Crookes)가 질소 포집문제를 제시하였을 때, 이 문제는 그의 과학적 명성 덕분에 매우 많은 과학자들에게 알려졌다. 노르웨이 극지방 오로라 전문가인 버커랜드(Birkeland)는 대기권에서 진행되는 것과 유사한 과정을 사용할 것을 제안하였다. 문제가 그 해결책에 필요했던 특별한 지식이 있는 사람을 〈찾았다.〉

높은 수준의 문제들은 해결책을 찾는 시행 횟수에 있어서만 낮은 수준의 문제와 다른 것이 아니다. 질적인 차이도 있다. 1수준 문제와 그 해결 수단은 한 가지 좁은 전문 분야 내에서 발견될 것이다(판지 생산의 개선에 대한 문제가 그 산업 내에서 활용되는 방법으로 풀린다). 2수준의 문제와 그 해결 수단은 단일 기술 분야와 관련이 있다(판지 문제가 임업에서 잘 알려진 방법으로 풀린다). 3수준 문제를 풀기 위해서 다른 분야로 방향을 돌려야 한다(목제산업의 문제가 야금학에 알려진 방법으로 풀린다). 4수준 문제의 해결책은 기술이 아니라 과학에서 찾아야 한다. 이 경우 보통 일부는 물리, 화학적 효과와 현상을 활용한다. 보다 높은 수준인 5수준 문제해결 수단은 일반적으로 동시대의 과학 한계를 넘어서 밝혀질지 모른다. 그러므로 먼저 발견을 한 다음, 새로운 과학적 데이터에 의존하여, 발명문제를 풀어야 한다.

1수준과 2수준에서 특별한 전문 분야와 관련된 지식을 사용해서 방안들을 선택한다. 수준이 높아질수록, 필요한 지식이 많아진다. 훌륭한 전문가 팀은 1-2 수준의 발명을 쉽게 해결할 수 있다. 이러한 발명이 기술을 개선한다. 하지만 원리가 완전히 다른 새로운 해결책은 〈외부〉에서 나오리라고 기대해야 한다. 예를 들어 발명가 인증서 번호 210,662를 들어보자. : "밑판, 유도자와 도관으로 구성된 전자기 유도 펌프가 펌프 작용을 단순화하기 위해 설계되었고, 도관은 펌프 축을 따라 윤활제로 채워져 있다." 이 발명은 전문가들에 의해 이루어졌다 : 혁신은 아니지만, 상당히 괜찮은 개선이다. 평가위원회는 쉽게 이 새로운 아이디어를 승인하였다. 신청일로 부터 발표까지 겨우 14개월 걸렸다. 하지만 저널리스트 프레시나이코프(Presynaykov)가 발명가 인증서 번호 247,064를 얻는데 14년이 걸렸다(전해질을 펌핑하는 전자기 펌프를 선박용 제트 엔진으로 응용하는 방법). 이 발명의 기초로 자기-수력(Magnetohydraulic) 효과가 사용되었다. 이 아이디어는 이제는 유명하지만 그 당시는 자기-수력 엔진에 관해서 실질적으로 어느 것도 알려져 있지 않았었다.

사례를 하나 더 들어보자. : 발명창의성 공공 연구소에서 4명의 학생이 항공항법 분야의 매우 복잡한 문제를 그들의 학위 논문의 주제로 잡았다. 많은 나라에서 이 주제에 대한 과제가 수행되고 있었다. 3명의 학생과 1명의 젊은 엔지니어는 이 분야에 전문가가 아니었다. 그들은 일반에게 알려진 아이디어 범위나 항법 장치의 원리 밖에서 강력한 해결책을 얻으리라고 생각했고, 그렇게 해결책이 밝혀졌다. 항공학과 거리가 먼 과자제조 기술에서 분석 장치의 필수 원리를 찾았다. 특허 심사관으로부터 긍정적 평가와 함께 특허를 받았다.

과학과 기술 혁명은 높은 수준의 문제가 매우 짧은 기간 안에 풀리기를 요구한다.

해결책 탐색 과정을 강화하는 보통의 방법은 하나의 과제에 대해서 동시에 연구하는 사람의 수를 증가시키는 것이다. 하지만 이와 같은 강화방법은 그 가능성에 한계가 있다. 하나의 기술 문제를 풀기 위해 많은 인원을 동원하는 것은 다른 방향의 연구 강도를 줄일 수도 있다.

필요한 것은 높은 수준에서 낮은 수준으로 발명문제를 전이하는 방법이다. 만약 당신이 4수준 또는 5수준의 문제를 1수준 또는 2수준으로 바꿀 수 있다면, 당신은 방안을 성공적으로 고를 수 있다. 전체 문제는 '어려운' 문제를 '쉬운' 문제로 바꾸면서, 탐색 영역을 빠르게 좁히는 것이다.

1.5 발명문제 속에 숨어있는 모순의 형태

두 가지 발명을 비교해 보자.

먼저, 직접 관찰이 어려운 파라미터를 측정하는 방법:

"이 방법은 간접 검사결과를 기초로 하여 알려지지 않은 파라미터의 측정 정밀도를 올리기 위해 설계되었다(예를 들어, 마모저항); 측정 파라미터의 인접성 원리에 따라 같은 모델 내에서 제품을 쌍으로 선택한다. ; 한 제품을 파괴해서 알려지지 않은 파라미터를 결정하고, 얻은 결과를 남아있는 상품에 적용한다(발명가 인증서 번호 188,079)." 상품을 확인하기 위해서 그들은 매우 간단한 해결책을 제안하고 있다:

절반을 파괴해서 결과를 본다. 사실, 여기서 모순이 생긴다. 깨부수는 상품이 많을수록, 남아있는 상품의 평가 신뢰성이 높아진다.

두 번째 발명, 숨겨진 결점, 예를 들어 기포나 외부 물질의 형태로 결점이 있는 동일한 상품들의 검사 및 결점 검출 방법.

이 방법은 제품을 제어하는 방법을 단순화하기 위해서 설계되었다. 전기 전도성 액체가 들어 있는 큰 통에 제품을 넣고, 제품에 전류를 연결한 다음, 제품이 중간 위치에

갈 때까지 액체에 자기장을 가해서 제품의 겉보기 밀도를 측정한다. 이때 완벽한 제품과 결점이 있는 제품은 큰 통 밑으로부터 위쪽으로 제품의 위치를 측정함으로써 결정된다(발명가 인증서 번호 286,318). 이 문제는 첫 번째 문제와 매우 비슷하지만, 그 해결책에는 모순이 없다; 실험이 제품의 파괴 없이 수행된다. 액체에 가하는 전기와 자기장의 상호작용(그에 따라 액체의 밀도가 바뀐다)을 활용한 독창적인 방법이 사용되었다. 그 결과로써 큰 통 안에 놓인 물체는 가라앉거나 뜬다(제품에 결점이 있고, 없는 것에 따라).

발명가의 문제는 종종 기술, 공학, 설계의 문제와 혼돈된다. 보통의 집을 지을 때 알맞은 청사진을 만들고 계산하는 것은 기술 문제이다. 일반 다리에 대해서 계산을 하는 것과 이용 가능한 공식을 사용하는 것은 엔지니어의 문제이다. 안락하고 값싼 버스를 설계하는 것, 〈안락하고〉, 〈값싼〉것 사이에 타협을 찾는 것은 설계자의 일이다. 이러한 문제를 해결할 때 어떤 모순을 극복할 필요가 없다. 문제의 해결책을 극복해야 하는 모순이 있는 경우만이 발명가의 문제이다.

1수준 문제를 풀 때에도 모순과 마주치게 된다. 엄격히 말해서 이러한 문제는 발명가의 문제라기보다는 설계자의 문제이다. 법적인 용어로 〈발명〉은 인간이 이 단어를 기술적으로 또는 창의적으로 이해한다고 생각하는 것과 일치하지 않는다.

시간이 지남에 따라 분명하게 발명의 법적 지위는 약간씩 변할 것이고, 발명가 인증서 번호 317,707(단열재의 도입)에서 설명한 것과 같이 단순한 설계자의 해결책을 발명으로 여기지는 않을 것이다. 혼돈을 피하기 위해서 당분간 〈1수준의 발명문제〉라는 어구를 사용할 것이다. 그러나 2수준과 그 이상의 천재적 발명문제는 정의에 따라서 모순을 극복하는 것과 연결되어 있다고 기억해 두어라.

사실상 모순은 이미 발명문제의 근원에 존재하고 있다. 무언가를 해야 하지만 그것을 어떻게 해야 할지를 알 수 없는 경우가 있다. 그러한 모순들은 통상 〈행정적 모순〉(Administrative Contradiction, AC)라고 한다. 모순이 문제의 표면에 있기 때문에 행정적 모순을 찾을 필요는 없다. 그러나 그러한 모순의 발견 학습적 〈자극력〉은 없는 거와 같다. 이 모순은 어느 방향에서 해결책을 찾아야 하는지 알려주지 못한다.

행정적 모순 다음에 기술적 모순(Technical Contradiction, 기술적 모순)이 있다. 만약 어떤 방법으로 기술 시스템의 한 부분(또는 한 파라미터)을 개선한다면, 이것은 공정에서 다른 부분(또는 다른 파라미터)을 악화시킴으로 받아들일 수 없다. 기술적 모순은 종종 문제에 명시된 조건에서 나타나지만, 종종 처음에 정형화된 기술적 모순에 많은 수정을 가해야 한다. 한편 올바르게 정형화된 기술적 모순는 분명하게 발견 학습적 가치를 갖는다. 기술적 모순의 정형화가 분명하게 답에 대한 어떤 지시자를 전문 용어로 주지는 않지만, 이것은 많은〈헛된〉 방안들을 즉시 버릴 수 있도록 도와준다. : 정의에 의하면 한 특성의 이득이 다른 특성의 손실을 수반하는 모든 방안들은 적절하지 않다. 각 기술적 모순는 특별한 물리적 원인을 갖는다.

다음과 같은 문제를 예로 들어 보자.

문제 4

편광 광학 렌즈의 연마 표면(이것은 수지로 만들어져 있다) 아래쪽에 냉매를 넣을 필요가 있다. 액체를 시간 간격을 두고 분사하는 슬릿 형 노즐을 연마 기계에 설치한 시도들이 있었다. 하지만 이때 연마기의 다공 표면이 전반적으로 연마기를 더욱 악화시켰다. 무엇을 할 수 있는가?

기술적 모순은 이미 나타났다. : 〈다공〉연마기의 냉각 능력은 유리의 연마 능력과 충돌하고 있다. 이 갈등의 원인은 무엇인가? 〈구멍〉은 냉매를 통과시켜 주어 좋지만, 자연히 유리 연마에는 좋지 않다. 반대로 연마기의 고형 부분은 유리를 연마할 수 있게 해주지만, 물을 통과시키지 못한다. 그래서 연마기의 표면은 유리를 연마하기 위해서 고형이어야 하고 냉매를 통과시키기 위해서는 〈구멍〉이 나 있어야 한다. 이것이 물리적 모순(Physical Contradiction, PC)이다. : 서로 반대의 요구사항이 동일한 시스템에 놓여 있다.

갈등 요구사항은 물리적 모순에서 최대로 강화된다. 그러므로 처음 보면 물리적 모순는 터무니없어 보이고, 정의에 따라 받아들일 수 없어 보인다. 연마기의 전체 표면이 하나의 큰 〈구멍〉이어야 함과 동시에 전체 고형 몸체이기 위해서 무엇을 할 수 있는가? 하지만 바로 이것이 정확하게 극한까지 모순을 가져가, 물리적 모순의 발견학습적인 힘을 밝혀준다. 한 개의 동일한 물질이 두 개의 다른 상태에 있을 수 없기 때문에 오직 단순한 물리적 변형으로 그 모순 특성을 떼어내어, 분리해야 한다. 예를 들어 그들을 공간적으로 분리할 수 있다. : 물체가 다른 특성을 갖는 두 부분으로 구성되어 있다고 해보자.

인간은 모순 특성을 시간으로 분리할 수 있다. : 물체가 번갈아 가면서 한번은 어떤 특성을 갖고, 다음에는 다른 특성을 갖게 해보자. 물질의 일시적인 상태를 활용할 수 있다. 그렇게 함으로써 모순 특성이 공존하는 어떤 것을 일시적으로 얻을 수 있다. 예를 들어 연마제를 얼음으로 만들어 얼음 안에 연마입자를 얼려 넣는다면, 연마할 때의 요구 특성을 보장하면서 얼음이 녹을 것이다. 연마 표면은 깨지지 않고 그대로 유지되면서, 동시에 차가운 물이 마치 거기에 있었던 것처럼 모든 곳으로 흘러갈 것이다.

1.6 발명의 보물창고는 기술 시스템의 발전 법칙에 있다.

발명문제에서 고유한 물리적 모순을 찾아, 제거해주는 방법들이 필요하다. 그러한 방법들은 탐색 영역을 크게 좁혀줄 것이며, 매우 많은 〈공허한〉 방안들을 제거하기 위한 〈하나씩〉의 확인 작업을 없애줄 것이다.

그리고 이미 몇 가지 방법을 알고 있다 : 물질의 일시적인 상태를 활용하여 모순 특성을 시간 또는 공간으로 분리하기. 그밖에 또 무엇이 있는가? 대부분의 다양한 발명문제를 해결하기 위해서 매우 많은 방법목록을 어디서 얻을 수 있는가? 그 답은 분명하다: 물리적 모순만이 가장 높은 수준의 발명문제에 고유하므로, 그것들을 제거하는 방법들은 높은 수준의 문제들에 대한 해결책에서 찾아야 한다. 실제로 이것은 가장 높은 수준의 발명을 골라, 그 명세서를 연구한다는 것을 의미한다. 이러한 명세서는 보통 기존의 기술 시스템과 그 단점 그리고 제안된 기술 시스템으로 구성되어 있다. 이 정보들을 비교함으로써 물리적 모순의 핵심과 그것을 제거하는 데 활용할 방법을 얻을 수 있다.

발명 명세서라는 창고는 매우 크다. 매년 여러 나라에서 약 30만 건의 특허와 저작

권이 발표된다. 물리적 모순을 제거한 동시대의 방법을 얻기 위해서 최신의 〈특허 층〉, 즉 최근 5년간의 특허를 연구하는 것으로 충분하다. 이것은 약 150만 건의 특허를 의미한다. 이 숫자는 무시무시하다. 그러나 바로 이 첫 번째 움직임이 가장 높은 수준의 발명을 향해 가는 것이다. 이것이 상세한 검토가 필요한 명세서의 개수를 크게 줄여줄 것이다. 5수준의 발명은 1% 정도로 매우 적다. 4수준의 발명도 3~4% 정도로 역시 적다. 만약 당신이 3수준의 발명에 가장 흥미가 있다면, 발표된 〈특허 층〉에서 10% 정도를 살펴보아야 한다. : 150,000건의 명세서. 이것이 최대가 될 것이다. 매우 강력한 예제 목록을 얻기 위해서 2~3만 건의 명세서 묶음이면 충분할 것이다.

물리적 모순를 제거한 훌륭한 방법 목록 안에는 많은 것이 있을 수 있다. 하지만 정확하게 모순을 정형화해야 하고, 또한 언제 어떤 방법을 사용해야 하는지 알아야 한다. 그리고 얻은 결과를 평가하기 위해서 표준을 갖고 있어야 한다. 이를 위해서 기술 시스템 발전 규칙을 알아야 한다.

다른 모든 시스템처럼 기술 시스템 발전은 일반적인 변증법을 따른다. 기술 시스템에 정확하게 적용할 수 있는 이러한 법칙을 구체화하기 위해서 다시 한 번 더 특허 창고로 방향을 돌려야 하는데, 이제는 상당히 깊게 들어가야 한다. 〈특허 층〉만이 아니라 극히, 매우 복잡한 절차라 할 수 있는 〈특허 시추공〉까지 살펴야 한다. 하지만 기술 시스템의 발전 법칙을 안다면 그것을 통하여 모순 제거를 위한 보다 효과적인 방법을 자신 있게 고를 수 있고, 발명문제 해결을 위한 프로그램을 만들 수 있다.

기술 시스템의 발전을 지배하는 객관적 법칙은 무엇인가? 특별한 사례를 하나 살펴보자. 영화 스튜디오는 많은 작업 요소를 갖고 있는 전형적인 기술 시스템이 다 : 영화 카메라, 조명, 음성 기록 장치 등. 카메라는 1초에 24장의 화면을 촬영한다. 각 화면의 노출을 위해 셔터가 매우 짧은 시간동안 열려있는데, 때로는 그것이 1000 분의 1초 정도이다. 더구나 불빛은 연속적으로 작동하고(또는 잠시 쉬지만, 이것은 큰 잠열을 갖는다), 스튜디오 장면을 위해 계속해서 조명을 제공한다. 그래서 그런 장치들이 훨씬 적은 에너지를 사용하는 것이 바람직하다. 에너지는 보통 낭비되는데, 해롭기까지 하다. : 그것은 배우를 지치게 하고 주위 공기를 가열한다.

살펴보자. 이 시스템에서 기본요소들은 그 자신의 리듬에 따라 각각 〈작동〉한다.

다음과 같은 동물을 상상해 보자. 이 동물의 뇌는 24시간 주기로 일을 하지만, 그의 다리는 10시간 주기로 활동하고 싶어 한다. 뇌가 잠잘 시간이 왔을 때 발이 왕성한 에너지로 아직도 활동하고 있다. 각각의 〈시계〉에 따라서 밤에 다리는 달려야 한다.

진화는 냉혹하게도 그러한 생명체를 거부한다. 하지만 기술이 종종 〈리듬이 조화롭지 못한 생명체〉를 급조한 다음, 오랫동안 그것이 갖는 고유결점 때문에 고통을 겪는다.

기술 시스템의 객관적인 법칙 중의 하나는 리듬이 불균일한 시스템을 리듬 조화 시스템으로 전이하는 것이다. 그러므로 위에서 언급한 사례는 렌즈 셔터의 회전과 동기화하고, 같은 위상으로 작동되는 잠열이 없는 조명이 필요하다. 이것이 에너지 손실을 크게 줄이고 배우의 작업 조건을 개선할 것이다.

다른 기술 분야의 사례를 들어보자. 석탄을 채굴하기 위해서 얇은 층으로 시추공을 파고, 그곳을 물로 채운 다음, 그곳을 통해 임펄스 압력을 보낸다. 임펄스 주파수는 뜻밖의 인자들에 의해 결정된다. 얇은 층은 고유 진동 주파수를 갖고 있다. 시스템의 두 부분이 다른 리듬으로 작동하고 있다. 이것은 리듬조화의 법칙에 대한 분명한 위반이다. 그래서 발명가 인증서 번호 317,797은 임펄스 주파수를 석탄의 고유 주파수와 동일하게 할 것을 제안하였다.

발명들(단순한 〈임펄스〉와 뚫리는 매질의 고유 주파수와 같은 주파수의 〈임펄스〉)은 7년의 간격을 두고 나왔다. 이러한 7년의 손실은 기술 시스템의 발전 법칙을 몰라서 지불한 대가이다.

시스템 부분들의 리듬을 조화시키는 것은 기술 시스템을 지배하는 법칙들 중에 하나일 뿐이다. 그러한 법칙들의 〈전체〉에 의거해서 발명문제 해결을 위한 프로그램을 만들 수 있다. 이것이 탐색 영역 주변에서 어정거리지 않고 해결책 영역으로 들어 갈 수 있게 해준다. 즉 이것이 방안의 숫자를 조금씩 줄여, 말하자면 10개 까지도 가능하게 해준다. 게다가 10개의 방안을 살펴보고, 당신이 필요한 한 개를 고르는 것은 상당히 단순해 보일 것이다. 하지만 1수준으로 문제를 변형해서 얻은 10개의 방안은 처음부터 1수준에 있던 문제해결이 필요한 10개의 방안과는 질적으로 다를 수 있다. 발명가가 〈원래〉 1수준 문제에 대한 해결책의 모든 방안을 이해할 수 있고, 그 해결책은 보통 자신의 전문 분야와 직접 관련되어 있다. 또한 그것들의 복잡성 때문에 발명가가 놀라지는 않는다. 말하자면 4수준에서 가져온 〈인공적인〉1수준 문제는 〈터무니없어〉 보이거나 발명가의 지식 범위를 넘어서는 해결책일 수 있다. 분석이 모든 〈공허한〉 방안들을 조금씩 줄여나가, 오직 한 가지 가능성만 남아 있다고 가정해 보자.

"이 문제는 용기 안에서 회전하는 액체가 용기의 벽이 아니라 중심축을 압박한다면 해결될 수 있다.〉 일반적으로 회전하는 액체는 벽 쪽으로 압박하는 원심력을 받는다." 라고 알려져 있다. 아마도 발명가는 물리학과 분명하게 반대이기 때문에 그러한 방안을 배제할 것이다. 그러나 모든 통상의 개념과 반대로 회전에 의해 구심력이 생기는 액체가 있다. 이 현상은 와이젠버그(Weissenberg) 효과라 한다[8, 140쪽]. 이것은 엔지니어를 위해서 대학에서 가르치는 물리학 영역 밖에 있고, 그러므로 엔지니어들 모두가 이것을 알지 못한다.

문제의 보증된 해결책을 위해서 물리학 전체에 대한 정보를 알 필요가 있다. 정확하게 어려운 문제의 해결책은 종종 덜 알려진 보통의 물리효과의 미묘한 차이에 호소한다. 더구나 전체 물리학은 효과들을 차례차례 제시하지 않는 방식으로 제시되어야 한다. 다른 말로 하면 필요한 것은 단순하게 물리학이 아니라, 발명문제의 종류(또는 모순의 형태)를 각각의 물리효과와 연결시킨 표이다. 이것은 순수하게 발명 방법들을 제시하기 위해서 특허 자원의 분석이 가져온 것과 같은 형태이다. 하지만 이것만으로는 충분하지 않다. 프로그램에 따라 일을 하는 발명가는 그럴듯한 방안을 제거하거나 외견상 〈터무니없는〉 아이디어를 선택하는 것을 두려워하지 않아야 한다. 다른 말로 하면, 필요한 것은 심리적 요인의 제어이다. 그래서 발명문제 해결을 위한 효과적인 기술은 기술 시스템의 발전 법칙에 대한 의식적인 집착에 기반을 두어야 한다.

이러한 법칙을 끌어낸다면, 모든 방안을 선택하지 않고, 높은 수준의 문제를 1수준으로 줄여주는 발명문제 해결 프로그램을 만들 수 있다. 물리적 모순을 극복하기 위해, 이 프로그램은 재량에 따라 동시대의 많은 특허정보의 분석 결과를 모아서 얻은 발명 방법들을 기록하고 있는, 정보의 바다를 포함해야 한다. : 방법들의 재원은 문제의 종류나 그 안에 있는 고유한 모순에 따른 방법들의 활용에 대해서 표 형식으로 제시되어야 한다.

이 프로그램은 우선적으로 상상력을 자극하고 심리적 관성을 극복하기 위해서, 심리적인 요인을 제어하는 수단을 가져야 한다.

1.7 발명문제 해결을 위한 알고리즘(ARIZ, 이후 아리즈)4)

이러한 모든 요구조건을 갖는 프로그램을 아리즈(Algorithm for the Solution of Inventive Problem)라 한다. 좁은 뜻으로 알고리즘이라는 단어는 절대적으로 정해진 수학적인 절차의 순서를 의미한다. 넓은 뜻으로 알고리즘이라는 단어는 충분하게 분명한 어떤 작용 프로그램이다. 이런 의미로 아리즈는 정확히 알고리즘이다.

그러나 매번 새로운 변경으로 알고리즘의 주요 표시가 강화되었다는 것을 강조해 둔다. : 결정론, 크기, 결과.

외견상으로 아리즈는 발명문제의 지속적인 처리를 위한 프로그램을 의미한다. 기술 시스템의 발전 법칙은 프로그램 구조 자체에 들어 있고, 〈작업복〉을 입은 구체적인 연산자 형태로 드러나 있다. 이러한 연산자의 도움으로 발명가는 한걸음씩 공허한 시도 없이 물리적 모순을 찾고, 그것이 속해있는 기술 시스템 부분을 결정할 수 있다. 그래서 연산자들이 시스템의 개별 부분을 변경하고 물리적 모순를 제거한다. 이 수단으로 어려운 문제(즉 1수준이 아닌 문제)가 쉬운 문제(1수준 문제)로 변형된다.

아리즈는 심리적 관성을 극복하는 특별한 수단들을 갖고 있다. 어떤 저자들은 심리적 관성을 대처하는 것은 어렵지 않고, 그것의 존재를 생각하는 것으로 충분하다고 가정하고 있다[9, 38~39쪽]. 정말 그럴까? 심리적 관성은 믿을 수 없을 만큼 강력하다. 그런데 필요한 것은 그것을 생각해야 한다는 호소가 아니라, 문제를 변경하기 위한 구체적인 연산자이다. 예를 들어 전문용어가 대상에 대한 오랜, 뿌리박힌 개념으로 발명가를 속박하기 때문에 문제의 조건들에서 전문 용어를 강제적으로 벗겨내야 한다.

아리즈를 만들 때, 특허 자원의 체계적인 분석을 다루었다. 3수준 이상의 발명들을 추려내서, 그 안에 담고 있는 기술적, 물리적 모순과 그 모순을 제거하는 전형적인 방법들을 정하기 위해 연구하였다. 아리즈의 최신 버전에서는 전형적인 방법들의 응용 표

4) 아리즈(ARIZ) : 이 책의 영문원서에서는 ASIP(Algorithm for the Solution of Inventive Problem)로 되어 있으나, 본서에서는 트리즈(TRIZ)를 러시아어 두문문자로 표현한 것처럼 〈발명문제 해결 이론의 알고리즘〉을 아리즈(ARIZ)로 표현하기로 하였다.

를 만들기 위해, 약 4만개의 높은 수준의 특허 명세서를 분석하였다. 그 다음 3년 동안 그 표가 수정되었다 : 예측 수정이 가해졌고, 새롭고 복잡한 문제를 기록하였다. 그러한 표는 수많은 발명의 집합적 경험을 반영할 뿐 아니라, 예측 지속성의 견고한 축적이다. 이 표가 추천하는 방법들은 다음 10년 내지 15년 안에 쓸모없어 질것이다.

아리즈의 새로운 변경과 함께, 물리효과의 응용과 상세한 핸드북을 위한 표들을 만들었다. 〈물리효과 및 현상의 응용 목록〉이 편집되었다. 이러한 표의 도움으로 문제에 있는 모순을 극복하기 위한 가장 적절한 효과를 찾을 수 있다. 이 〈목록〉은 효과와 그러한 효과를 내는 물질에 대한 정보를 제공한다.

본질적으로 아리즈는 모든 발명가의 경험을 발명가가 상기할 수 있도록 발명가의 사고를 체계화하였다. 가장 중요하게는 이 경험은 재능을 부여 받은 방식으로 활용된다. 보통의 발명가나 경험이 풍부한 발명가는 외부 유사성을 기초로 해서 그의 경험으로부터 해결책을 끌어낸다. 발명가는 새로운 문제를 살펴보고, 그 안에서 이러 이러한 옛날 문제와 유사성을 찾기 때문에 그 해결책 또한 유사할 것이다. 그러나 아리즈를 활용하는 발명가는 훨씬 깊게 살펴본다. : 이 발명가는 새로운 문제에서 이러 이러한 물리적 모순가 있다는 것을 찾는데, 이것은 옛날 문제에 대한 해결책을 사용할 수 있다는 의미이다. 외견상으로 문제가 전혀 유사하지 않지만, 유사한 물리적 모순를 담고 있다. 외부 관찰자에게 이것은 대단한 직관의 행위처럼 보일 것이다.

아리즈의 정보 장치는 규칙적으로 보충되고 개선된다. 일반적으로 아리즈는 매우 빠르게 발전한다. 아리즈의 새로운 버전은 단순한 숫자가 아니라 발표 년도를 나타내는 색인이다. 발표 년도에 대한 분명한 참조는 반드시 아리즈를 체계적으로 개선하도록 해서, 쓸모없는 개선을 막아 준다.

1.8 아리즈에서 발명 과제의 해결책 이론으로

아리즈의 첫 번째 버전이 출현함에 따라, 발명문제 해결 이론의 확립이 시작되었다. 아리즈와 이론 사이의 관계는 대략적으로 비행기와 항법장치, 차와 자동차 운송 사이의 관계와 비슷하다. 아리즈 안에 이론이 들어가 있지만, 물론 모든 이론이 들어 있지는 않다. 앞으로 있을 장에서 아리즈의 구체적인 기법과 이론의 일반적인 위치, 그리고 그들이 어떻게 상호 연결되어 있는지에 대해서 각각 다루어야 할 것이다. 용어에 대한 몇 개의 단어도 다룰 것이다. 그것들이 간단하지는 않으므로 그 내용에 대해서 이야기 해보자.

◈ **접근 방식 :**

단일(기본적인) 운영. 접근 방식은 〈유사성으로〉 문제를 푸는 사람의 행위에 해당할 수 있다. 또한 접근 방식은 예를 들어 〈시스템의 쪼개기〉, 〈 하나로 여러 시스템의 통합〉등 문제에서 검토된 기술 시스템에 해당할 수 있다. 접근법은 말하자면 〈스칼라〉, 즉 방향성이 없다. 이러한 접근 방식이 좋은지 나쁜지 일반적으로 알려져 있지 않다. 한 가지 사례로, 유사성은 문제의 해결책으로 안내할 수도 있고, 그것과 다른 길로 안내할 수도 있다. 접근 방식은 보강하고, 확장하는 식으로 발전하지 못했다.

◈ **방법론 :**

그 적용에 어떤 질서를 제공하는 운영 시스템. 예를 들어 브레인스토밍 방법은 〈아이디어 창출〉 그룹과 〈비평〉그룹을 모집, 브레인스토밍의 실시, 아이디어의 평가 등 몇 개의 운영 단계를 포함한다. 방법론들은 보통 약간의 단일 원칙 또는 가정에 기초를 두고 있다. 그래서 브레인스토밍의 기초로 문제의 해결책은 찾을 수 있고, 그것은 무의식으로부터 방향 잡히지 않은 아이디어 흐름에 대한 출구를 제공하리라는 가정에 기반을 두고 있다. 방법론들은 극히 제한된 방식으로 발전되며, 원래의 원리 체제 내에 남아 있다. 이것이 〈방법론〉이라는 단어를 활용할 때의 감각이다.

이론은 목표 지향적인 진행방향을 제공하는 많은 접근 방식과 방법으로 이루어진 시스템이고, 객관적인 실체의 발전 법칙에 대한 지식을 기초로 해서 문제를 해결한다. 개략적으로 표현해서, 접근 방식, 방법 그리고 이론은 〈벽돌-집-도시〉 또는 〈세포-기관-유기체〉 형태의 사슬을 형성한다. 이 계층구조에 의하면 아리즈는 방법론과 이론 사이의 경계선에서 발견된 것이다.

아리즈에 대한 작업은 1946년[10~19]에 시작되었다. 아리즈에 대한 개념은 그때 아직 존재하지 않았고, 이 문제는 다음과 같이 다르게 제시되어 있었다. : "우리는 발명 창의성의 경험을 연구해야 하고, 좋은 해결책을 가져와, 그것들을 나쁜 해결책과 구별해야 한다. 이 결론은 발명문제를 해결에 사용될 수 있다." 거의 즉시 발명문제 해결책이 제시된 문제에 포함된 기술적 모순을 극복한다면 좋고(강력하고), 기술적 모순를 밝혀내 제거하지 못한다면 나쁘(약한)다는 것을 밝혀내기 시작했다. 게다가 전혀 예상하지 못했던 일이 일어났다: 매우 훌륭한 발명가들조차 발명문제 해결책에 대한 올바른 전략은 단계별(기술적 모순를 밝혀내, 그 원인을 찾아 제거하고 그렇게 함으로써 기술적 모순 또한 제거되는 단계)로 구성되어야 한다는 사실을 알지 못하거나 이해하지 못한다는 것이 분명해 졌다. 찾으라고 소리치고 있던 기술적 모순를 발견하고, 그 모순의 제거 덕분에 성공적으로 해결된 문제를 바라보면서도, 발명가들은 미래에 대한 결론을 내리지 못했고, 그들의 전략을 바꾸지 않았다.

다음 번 문제를 시작할 때, 그들은 문제에 포함된 모순을 정형화하려는 노력 없이, 방안을 애써서 다루면서 몇 년을 낭비할지도 모른다. 위대한(영향력 있는, 경험 많은, 재능 있는) 발명가의 경험으로부터 초심자에게 유용한 어떤 것을 끌어낼 수 있다는 희망은 잘못된 것으로 증명되었다. 위대한 발명가는 시행착오라는 동일한 원시적인 방법으로 작업하였다.

일의 두 번째 단계가 시작되어, 이제 문제는 다음과 같이 보인다 : "발명문제의 계획된 해결책을 위해 모든 발명가들에게 적용할 수 있는 프로그램을 끌어내야 한다. 이 프로그램은 기술 문제의 연구와 제거를 돕기 위해 문제의 단계별 분석에 기초를 두어야 한다. 이 프로그램이 지식과 능력을 대신해주지는 않겠지만, 발생하는 많은 실수를 막아주고, 발명문제의 해결책에 대한 훌륭한 전략적 접근 방식을 제공할 것이다."

발명문제를 위한 프로그램은 오늘날 아직도 아리즈와는 거리가 멀리 떨어져 있지만, 각각의 새로운 버전으로 더욱 명확해 지고 믿을 수 있게 되어, 점차로 알고리즘 형태의 프로그램 특성을 얻고 있다. 첫 번째 표가 기술적 모순을 제거하는 방법을 적용하기 위해서 만들어졌다. 연구를 위한 주요 자료는 특허 정보, 발명 명세서였다.

첫 번째 연구 세미나가 개최되었고, 점차로 아리즈를 연구한 경험이 쌓이고 있다. 그리고 한 번 더 혼란스러운 일이 일어났다. 높은 수준의 문제 해결책은 필연적으로 발명가의 전문 분야 밖에 있는 지식이 필요하다는 것이 분명해졌다 : 생산에서의 경험은 관습적인 방향으로 무익한 시행을 수반한다. 문제 해결의 과정에 분명하게 영향을 줄 수 있는 유일한 능력은 아리즈에 밀착해서 그 정보량을 활용하는 능력이다. 그래서 피할 수 없는 결론은 지식, 경험 또는 능력(자연의 선물) 어느 것도 효과적인 조직체의 창의성 활동을 위해 믿을만한 기준으로써 도움이 될 수 없다는 것이다. 자신의 지식, 경험 그리고 능력으로 일련의 높은 수준의 문제를 순서에 맞게 올바르게 풀 수 있는 사람은 없다. 문제의 대가가 100,000번의 시행이라면, 어느 누구도 혼자서 그것을 풀 수 없다.

높은 수준의 발명문제를 다룰 때, 모든 기술, 전체 물리/화학 지식을 알아야 한다. 그러나 인간이 아는 모든 것의 총합계는 그것보다 수백만 배나 적다. 문제를 풀 때, 인간은 그가 가지고 있는 정보를 정확하게 재생할 수 있어야 한다(전체 크기로 정보가 이용 가능하다고 가정해서). 정확하게 정보를 재생함으로써 지속적인 행위의 사슬을 세우고, 그것들이 문제의 해결책으로 안내하는 방식으로 방향을 잡아가는 결과를 얻는다. 그 대신에 인간은 방안의 원시적인 선택에 의시하여, 옛날 개념과 개인적인(그래서 우연한) 경험에 의해서만 방향을 잡아간다.

인간은 높은 수준의 발명문제를 효과적으로 풀 수 없다. 그러므로 창의성 과정을 연구함으로써 효과적인 접근법, 방법론, 발견학습법 등을 발견할 수 있다는 전제로부터 직간접적으로 진행하는 모든 가설은 틀렸다. 창의성 사고의 활성화에 기반을 둔 모든 방법들과 방법론은 나쁜 사고를 체계화 하려는 시도이기 때문에 틀렸다. 그래서 발명가에게 유용한 도움을 줄 필요가 있다는 아이디어로 시작한 두 번째 단계는 발명 창의성의 재구성과 발명 생산성이라는 기술에 있어서 변화가 필요하다는 결론으로 끝을 맺었다.

이제 이 프로그램은 사람에게 의존하지 않고 발명문제를 풀 수 있는 독립적인 시스템으로 간주되어야 한다. 이 시스템에 따른 사고와 이것으로 안내 받는다면, 그것은 진짜로 재능을 줄 것이다. 발명문제 해결 알고리즘으로 얻은 효과를 객관적인 기초로 둘 필요가 생겼고, 그것들을 기술 시스템 발전의 객관적인 법칙에 근거를 둘 필요가 생겼다.

3번째 단계에 대한 논의는 다음과 같다. : "낮은 수준의 발명은 전혀 창의적이지 않다." 시행착오 방법으로 수행된 높은 수준의 발명은 평범하다. 필요한 것은 발명문제를 풀기 위한 새로운 기술이고, 그것이 계획에 따라 높은 수준의 문제를 해결해 줄 것이다. 이 기술은 기술 시스템 발전의 객관적인 법칙이라는 지식에 기초를 두어야 한다.

3번째 단계를 시작할 무렵, 발명 창의성 공공 연구소들이 세워지기 시작하였다. 1978년에 이미 이러한 연구소가 100여 개나 생겼다(모스크바, 레닌그라드, 바쿠, 볼고그라드, 코르키 등 여러 도시). 이 이론을 개발하면서, 아리즈의 경험과 최신 기술, 그리고 이러한 연구를 체계화 하는 것이 공동의 과제가 되어, 많은 연구자들의 적극적인 참여가 있었다. 공동의 노력에 의해 그들은 기본적인 몇 가 아리즈의 정보 부분을 세워 나갔고, 특별하게 〈물리효과와 현상의 응용 색인〉을 쌓아 나갔다. 물질-장 분석으로 시작해서, 그것은 문제 해결 과정을 기술 시스템 발전에 대한지 법칙과 연결하였으며, 문제 해결에 필요한 체계적인 물리효과의 발견을 위한 수단을 상세히 표현하게 해주었다.

두 번째 단계에서와 같이 특허정보가 기본 자료로 제공되었다. 하지만 이제 새로운 방법들의 발견이나 기술적 모순 제거 표와 같은 연구 방향이 아니라 기술 시스템 발전의 일반적인 유형에 대한 연구가 진행되었다. 이러한 유형의 지식은 아리즈와 물질-장에 수정을 가하는 데 도움을 주었다. 학교와 기술 창의성 연구소들은 새로운 결론, 가정 그리고 가설을 빠르고 신뢰할 수 있게 실제로 시험할 수 있게 해주었다.

3번째 단계는 아직도 진행 중이다. 하지만 무언가 새로운 것이 발견되어, 그것이 이론의 이상적인 가정에 있어서 계속적인 진행을 이끌고 있고, 이론을 발전의 4번째 단계로 안내하고 있다. 발명은 바로 기술 시스템의 발전이라는 것이 분명해 졌다. 문제란 단지 인간에 의해 밝혀진 기술 시스템의 요구사항 중에 있는 어느 한 형태이다. 이론의 도움으로 문제가 생길 때까지 기다리지 않고, 계획에 따라 기술 시스템을 개발할 수 있다.

1.9 학습문제 : 문제 5~8

우리는 아직 아리즈의 구조를 검토하지 않았고, 지금까지 임의로 일상적인 시행착오 방법만을 다루어 왔다. 방안의 선택을 활용해서 몇 가지 문제를 풀어보자. 앞으로 이러한 문제로 돌아와, 아리즈와 발명문제 해결 이론을 사용하여 무엇을 할 수 있는지 살펴보게 될 것이다. 이러한 문제를 풀기 위해서 전문 지식은 필요하지 않다.

문제 5

추리 소설에서 발췌함

"제가 그를 죽이지 않았습니다. 보안관님. 당신이 예전에 믿었던 것처럼 저를 믿어주세요!" "나는 사실만을 믿어왔습니다." 보안관이 되받았다. " 사실이 당신과는 다르군요. 정확히 일주일 전에 당신은 볼톤(Bolton)을 위협했지요! 우리는 목격자를 확보했어요. 볼톤은 콜트(Colt)[5]식 자동권총에서 나온 총알로 살해되었어요. 정확하게 당신의 총이 콜트식 자동권총과 같은 종류입니다. 사실 총알을 발견하지는 못했어요. 하지만 전문가가 말하기를 총의 구경이 같다는 거예요. 게다가 당신은 알리바이를 증명하지 못했어요."

"당신은 저를 믿어야 합니다!" 닉은 절망적으로 외쳤다. " 제가 쏘지 않았어요. 저는 그것을 맹세합니다. 당신도 알다시피, 제 총은 완전하게 깨끗하고요…."

보안관이 웃었다. "살인은 이틀 전에 일어났어요."보안관이 말했다." 당신은 총을 깨끗이 할 시간이 있었어요. …"

당신이 전문가로서 도움을 요청 받았다고 상상해 보아라. 당신은 발명가의 위치에서 문제를 풀어야 한다.

5)콜트(Colt) : 미국 발명가의 이름으로 작은 권총의 상품명

문제 6

농업용 기계를 생산하는 공장에서 쟁기와 같은 기계의 전후 이동과 회전 능력에 대해서 시험할 땅이 충분하지 못하다. 그러나 기계의 운전성능은 땅의 상태에 달려있다. 200종류의 다른 흙에 대해서 기계를 시험해야 할 필요가 생겼다. 200 종류의 다른 시험 땅을 만들 수는 없다. 어떻게 해야 하나?

문제 7

공중에서 강의 깊이를 100킬로미터 길이에 대해 200에서 500미터 마다 측정할 필요가 있다. 비행기는 특수 장비를 갖추고 있지 않고, 비행기에서 사람을 내리는 것은 배제하고, 조사는 가능한 한 값싸게 수행되어야 한다. 측정의 정확도는 ±0.5미터로 해야 한다. 조류의 흐름은 알려져 있지 않다. 이것을 어떻게 할 수 있는가?

문제 8

연마용 디스크를 사용해서 금속 실린더를 안쪽에서 연마하고 있다. 작업 과정에서 디스크가 닳는다. 어떻게 하면 연마 과정을 중지하지 않고, 즉 실린더 내부에서 디스크를 제거하지 않고서 디스크의 직경을 측정할 수 있는가?

2

<생각표현>
물질 - 장 분석의 원리

2.1 물질-장의 기본형태

몇 가지 발명문제를 검토해 보자.

문제 9

냉각장치에 있는 결점을 빠르고 정확하게 식별할 수 있는 어떤 수단이 필요하다. 냉각장치에 있는 결점 때문에 액체(프레온, 기름, 수산화암모늄 용액)가 새어 나올 수 있다.

문제 10

중합체로 제품을 만들 때, 중합체의 경화도를 어떻게 측정할 수 있는가? 직접 측정하는 것(느낌)은 불가능하다.

문제 11

의사(擬似) 액화 상태인 재료 안에서 입자의 움직임 강도를 어떻게 검사할 수 있는가?

문제 12

쉽게 뺄 수 있는 쐐기를 제안하라.

이러한 문제들은 여러 기술 분야에서 나왔고, 각 문제들은 독특한 함정을 갖고 있는 여러 상황을 설명하고 있다. 문제 9에서는 빠르고 정확하게 액체 방울을 찾아 낼 필요가 있는데, 여기서 〈빠름〉이 〈정확함〉과 모순이다.

문제 10에서는 경화하는 덩어리의 중간에 측정 장치를 넣어야 하는데, 덩어리가 한 번 굳으면 그 장치가 그대로 남아있는 것을 허용할 수 없기 때문에 불가능하다.

문제 11에서는 측정 장치를 재료에 넣어야 하지만, 정확하게 어떤 종류의 측정 장치를 넣어야 하는가? 한편, 같은 압력 하에서 재료들은 다른 강도로 움직일 수 있다.

문제 12는 당신에게 즉각적으로 쐐기에 다양한 기계적 장치를 설치하는 것을 생각하도록 강요한다. 여기에서 매우 명백한 것은 바로 기술적 모순인데, 쐐기를 빼는데 필요한 강도에서 이점을 얻으면, 기계화된 쐐기의 복잡한 구성이라는 대가를 지불해야 한다.

이러한 문제들은 일반적으로 무엇을 갖고 있는가? 이 문제들 모두는 물론 기술적 모순과 물리적 모순을 포함한다. 그러나 유사성은 이것으로 끝나는데, 왜냐하면 문제에 있는 모순이 서로 다르기 때문이다. 이제 이들 문제들에 대한 해결책을 제공하는 발명들을 비교해 보자.

◈ **문제 9의 해결책 :**

프레온과 오일로 채워진 냉각장치에서 새는 구멍을 찾는 방법(대부분의 가정용 냉장고에서처럼). 장치에서 새는 구멍의 위치를 정확하게 찾아내기 위해서, 형광물질을 냉매에 넣는다. 어두운 방안에서 자외선이 이 장치를 비추면, 냉매 안에 있는 형광물질이 구멍을 통해 스며 나오면서 발광함으로써 새는 곳의 위치를 알려준다(발명가 인증서 번호 277,805).

◈ **문제 10의 해결책 :**

중합체의 경화(유연성) 정도를 측정하는 방법. 비파괴검사를 하기 위해서 중합체에 자성분말을 넣고 경화 과정에 있는 중합체의 자기 투과성 변화를 측정할 수 있다(발명가 인증서 번호 239,633).

◆ **문제 11의 해결책 :**

재료의 의사 액화를 인식할 수 있는 음향수단 : 입자 운동의 시작 점과 강도의 직접검사를 보상하기 위해서, 금속으로 된 소리 전달 막대를 움직이는 물질의 중앙에 넣는데, 이것이 소리진동을 전달하고, 이 신호는 이어서 전자기 신호로 변환된다(발명가 인증서 번호 318,404).

◆ **문제 12의 해결책 :**

쐐기와 제거 가능한 쐐기 피복재로 구성된 쇄기 장치; 쐐기의 피복재는 두 부분으로 되어 있는데, 그 중 한 부분은 쉽게 용융된다(발명가 인증서 번호 428,119).

해결책으로 얻은 결과와 문제의 상세 설명을 비교해 보자.

문제 9에서는 하나의 물질이 주어졌다(액체 방울). 해결책에서는 두 번째 물질(형광물질)이 추가되었고, 장(자외선 방사)이 만들어졌다. 유사한 상황이 문제 10에서 적용된다. 하나의 물질(중합체)이 주어졌고, 두 번째 물질(강자성 분말)이 추가되어 장(자성)이 생겼다. 계속해서 문제 11과 12에서도 똑같은 그림이 적용된다. : 새로운 물질(막대, 피복재)이 추가되었고, 장(음향, 열)이 생긴다.

매번 하나의 물질이 주어져 있고, 두 번째 물질을 장과 함께 추가한다. 왜 그런가? 여기에 답하는 것은 어렵지 않다. 장이 두 번째 물질을 경유해서 첫 번째 물질에 작용하거나, 두 번째 물질에 의해서 첫 번째 물질이 결국에 정보를 전달하는 장을 만든다.

사실상, 어떤 장도 명백하게 프레온 또는 기름의 작은 방울을 드러나게 할 수 없다. 그러나 대신에 매우 작은 양의 발광 입자를 쉽게 밝혀낼 수 있는 자외선 방사가 있다. 따라서 장과 두 번째 물질로 구성하는 한 쌍을 준비하여, 그 장을 첫 번째 물질과 연결한다.

문자, F로 장, 물질 1을 S1으로 그리고 두 번째 물질을 S2라는 문자로 표현하기로 하자. 화살표로 관계를 나타낼 수 있다. 그러면, 문제 9에 대해서 해결책 도식을 그릴 수 있다(굵은 화살표는 〈주어진 것〉에서 〈얻은 것〉으로 향한다).

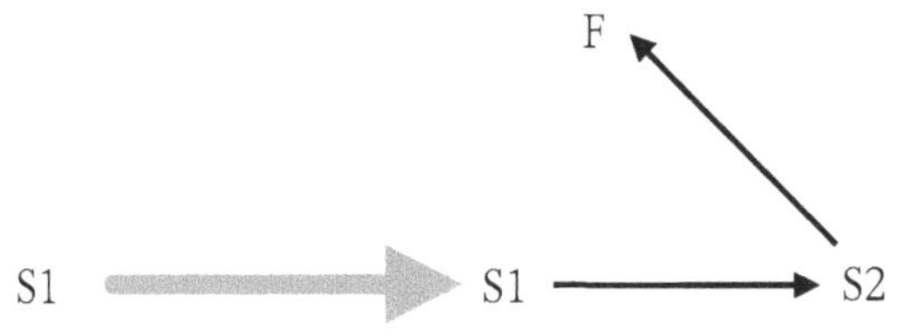

문제 10에 대한 해결책은 같은 유형이지만, 물질 S2 스스로 자신의 상태에 따라서 장을 만들어 내고, 계속해서 그것은 S1의 상태에 따라 좌우된다.

문제 11과 12에 대한 각각의 해결책 도식은 다음과 같다.

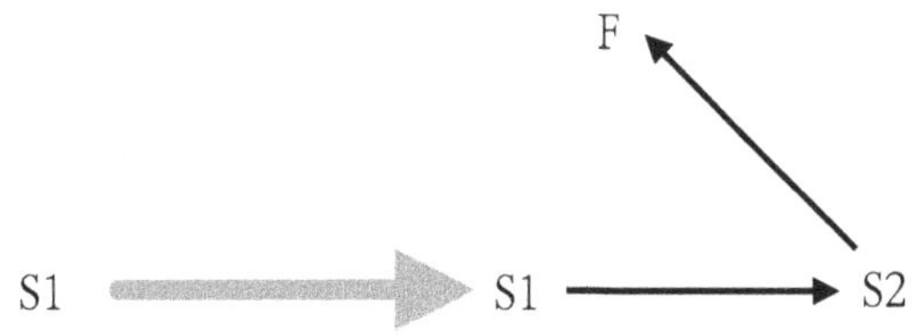

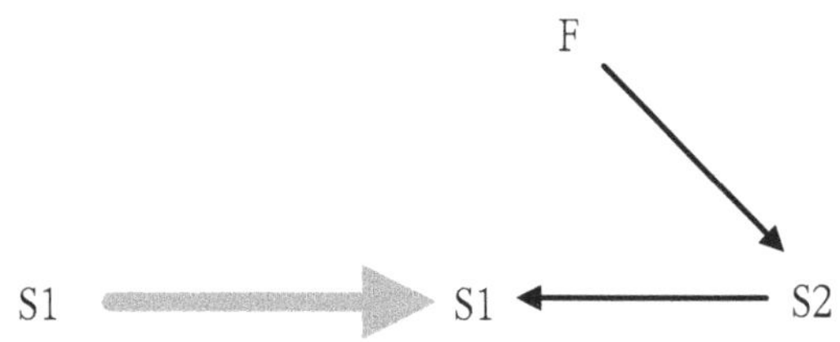

문제의 해결책에는 3가지의 〈활동적인 대리물〉들이 존재 한다: 바뀌고, 처리되고, 변환되고, 발견되고, 검사해야 하는 물질, S1; 필요한 작용을 수행하는 〈도구〉, S2; 에너지, 힘 등을 제공하는 장, F, 즉 이것은 S1(혹은 그들의 상호작용)에 대한 S2의 작용을

보장한다. 이러한 3가지 〈활동적인 대리물〉들은 문제에서 필요한 결과를 얻기 위해서 필요 충분한 것들임을 어렵지 않게 알 수 있다. 장이나 물질 혼자서는 어떤 효과도 만들지 못한다. 물질 S1에 무엇인가를 하기위해서는 도구 S2와 에너지(장, F)가 필요하다.

다른 방법으로 이것을 설명할 수도 있다. 발명문제에는 객체가 있다; 문제 9에서 는 액체 방울, 문제 10에서는 중합체 등등. 이 객체는 스스로 필요한 작용을 하지 못하지만, 자신의 환경 또는 다른 객체와 상호작용을 한다. 그렇게 할 때 예를 들어 방전, 흡수, 또는 에너지의 변환에 의해 어떤 변화가 생긴다.

두 개의 물질과 하나의 장은 각기 완전히 다르지만, 이것들은 물질-장이라고 하는 최소 기술시스템을 형성하기 위한 필요충분조건이다. 물질-장 개념을 도입할 때 3가지 용어를 사용 한다: 물질, 장, 상호작용(효과, 작용, 연결). 〈물질〉이라는 용어로 물질의 복잡성 정도에 관계없이 어떤 객체를 이해한다. 얼음-얼음 깨는 것, 나사와 너트, 케이블과 하중-이런 모든 것이 〈물질〉이다. 상호작용은 물체를 연결하는 일반적인 형태 또는 그것들의 상호 변화를 가져오는 현상이다.

엥겔스는 이와 같은 상호작용을 명확하게 묘사하였다: “상호작용은 움직이는 물체를 전체로써 동시대의 시각으로 바라볼 때 알 수 있는 첫 번째 것이다. 또한 많은 형태의 움직임을 관찰 한다: 기계, 열, 빛, 전기, 자기, 화학적 결합과 분해, 집합상태에서 이동, 유기 생명체. 잠시 동안 유기 생명체를 제외한다면, 이 모두는 서로 교환하고, 서로 조절하며, 여기에는 원인, 저기에는 결과가 된다(마르크스, 엥겔스 전집, Vol 20, 544쪽).”

장이라는 개념의 정의는 더욱 복잡하다. 물리학에서 장은 어떤 물질의 입자들 사이에서 상호작용을 일으키는 물질의 형태에 대한 이름이다. 사람들은 네 가지 다른 형태의 장을 구별 한다.: 전자기력, 중력, 강력과 약력. 기술에서 〈장〉이라는 용어는 넓은 의미로 사용 된다. : 공간이 있고, 공간의 각각 점에 대해서 어떤 벡터 또는 스칼라량이 연관을 맺고 있다. 그러한 장들은 종종 벡터 또는 스칼라를 갖는 물질, 예를 들어 온도장(열장), 원심력 장과 연결되어 있다. 〈장〉이라는 용어를 매우 넓은 의미로 사용할 것이다. 그리고 〈이론적인〉 물리적 장과 함께, 가능한 모든 종류의 〈기술적〉장(열, 기계, 음향 등)을 고려할 것이다.

문제 12를 해결할 때, 열장이 S2에 작용하여, S2와 S1 사이에 기계적인 상호작용을 바꾸어 준다.

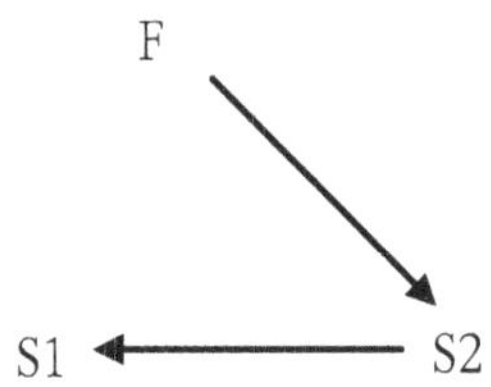

아마도 다음과 같은 의문이 생길 것이다: 열장은 물질-장 모델에 묘사되어 있는데, S1과 S2 사이에 상호작용하는 기계장이 없는 이유는 무엇인가? 자연히 다음과 같이 묘사하는 것도 가능할 수 있다.

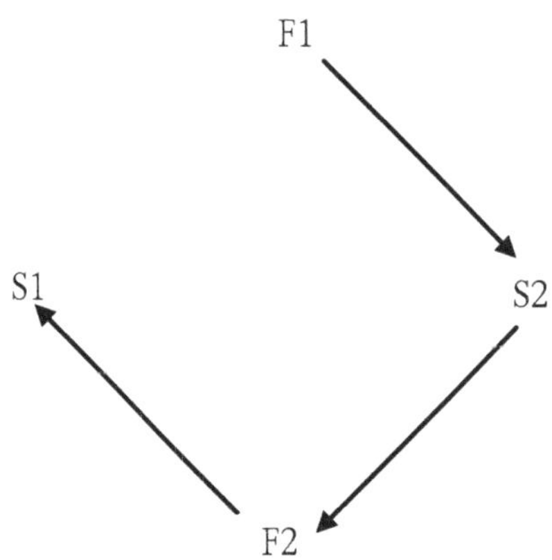

여기서 F1은 열장이고, F2는 기계장이다.

물질-장 모델은 보통 입력 측에 있는 장과 주어진 문제의 상황에서 직접 제어할 수 있는 장(도입되고, 나타내고, 바뀌고, 측정되는 장)만을 표현한다. 물질 사이의 상호작용은 상호작용(열, 기계)의 형태를 자세하게 나타내지 않아도 알 수 있다.

물질-장 표현 방법은 다음과 같다.

△ : 물질-장(전체적 관점)

– : 작용 또는 상호작용(구체적이지 않은 전체적 관점)

→ : 작용

↔ : 상호작용

- - -: 문제 상황에 따라 도입되어야 하는 작용 또는 상호작용

~ : 문제 상황에 따라 대체되어야 하는 바람직하지 않는 작용 또는 상호작용

F → : 입력 측에 있는 장 : 〈장이 작용한다.〉

→ F : 출력 측에 있는 장 : 〈장이 작용(또는 변화, 노출, 측정)에 잘 반응한다.〉

F' : 입력 측에 있는 장

F" : 출력 측에 있는 같은 장(파라미터가 변화하지만, 장의 특성은 바뀌지 않는다.)

S' : 입력 측에 있는 물질

S" : 출력 측에 있는 물질

S'- S': S'또는 S"상태에서 스스로 얻을 수 있는 〈일시적인〉물질(예를 들면, 일시적 인 장의 영향 하에서)

$\tilde{F}$: 일시적인 장

물질-장 모델에서 물질은 일직선상에 표시해야 하지만, 장은 직선의 위와 아래에 표시한다. ; 이것이 동일한 물질에 대해서 여러 가지 장의 작용을 한 눈에 알아볼 수 있게 해준다.

2.2 물질-장의 구성과 변형

물질-장 형태의 기술시스템 개념을 처음 접한 사람들은 대부분 심리적인 어려움에 직면하게 된다. 비슷한 일이 어린이가 〈삼각형〉의 개념을 배울 때에도 관찰된다. 가방

속에 있는 세 개의 사과는 왜 삼각형이 안 되고, 테이블위에 놓여있는 똑같은 사과는 삼각형을 형성하는 이유가 무엇인가? 세 개의 점이 왜 삼각형을 만들고, 세 채의 집도 왜 삼각형을 만드는가? 점은 매우 작고, 집은 매우 크지만 말이다. 이러한 심적 장애를 극복하는 것은 매우 쉽다. 더욱이 기하학과 유사성을 계속해서 살펴보면, 삼각형은 최소 기하학 도형이다.

사각형, 마름모, 직사각형 등과 같은 더욱 복잡한 임의의 도형을 삼각형의 합으로 표현할 수 있다. 이런 이유 때문에 정확하게 삼각형의 특성 연구가 삼각법이라는 과학으로 만들어진 것이다. S1, S2, F의 세 가지 구성요소로 이루어진 시스템인 물질-장은 삼각형이 기하학에서 역할을 하는 것처럼 공학에서 기본적인 역할을 한다.

삼각함수의 여러 가지 기본 법칙을 배우고, 표를 사용함으로써 힘든 측정과 계산을 하지 않고 문제를 쉽게 풀 수 있다. 정확히 똑같은 방법으로 물질-장을 만들고 변형하는 법칙을 배운다면, 어려운 많은 발명 과제를 쉽게 풀 수 있을 것이다.

이미 알고 있는 첫 번째 법칙은, 높은 효율과 제어능력을 위해서 물질-장이 아닌 시스템(하나의 구성요소, 즉 물질 또는 장)과 불완전한 물질-장 시스템(두 개의 구성요소, 즉 장과 물질 또는 두 가지 물질)을 완전한 물질-장 표준(세 개의 구성요소, 즉 두 개의 물질과 하나의 장)으로 만들어 주어야 한다는 것이다.

앞에서 나무 조각들을 나무와 나무껍질로 분리하는 문제 3을 언급했었다. 여기에는 두 개의 물질이 있고, 물질-장 모델을 세우려면, 장을 추가해야 한다. 방대한 양의 연구가 획기적으로 줄어든다. 또한 몇 개의 방안만을 조사하면 된다. 기본적으로, 약하고 강한 상호작용(주어진 예에서 이것은 너무 복잡한 해결책으로 안내할 것이다.)의 장을 제외한다면, 두 개의 〈합당한〉장이 남는다 : 그것은 전자기장과 중력장이다. 나무 조각들은 그 비중의 차이가 매우 작기 때문에 중력장을 즉시 제거할 수 있다. 하나의 장이 남는데, 그것은 전자기장이다. 자기장은 나무껍질이나 나무 어느 쪽에도 작용하지 않으므로 분명한 실험 방향을 생각할 수 있다. 나무 조각들을 전기장에 반응하게 하기위해서 어떻게 해야 하는가? 그리고 전기장 내에 놓인 나무 외피 조각은 음전하를 띄고, 나무 조각은 양의 전하를 띄는 것이 알려졌다. 이것이 믿을 만한 나무 조각 분리기를 만들 수 있게 해줄 것이다.

그러면, 나무 조각들이 전기를 띠지 않는다면 어떻게 해야 하는가? 이 예에서 조차 물질-장 구성에 관한 법칙은 유효할 것이다. 이 문제는 나무 조각들 중 한 종류를 제거하는 것이다. 그러므로 변경해야 하는 한 종류의 물질이 주어져 있다고 생각해 보자. 이 물질에 〈물질과 장〉을 추가함으로써 물질-장을 완성할 수 있다. 예를 들어 나무줄기와 가지를 쪼개기 전에 나무껍질에 강자성 입자를 묻힌다. 그러고 나서 나무 조각을 만드는 공정을 거친 다음, 자기장을 걸어 나무 조각들을 분리한다. 여기에 이르면, 실험은 이제 별거 아니다. : 알 수 있는 바와 같이 자기장이 자화된 나무껍질을 제거할 수 있다.

이 해결책을 다음과 같이 표현할 수 있다 :

분리가 불가능한 두 개의 혼합 물질이 주어져 있다. 해결책은 물질-장을 완성함으로써 얻었는데, 여기서 S2 대신에 (S2 S3) 조합을 취하였다. 〈조합〉 물질-장을 만들 수 있다는 것이 물질-장 완성의 법칙에 대한 적용 영역을 더욱 넓혀준다. 문제 9의 해결책 역시 조합 물질-장의 구성으로 간주할 수 있다(액체에 형광물질을 넣는다.).

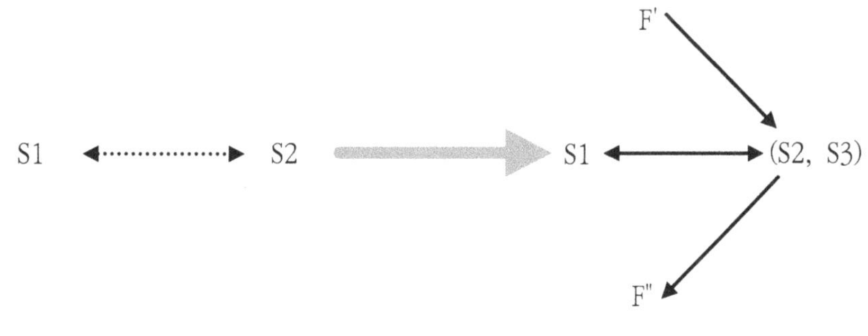

여기서 S1은 냉장장치이고, S2는 냉매, S3은 형광물질이다; F'은 입력 측의 장(보이지 않는 자외선), F"는 출력 측의 장(형광물질의 눈에 보이는 발광)이다.

물질-장 구성의 법칙은 바로 물질-장 개념의 정의로부터 직접적으로 유도 된다: 완벽한 기술시스템은 불완전한 시스템보다 더욱 효과적인 시스템으로 알려져 있다. 그러므로 문제에서 주어진 물질-장이 아닌 시스템과 불완전한 물질-장 시스템은 완전한 물질-장으로 보강되어야 한다. 물질-장 시스템의 구성 및 변형과 관련해서 다른 법칙들이 존재한다. 이러한 법칙을 사용하는 것이 물질-장 분석의 기본을 이루며, 발명문제 해결이론의 가장 중요한 부분 중의 하나이다. 사례를 들어 보자.

문제 13

자성을 띄지 않는 뜨거운 먼지 기체를 청소하기 위해서, 여러 겹의 금속성 얇은 직물조직으로 만든 필터를 사용한다. 이런 필터는 먼지를 만족스럽게 걸러내지만, 바로 그 이유 때문에 나중에 청소하기가 어렵다. 먼지를 빼내기 위해서 필터를 자주 분해해서, 반대 방향으로 오랫동안 바람을 불어야 한다. 어떻게 해야 하는가?

문제는 다음과 같은 방법으로 해결되었다. 막대자석 사이에 강자성 분말을 넣고, 강자성 분말을 다공성 구조로 만들었다. 자기장을 교대로 껐다 켰다 하면서 필터를 효과적으로 제어할 수 있다. 필터의 구멍은 작을 수도 있고(필터가 먼지를 잡고 있을 때) 클 수도 있다(필터를 청소할 때).

이 문제를 물질-장 시스템으로 설명해 보자.

S1(먼지), S2(얇은 직물 묶음)가 있고, F(공기의 흐름으로 만들어진 기계장)가 있다.

해결방안은 다음과 같다.

- S2는 강자성분말 Sf로 분해된다.
- 장 F의 작용은 S1(대상)을 향하지 않고 Sf(도구)를 향한다.
- 장은 기계장(Fmech)이 아니라 자기장(Fm)이 된다.

이것을 다음과 같이 표현할 수 있다 :

물질-장 발전의 법칙을 따른 덕분에 강력한 해결방안을 얻었다: S2(도구)의 분할 정도가 증가되어 물질-장의 효율이 증가하였다; S2에 대한 장의 작용이 S1(대상)에 대한 작용보다 더욱 효과적이다. : 물질-장에서 전기장(전자기장, 자기장)이 비전기장(기계장, 열장 등)보다 더욱 효과적이다. 실제로 S2의 입자가 작을수록 S2의 제어가 더욱 유연하다는 사실은 증명할 필요도 없다. 또한 대상(이것은 종종 자연 대상물이다)을 바꾸지 않고, 도구(이것은 우리에게 달려있다)를 바꾸는 것이 더욱 유리하다는 것은 분명하다. 또한 이러한 변형의 유효성은 분명할 뿐 아니라, 법칙의 힘은 변형 시스템의 활용에 있다.

문제 13은 〈발명 창의성 공공 연구소〉에서 학습재료로 몇 년 동안 사용되었다. 학습과정 초기에 이것을 시도했을 때, 학생들이 올바른 답을 주는 경우는 없었다. 물질-장 분석을 공부한 후에, 이 문제는 실제로 모든 사람들(과학 연구자, 공학자, 학생들, 어린이들)에 의해서 어려움 없이 해결되었다.

이제 문제 6으로 되돌아가 보자. 이것 역시 트리즈 학습재료로 널리 사용되었다.

다음은 학습 첫 날에 경험 많은 디자이너가 작성한 내용이다:

"첫 번째 방향은 땅을 필요한 만큼 작은 구획으로 나누는 것이다. 이것은 명백히 단순하고 이해할 수 있는 결과이다. 그렇지만 실제로는 실현(건설) 비용이 비싸고 실행으로 옮기기 어렵다. 그러므로 이 방향은 적당하지 않다. 두 번째 방향은 극한 조건의 복사이다. 흙의 특성에 따라 트랙터를 실험하기 위한 가장 바람직한 부분과 가장 좋지 않은 부분으로 이미 존재하는 작은 구획을 두 부분으로 나눈다. 나는 두 번째 방향을 방안으로 택해서, 세 개의 구획(가장 좋은 조건, 가장 나쁜 조건, 중간 조건)을 생각했다."

해결책을 향한 그의 진행과 그가 얻은 답은 보통의 디자이너 사고를 크게 나타내고 있다. 처음에 그는 직접적인 방향을 검토했다(필요한 몇 개의 작은 구획을 만든다.). 여기에 분명한 기술적 모순이 있다: 실험의 질에서 이득은 건설의 복잡성과 비용이라는 손실과 마주친다. 디자이너는 타협을 선택하고, 그 모순을 극복하려고 하지 않는다. 두 번째 방안이 선택되지만, 그것은 둘 또는 세 구획으로 제한된다. 그렇지만 여기에도 기술적 모순이 있다. : 실험의 질(200개의 구획에 대해서 두 개의 구획!)에 있어서 손실은 단순성과 낮은 비용이라는 이득을 부정한다. 하지만 역시 모순을 극복하려는 시도를 하지 않는다. 두 번째 방안이 가장 받아들일 수 있는 방안으로 제안되었고(비용을 근거로), 이것을 선택한다.

이 문제를 다루었던 디자이너 중에서 어느 누구도(30개에서 50개의 특허를 가지고 있는 경험이 풍부한 발명가들을 포함해서) 만족할 만한 해결책을 제시하지는 못했다. 트리즈를 접하고 난 후에 공공연구소에 있는 학생들(학생과 어린이들을 포함해서)은 이 문제를 쉽게 해결했다.

다음은 이 문제에 대한 대표적인 해결책 설명이다: "자기 필터의 문제와 같은 일반적인 문제. S1은 흙이다. 여기에 강자성 분말의 형태로 S2를 도입한다. 물질-장을 완성하기 위해서 자기장 Fm을 사용한다. 이 장을 활성화함으로써 S1과 S2 혼합물의 특성을 바꿀 수 있다."

물질-장 변환의 특징을 화학 반응의 표현과 비교하는 것은 흥미롭다. 물질의 화학식을 표현할 때, 그 물질에 속해있는 많은 특징을 배제한다. 예를 들어 화학식은 그 물질의 자기 및 광학 특성 그리고 강도 등에 대해서 어느 것도 나타내지 않는다. 화학식들은 단지 원칙상 화학에 중요한 특성, 즉 분자의 조성과 구조만을 반영한다. 정확하게 같은 방식으로 기술시스템의 물질-장 모델을 설명할 때, 원칙상 시스템의 발전에 중요한 것들과 동떨어진 그 시스템의 모든 특성들은 배제된다. : 물질-장 모델은 시스템의 물질-장 조합과 구조만을 반영한다.

화학식의 출현은 화학이 원자, 분자, 원자량과 같은 기본 개념뿐 아니라 물질이 상호작용과 변영에 대한 기본 법칙들을 받아들이자 가능해졌다. 그렇기 때문에, 화학반응을 기록하는 계수를 등식으로 나타낼 때, 모든 경우에 언급하지는 않지만, 질량 보존의 법칙을 활용한다. 수학식과는 달리 화학식으로 유도해서 새로운 현상을 발견할 수 없으며, 단지 그것은 어떤 공리의 시작점이다. 화학 기호는 단지 기존의 지식만을 반영한다. 이러한 의미로 볼 때, 물질-장 분석은 수학 언어 보다는 화학 언어와 더 많이 닮았다.

어떤 발명문제들은 두 객체 사이에 존재하는 해로운 상호작용의 제거를 요구한다. 이러한 경우에는 물질-장 파괴의 법칙을 사용해야 한다.

전반적인 물질-장 모델을 살펴보자.

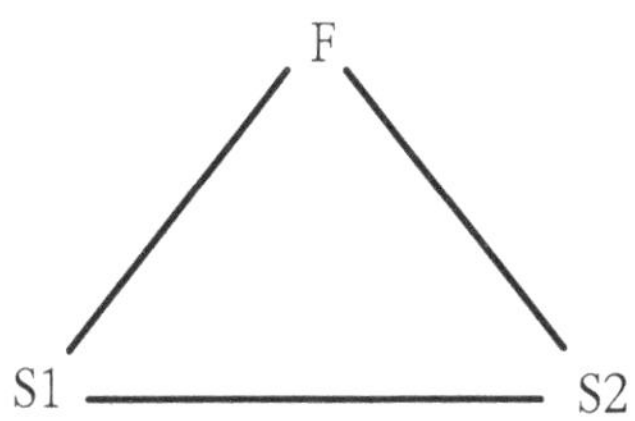

여러 가지 방법으로, 즉 구성요소 중 하나를 제거하거나, 연결을 〈깨거나〉, 제3의 물질로 장을 대체함으로써 이 〈삼각형〉을 깰 수 있다. 물질-장 파괴에 관한 수많은 문제의 분석 결과, 가장 효과적인 해결책은 제3의 물질을 도입하는 것임이 밝혀졌고, 이때 제3의 물질은 이미 존재하는 두 객체의 어떤 변형이었다.

문제 14

사진 복사기에서 그림이 그려진 박엽지(博葉紙)를 유리위에 펼친다. 이 박엽지 에 감광성 용지를 덮는다. 특별한 종류의 유리가 깨진다. 새 유리를 준비하는 데 많은 시간이 필요하다. 그래서 일반 창문유리를 사용하기로 결정했다. 그렇지만 박엽지를 움직여 조정하려 하자 전기 전하가 생겨서, 박엽지가 유리에 달라 붙는 일이 발생했다. 어떻게 해야 하나?

물질-장 파괴의 법칙을 알지 못하는 기술자들은 일반적으로 전기 전하의 제거를 포함한 방안을 먼저 선택한다. 그렇지만 빛을 차단하지 않고, 동시에 장치를 부적절하게 복잡하게 만들지 않고서 정전기를 제거하는 것은 매우 어렵다. 물질-장 분석의 관점으로 살펴보면, 문제는 다른 방식으로 해결된다. 박엽지와 유리 사이에 박엽지나 유리 어느 쪽의 대체물인 제3의 물질을 넣어야 한다. 박엽지를 선택하는 것이 더 간단한데, 왜냐하면 이것이 더 값싸기 때문이다. 유리와 그림이 그려진 박엽지 사이에 박엽지 대체물을 놓여야 하며, 이 대체물은 투명해야 하고 빛을 가리지 않아야 한다. 이것은 순수한 박엽지를 택해야 한다는 의미이다. 문제가 해결되었다: 만약 유리위에 깨끗한 박엽지를 펼치면, 그것이 유리에 달라붙는다. 이제 그림이 있는 박엽지를 유리가 아니라 유리를 덮고 있는 박엽지 위에 펼쳐 덮는다.

이 예는 왜 도입된 제3의 물질이 이미 존재하는 두개의 객체 중 하나의 변형이어야 한다고 물질-장 파괴의 법칙이 주장하는지에 대해서 분명하게 설명이다. 만약 단순하게 다른 제3의 물질을 택한다면, 문제가 복잡해 질 수 있다. 〈외부〉물질은 기술시스템에서 〈이방인〉으로 편한 마음을 가질 수 없을 것이다. 제3의 물질은 거기에 있어야 하지만 없어야 한다. 제3의 물질은 장을 파괴하지 않고, 시스템을 비싸게 하지 않으며, 작용을 파괴하지 않아야 한다. 달리 말하면, 시스템을 복잡하게 하지 않아야 한다. 물질-장 파괴의 법칙은 기존 물질 중 하나(그 대체)의 활용이라는 요구에 집중함으로써 〈제3의 물질이 있으면서 없다〉라는 모순을 극복할 방법에 대한실마리를 제공한다.

또한 물질-장 완성의 법칙은 모순 극복을 위한 기준을 포함하고 있다. 장이 물질 S1에 작용해야 하지만, 장이 이 물질에 작용할 수 없는 모순이 있다. 물질 S2를 도입하고 S2를 통해서 S1에 장이 작용하게 함으로써 이 모순을 극복한다. 이와 같은 방식으로 아리즈 분석처럼 물질-장 분석은 모순을 발견하고 제거함으로써 문제의 해결책을 얻을 수 있다.

종종 기존의 물질-장을 유지해야 하고, 동시에 새로운 상호작용을 도입해야 하기 때문에 생기는 모순 문제를 해결해야 한다. 예를 들어 문제 8을 살펴보자.

문제의 상세 설명에서 물질-장은 이미 존재할 뿐 아니라, 충분히 좋은 모델이다: 기계장 Fm은 S2(디스크)를 거쳐서 S1(실린더)에 작용한다. 물질-장을 제거하거나 파괴하는 것은 바람직하지 않은데, 그 이유는 문제의 상세 설명이 실제 광택 공정에 대한 어떤 기준을 포함하고 있지 않기 때문이다. 이러한 문제들은 물질-장 사슬 구성의 법칙에 의해서 해결된다.

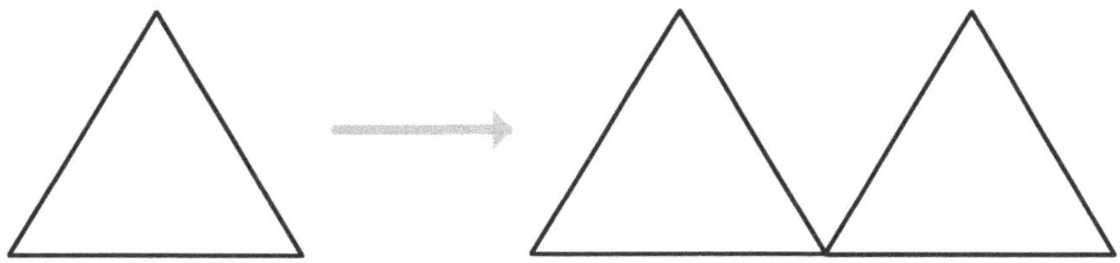

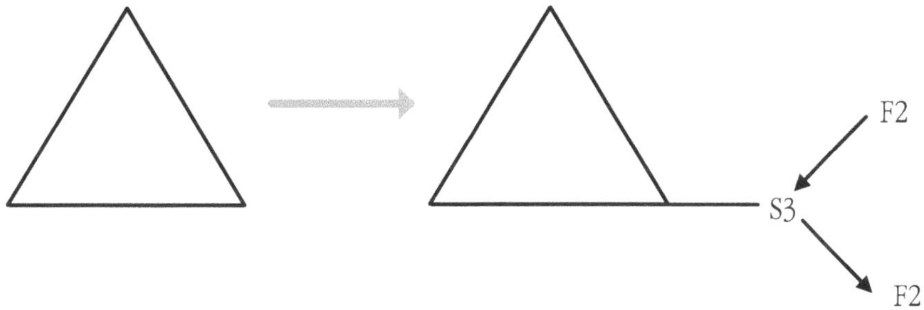

모델에서 알 수 있는 바와 같이, 해결책의 핵심은 S2(도구)가 기존의 물질-장과 연결된 물질-장으로 바뀐다는 것이다. 때로는 S3이 한 번 더 사슬을 계속해서 만드는 물질-장으로 바뀐다. 측정과 검출의 문제에서 쉽게 측정하고 검출할 수 있는 장을 출력 측에 두어야 한다. 그러므로 이러한 문제들을 해결할 때, S1. S2의 최종 연결은 일반적으로 다음과 같은 모습을 갖는다:

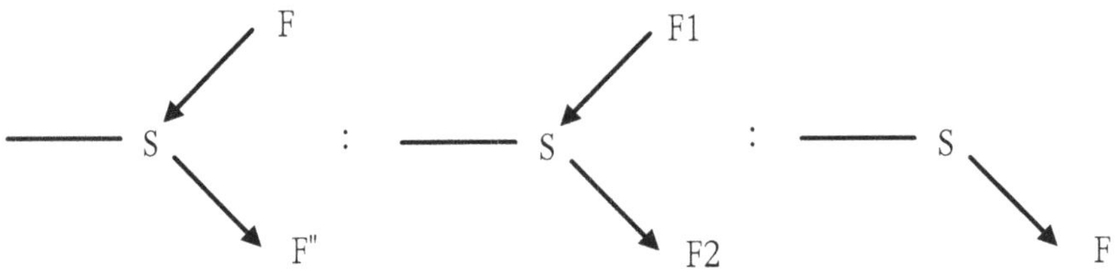

예를 들어 문제 9에서 형광물질이 광학 장의 파라미터를 변형한다(눈에 보이지 않는 자외선을 가시광선으로 바꾼다.). : F'⇒ F". 가끔은 장이 다른 장으로 바뀌는 경우도 있다: F1 ⇒ F2. 드물게 물질-장의 부분인 물질 자체가 만드는 복사(輻射)를 사용한다.

만약 물질이 장을 다른 장으로 바꾼다면(또는 장의 파라미터를 바꾼다면), 간단한 규칙을 사용하여 필요한 물리효과를 즉시 결정할 수 있다. 물리효과의 이름은 두 장의 이름을 조합함으로써 만들어진다. 예를 들면 다음과 같다:

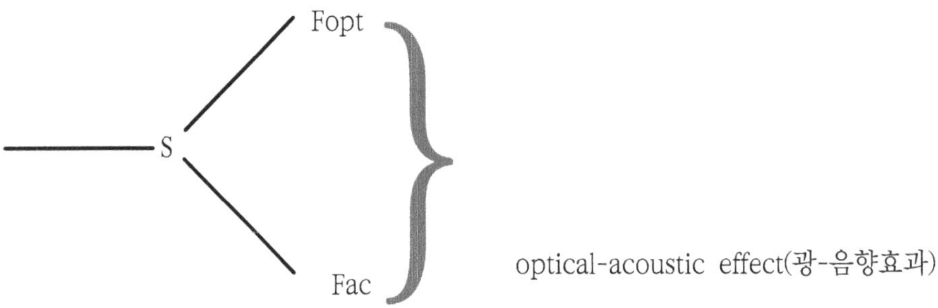

문제 15

광산 바위의 움직임이 종종 시추구멍 안에 있는 드릴 축에 치명적인 <잼(Jam)>을 일으킨다. 잼을 풀기 위해서, 진동자를 시추 구멍 내에 있는 잼의 위치까지 내려 보낸다. 하지만 어느 위치에서 잼이 발생했는지 어떻게 확인할 수 있는가?

잼의 범위는 넓지 않아서 단지 몇 십 미터이지만, 드릴 축의 길이는 수 킬로미터이다. 직접 깊이를 측정하는 방식으로는 문제를 해결할 수 없다. 또한 어떤 힘으로 관의 비틀림을 측정하는 것도 적절하지 못하다(드릴 축을 단단한 봉이라 할 수 없다. 더욱이 드릴 축은 축의 벽면에 대해 매우 큰 마찰을 일으킨다).

문제해결을 위한 물질-장의 형태는 복잡하지 않다.

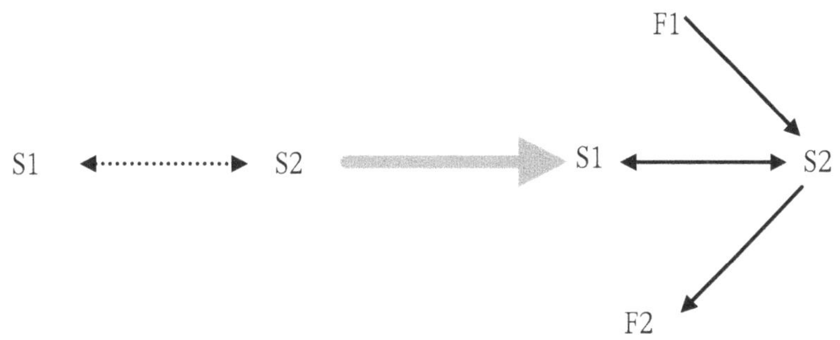

여기서 F1은 입력 측에 있는 기계장이고, F2는 출력 측에 있는 장이다. S1은 땅이고 S2는 관이다. 일반적으로 이런 문제를 해결할 때, 측정과 검출이 쉬운 전자기장을 출력 측에 두는 것이 편리하다. 대체 물질로써 땅이 아니라 강철관을 선택하는 것이 편리한데, 왜냐하면 잼의 위치에 있는 땅의 경도를 정확히 모르지만, 금속의 특성을 잘 알고 있기 때문이다. 철은 강자성체이다; 우선 철의 자기특성을 논리적으로 사용해야 한다. 이러한 특성은 이미 존재하고, 외부에서 도입할 필요가 없다. 이러한 방식으로 필요한 물리효과의 이름을 다음과 같이 결정하였다. : mechanicomagnetic (물리학에서는 이것을 자기탄성효과라 한다). 강자성체의 자기장은 전자석이 미치는 자력에 좌우된다.

1미터마다 자기표시기를 삽입한 장치를 시추공 내부 안으로 내려 보낸다. 그리고 나서 관을 위쪽으로 끌어 올린다. 충격을 받은 위치부터 잼 위치 위쪽의 모든 표시기가 자성을 잃는다. 잼의 아래쪽에 있던 표시기들은 변하지 않고 그대로다. 자기 측정기를 이용해서 이것을 쉽게 확인할 수 있다.

2.3 학습문제 : 문제 16~22

몇 가지 학습문제를 풀어보자. 이러한 문제들은 간단하고, 그 해결책은 앞에서 개괄적으로 살펴본 바와 같은 물질-장 분석의 단순한 법칙만 알면 충분하다. 학습문제를 해결하기 위해서 주어진 문제에 기반을 둔 법칙을 찾고, 그 법칙에 근거한 구체적인 답을 하라. 빈번한 실수는 습관적인 시행착오 방법을 사용하여 위험스럽게 대답을 추측하려고 할 때 일어난다. 이것은 어떤 체조 기구에 달려가, 그것 위쪽으로 뛰어오르는 대신 돌아가는 것과 같다. 말하자면, 장애물을 돌아가는 것은 어렵지 않지만, 그렇게 하는 것은 무슨 일을 하여도 아무런 의미가 없다. 학습문제를 해결한다는 의미는 분석 기법을 훈련하는 것이고, 이것은 나중에 더욱 어려운 문제를 해결하기 위해서 적합하다.

문제 16

발명가 인증서 번호 527,280의 발명 구성은 다음과 같다. "용접작업을 위한 조정 장치가 부동 장치 형태의 회전 테이블과 유니버설조인트로 구성되어 있다.

유니버설조인트를 경첩 브래킷으로 테이블에 고정하고, 액체 용기 안에 이 장치를 설치하였다. 테이블의 회전속도를 높이기 위해서, 강자성체 현탁액을 액체에 도입하고, 액체 용기를 전자기 코일로 둘러쌓다."

물질-장 분석의 관점에서 이 발명의 핵심은 무엇인가?

문제 17

굽어진 복잡한 형태의 배관이 공기 압력을 이용하여 작은 금속 공을 이송하는데 사용되고 있다. 굽은 곳에서 배관은 관 벽과 충돌하면서 이동하는 금속 공에 맞아서 안쪽에 심한 손상을 받는다. 보호용 슬리브를 달아 보았지만, 그러한 슬리브 역시 너무 빨리 손상되었다. 이 문제를 해결하기 위해서 물질-장 분석의 어떤 법칙을 적용해야 하는가? 그 법 칙에 근거한 답은 무엇인가? 만약 배관이 금속 공이 아닌 구리 공을 이송하는 데 사용되었다면, 어떤 일이 일어나겠는가?

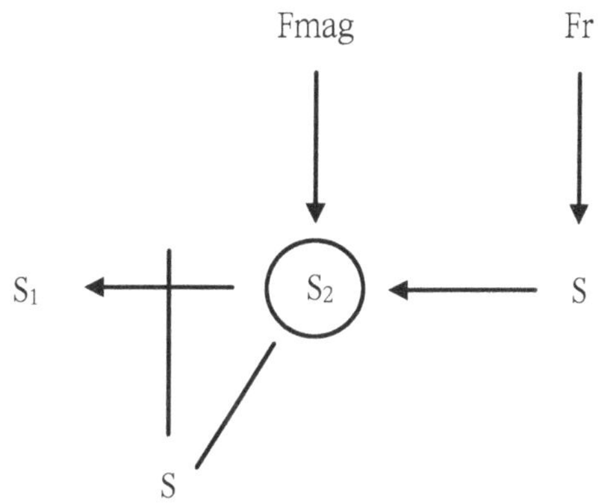

문제 18

두 표면 중 한 표면에 얇은 페인트를 칠하고, 다른 표면에 찍히는 자국의 균일도를 확인함으로써 두 표면간의 마찰을 측정한다. 세밀한 표면에 대해서는 매우 얇게 (1/10 마이크론) 페인트칠을 할 필요가 있다. 그러한 표면은 구별하기 어려운 자국을 남긴다. 당신은 어떤 제안을 할 수 있는가? 당신의 제안은 어떤 법칙에 근거를 두고 있는가?

문제 19

발명가 인증서 번호 253,753은 다음과 같은 발명을 표현하고 있다: "원통형 용기, 전자기장을 만드는 고정자 그리고 회전자로 구성된 전자기 방식의 혼합장치; 혼합 강도를 높이기 위해서 회전자는 구멍뚫린 유연한 고리 형태로 용기에 자유로이 떠 있다." 그래서 단단한 혼합기 날 대신에 유연한 구조의 구멍이 있는 밴드가 사용되는데, 이것이 전자기장에 의해서 회전한다. 본 발명에 이어서 다음에 있을 발명을 예측해 보라. 당신의 예측은 물질-장 분석의 어떤 법칙에 근거를 두고 있는가?

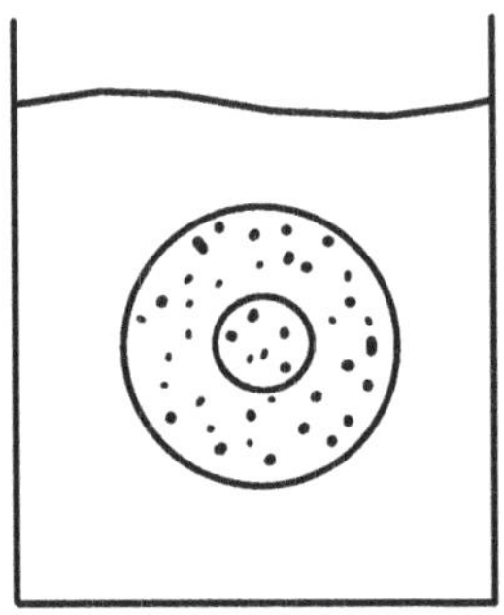

문제 20

광택용 도구를 만들 때에 매우 작은 피라미드 형태의 다이아몬드를 임의의 위치가 아니라 정해진 위치에 다이아몬드 꼭지가 위를 향하도록 삽입해야 한 다. 이것을 어떻게 할 수 있는가?

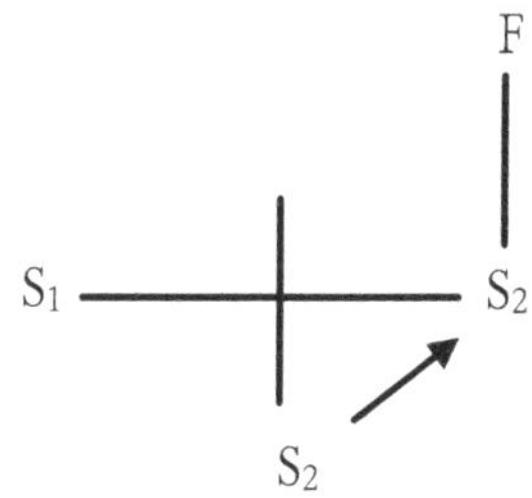

문제 21

고속선의 경우에 물밑 돌출부가 흐르는 물의 공동현상(cavitation) 때문에 빠르게 파괴된다. 당신은 어떤 해결책을 찾을 수 있고, 그 해결책은 물질-장 분석의 어떤 법칙에 근거를 두고 있는가?

문제 22

압축 응력(늘린) 보강재(철근)로 어떤 강화콘크리트 구조물을 만들고 나서, 완성품 안에 있는 보강재의 응력(또는 실재 늘어난 정도)을 측정할 필요가 생긴다. 그러나 보강재가 완성품의 내부에 있기 때문에 측정이 어렵다. 구멍을 뚫거나 삽입물의 끝을 표면에 내놓는 것은 불가능하다. 초음파나 엑스레이를 이용한 스캐닝은 너무 복잡하다. 어떻게 해야 하는가?

3

<발명 전술>

발명의 과정을 관리하는 것

3.1 상황 ⇒ 문제 ⇒ 문제 모델 정하기

3.2 모순 제거를 위한 메커니즘

3.3 심리적 요인에 의한 프로그램+정보+관리

3.4 학습문제 : 문제 27~32

3.1 상황 ⇒ 문제 ⇒ 문제 모델

발명 창의성 과정은 발명 상황의 명료한 설명과 분석으로 시작된다. 발명 상황이란 만족스럽지 못한 특징을 포함하고 있는 어떤 기술적 상황이다. 여기서 〈기술적〉이란 단어는 넓은 의미로 사용 된다: 기술, 생산, 연구, 일용품, 군사 등.

예를 들어 다음과 같은 상황을 살펴보자. 압축 응력 콘크리트를 만들기 위해서 보강재(철근)를 늘일 필요가 있다. 늘린 상태로 철근 보강재를 고정한 다음, 그 위에 콘크리트를 붓는다. 콘크리트가 굳은 후에 잡아둔 철근 끝을 풀면 철근 보강재가 줄어들고, 이에 따라 콘크리트가 수축하여 콘크리트 견고성이 증가한다. 철근을 늘리기 위해 유압잭을 사용하지만, 이 잭들은 너무 복잡하고 신뢰할 수 없다. 철근을 늘이기 위해 전기열을 이용하는 방법이 제안되었다: 보강재를 가열한 뒤, 거기에 전류를 통과시키면 철근이 늘어나고 이 상태에서 철근을 강화한다. 만약 일반 철근을 사용한다면, 원하는 길이만큼 늘이기 위해 그것을 400도까지 가열하는 것으로 충분하기 때문에 문제가 없다. 그러나 일반 철근이 아니라 고강도 철사를 사용하는 것이 좋다. 이 철사를 필요한 길이로 늘이기 위해서는 700도의 온도가 필요하다. 그러나 철사를 400도 이상으로 가열하면 짧은 시간이라도 철사는 그 우수한 역학적 특성을 잃게 된다. 비싼 열 안정성 철사를 압축 응력 콘크리트에 사용하는 것은 바람직하지 않다.

상황은 이상과 같다. 조립식 콘크리트와 관련된 다양한 문제들이 있다. 이 상황에서 그 중 하나, 즉 철사 보강재를 늘이는 문제에만 집중하고 있다. 이 문제점을 해결하기 위해 무언가 해야 한다고 가정하자. 하지만 최종 기술 시스템에서 무엇을 바꾸어야 하는지에 대한 암시가 없다. 예를 들어 유압잭의 사용으로 돌아가서 어떤 방법으로 유압잭을 개선해 볼 수 있는가? 아마도 낮은 비용으로 열 안정성 케이블의 생산 기술을 개선할 수 있지 않을까? 아니면 일반적으로 보강재를 늘이는 원리상으로 완전히 새로운 방법을 찾아내야 할 것인가?

이 상황은 이러한 질문에 대한 답을 주지 않는다. 따라서 하나의 똑같은 상황이라도 다른 발명문제를 일으킬 수 있다. 이런 문제 상황을 최소문제와 최대문제로 나누어 해석하는 것은 발명가에게 매우 중요하다.

상황으로부터 최소문제를 다음과 같은 공식에 따라 얻을 수 있다: 결점이 있거나 없는 현재 상황에 요구 특성(새로운 성질)을 더한다. 이 방법으로 최소문제는 최종 기술시스템의 변경에 대한 가능한 최대로 제약을 둠으로써 얻어진다.

이와는 반대로 최대문제는 모든 제약을 없앰으로써 얻어 진다: 최종 시스템을 원리상으로 다른 시스템으로 바꾸는 것이 가능하다. 만약 배의 항해 기어를 개선하라는 문제가 주어지면, 이것은 최소 과제이다. 그러나 만약 문제가 "항해 대신에 … 과 같은 특성을 갖는 원리상으로 다른 운송 수단을 찾으라는" 문구로 되어 있다면, 그것은 최대문제[6]이다.

최소문제로의 전이가 반드시 낮은 수준의 해결책으로 안내한다고 생각해선 안 된다. 최소문제 역시 4수준으로 해결될 수 있다. 또한 최대문제로의 전이가 그 자체로 5수준의 해결책을 얻는다는 의미는 아니다. 보강재를 늘이는 데 있어서 전기-열방법의 개선을 버리고 유압잭의 개선을 착수한다면, 당신은 분명 1수준이나 2수준의 발명을 기대할 수 있다.

주어진 상황을 최소과제로 해석할 것인지 아니면 최대과제로 해석할 것인지 정확하게 결정하는 것은 전략의 문제이고, 이에 대해서 다시 논의하도록 하겠다. 어떤 경우든 모든 상황 하에서 분명히 최소과제로 시작하는 것이 편리하다. 최소 과제의 해결책은 긍정적인 결과를 가져오지만, 동시에 시스템 자체에 어떤 근본적인 변화를 요구하지 않으므로 수월한 실행과 경제적인 효율성을 보장한다.

최대문제의 해결책과 실행은 평생 걸릴 수도 있고, 현 과학 지식이 제공하는 해결책 너머에 있을 수도 있다. 그러므로 비록 최대문제로 우선권을 줄때에도 먼저 최소문제로 문제를 고려하는 것이 현명하다. 어떤 다른 문제와 같이 발명문제도 주어진 것과 필요한 것에 대해서 기술해야 한다. 전형적인 발명문제는 다음과 같다:

6) 문제(problem)는 과제(task)라 할 수 있다. 원문에서는 문제와 과제를 혼용하였는데, 본 문단에서 문제로 용어를 통일하였다.

문제 23

압축 응력 콘크리트를 만들 때, 철사 보강재를 전자기 수단으로 늘린다. 그러나 필요한 온도(700도)로 가열하면 보강재가 기계적 특성을 잃는다. 이 결점을 어떻게 극복할 수 있겠는가?

여기서 〈주어진 것〉이란 원래의 기술시스템에 대한 설명을 포함한다. 〈필요한 것〉이란 단지 존재하는 결점을 제거하면서 모든 것을 그대로 유지해야 한다는 것(최소문제!)을 포함한다.

〈주어진 것〉과 〈필요한 것〉은 임의의 형태로 제시될 수 있다. 〈주어진 것〉은 쓸데없는 정보를 담고 있으면서 절대적으로 필요한 정보를 빠뜨릴 수도 있다. 〈필요한 것〉은 보통 행정적 모순 또는 기술적 모순으로 정형화되고, 그것은 분명하지 않고, 불완전하며, 때로는 완전히 부정확하다. 따라서 해결책은 최대로 단순화시킨 모델 문제의 구성으로 시작해야 하지만, 동시에 문제의 핵심, 즉 기술적 모순과 그 모순을 일으키는 요소들(원래의 기술시스템의 부분들)을 정확하게 반영해야 한다.

◆ 문제 23의 모델

〈주어진 것〉은 열장과 금속 철사이다. 만약 철사를 700도까지 가열하면 필요한 길이까지 늘어나긴 하지만 강도를 잃는다.

먼저, 문제를 단순화된 모델로 바꿈으로써 전문용어(전기-열 방법, 보강재)의 일부를 제거하고, 시스템에서 쓸데없는 요소들을 모두 벗겨낸다.

예를 들어, 강화 콘크리트의 준비에 대한 언급은 필요없다: 시스템의 본질은 철사를 어떻게 늘이냐에 있고, 철사를 늘이는 목적은 전혀 관련이 없다. 따라서 비록 늘인 철사를 창유리 보강에 사용한다고 해도, 바뀔 것은 아무것도 없다. 철사를 전류로 가열한다는 언급 또한 제거되었다. 만약 단순하게 철사를 화로에 넣어서 가열하거나, 적외선 복사열로 가열하더라도 문제

> 는 그대로 유지될 것이다. 남아있는 것은 모두 기술적 모순을 세우기 위해 필요하고 충분한 요소들이다.
>
> 각 기술적 모순은 두 가지 방식으로 제시될 수 있다: "만약 당신이 A를 개선하면 B가 악화된다."또는 "만약 B가 개선되면 A가 악화된다." 문제의 모델을 세울 때, 생산적인 기본(질적) 효과를 개선(유지하고, 강화하는 등)하는 문제를 정형화 문으로 선택해야 한다. 두 개의 정형화문 중에서(만약 당신이 철사를 700도까지 가열한다면, 필요한 길이는 얻지만 그것의 강도를 잃을 것이다."와 "만약 당신이 철사를 700도까지 가열하지 않으면, 그것의 강도를 유지하지만 필요한 길이를 얻지 못할 것이다.) 첫 번째를 택해야 한다: 이것이 철사를 늘인다는 주 효과를 보장하며, 이것이 정확하게 〈열장-철사〉시스템이 존재하는 이유이다.

상황에서 문제로, 더 나아가 모델 문제로 변형할 때, 선택의 자유(즉 무익한 시도를 선택하는 자유)는 크게 줄어들고, 제시된 문제에서 〈터무니없는〉 표현은 증가 한다.

상황을 다루는 데 있어서 다양한 가능성에 직면하게 된다. 수압 잭을 개선하면 어떨까? 공압 잭을 만들면 어떨까? 아니면 무거운 추를 사용해서 철사를 늘일 수 있는 중력 잭을 만들면 어떨까? 아니면 가열에 의한 강도 손실을 고려해서 강도를 약간 보강한다면 어떨까? 문제 모델로의 변환은 많은 유사한 가능성을 제쳐놓는다. 많은 이점이 있는 전기 기계적 방법을 유지해야 한다. ; 딱 한 가지의 결점만 제거하면 된다.

다음 단계는 선택을 더욱 줄인다: 여기서 반드시 700도 온도를 사용해야 하고, 온도를 제외하고는 모든 타협은 배제된다. 그러나 다루는 물질의 자연 특성에도 불구하고 높은 온도가 철사를 파괴하지 않을 것이다…. 문제는 엄청나게 작아졌을 뿐만 아니라, 〈터무니없고〉, 〈명백히 상식에서 벗어나〉, 〈부자연스러워〉졌다.

그러나 이 모든 것은 매우 많은 사소한 방안을 모두 버리고, 역설적인 강력한 해결책 영역에 접어들었다는 것을 의미한다.

문제의 모델을 만들 때 〈물질(substance)-장(field)-작용(action)〉이라는 물질-장 분석 용어를 사용한다(그리고 이러한 것들로 모델을 구체화 한다). 이것은 해결책에 이르기 전에 물질-장 형태로 답을 착상할 수 있게 해준다. 실제로, 이 문제의 모델에서 열장과 물질은 불완전한 물질-장를 구성하고 있다. 따라서 답은 명백히 "제2의 물질을 도입해야 한다."가 될 것이다.

정확한 문제의 모델을 세우는 데에는 따라야 할 규칙들이 있다. 그러므로 갈등하는 요소 쌍에는 대상을 도입해야 한다. 두 번째 요소는 주로 도구이지만, 어떤 문제에서는 두 요소 모두 대상이다(예를 들어 문제 3에서 나뭇조각과 나무껍질). 만약 대립 쌍에 대상이 포함되어 있지 않다면, 그 문제의 모델을 부수고, 출발점으로 되돌아가야 한다. 문제 23의 모델에서 대상(철사)을 다시 다루어 보면, 다음과 같이 처음 위치에서 통속적인 상투어를 들을 수 있다: 콘크리트의 보강재를 다른 것으로 바꾸면 어떨까? 일반적으로 보강재를 늘이지 않고서 문제를 해결할 수 있을까?

어떤 문제에서는 대상과 도구가 같은 종류의 쌍으로 주어진다. 이런 경우에 한 쌍만 가지고 모델을 만들어도 충분하다.

문제의 모델링은 전체 기술 시스템에서 대립하는 요소만 남겨두고 모든 것을 제외하는 것이다. 따라서 때때로 모델이 이상하게 보일 수도 있다. 예를 들어, 만약 기술적 시스템의 문제가 용기, 금속 디스크 그리고 금속 디스크에 작용하는 액체로 구성되어 있다면, 문제 모델은 두 개의 요소, 즉 디스크(대상)와 액체(도구)만 유지한다. 액체 〈품목〉은 허공에 떠있고, 그 안에 디스크가 있다. 이것은 실제 상황에서 〈불가능〉하다. 모델이 실제 기술 시스템의 전부를 반영할 필요는 없고, 단지 시스템에 서의 〈약점〉만을 그리면 된다.

문제를 분류하는 작업(상황을 언급하지 않고서)은 대단히 어렵다. 문제의 핵심은 임의의 〈말로 나타낸 정형화문〉이면에 숨겨져 있다.

우리는 문제의 모델을 쉽고 명료하게 분류할 수 있다. 기존 기술 시스템의 물질-장 구조가 이 분류의 기초를 이룬다. 이러한 접근 방법은 모든 문제를 세 유형으로 즉시 분류할 수 있도록 해준다. : 주어진 요소가 한 개인 경우, 두 개인 경우, 또는 세 개(혹은 그 이상)인 경우. 각 유형은 어떤 요소(물질, 장)가 주어졌는지, 이들이 어떻게 상호 연관되어 있고, 어떻게 바뀔 수 있는지에 따라 하위 유형으로 분류된다.

부록 2는 모델 문제의 기초 분류표이다. 문제 23을 예로 들어보자. 문제의 조건으로 두 요소(열장과 물질)가 주어져 있으므로 유형 2에 해당한다.

문제 23에서 장과 물질은 두 개의 작용으로 서로 연결되어 있다: 만약 철사를 가열하면 길이는 늘어나지만, 그 강도가 줄어든다. 한 작용은 이롭고 다른 작용은 해롭다.

이것은 유형 2의 문제이다. 아직 충분히 문제 모델의 분류에 대해 살펴보지 못했다. 지금까지 매우 중요한 딱 한 가지 상황을 주목하고 있다. 하나의 요소만 주어진 첫 번째 유형의 문제는 항상 물질-장을 완성함으로써 해결된다. 여기서 화학과의 유사성을 발견할 수 있다. 할로겐은 여러 가지 특성을 갖고 있지만, 일반적으로 다른 모든 특성보다 중요한 한 특성을 갖고 있다. 그것은 할로겐 원자의 외부 전자껍질 구조에 의해 좌우되는 다음과 같은 특성이다: 할로겐은 모자라는 전자 하나를 얻어 전자껍질을 완성하려고 한다. 그래서 이것은 첫 번째 문제 모델과 유사하다. 그들의 주요 특징은 물질-장을 완성하려고 한다는 것이다. 문제 9는 겉으로 보기에 문제 6과 완전히 다르게 보인다. 물질-장 관점에서도 큰 차이가 있다. 문제 9에서는 작은 액체 방울을 찾아야 하고, 문제 6에서는 흙(그것도 다량의!)의 성질을 바꿔야 한다.

하지만 이 두 문제는 같은 유형의 모델(요소가 하나만 주어짐)에 속하고, 그것들은 동일 한계내의 물질-장 해결책을 갖는다. 이 두 문제를 해결하기 위해서 제 2의 물질과 제 2의 물질을 경유해서 첫 번째 물질에 작용하는 장을 도입해야 한다.

세 번째 유형의 문제는 특별한 어려움 없이 첫 번째 유형과 두 번째 유형의 문제로 전이된다. 예를 들어, 만약 문제에 대한 상세 설명이 물질-장(즉, 세 가지 요소)을 포함한다면, 이 물질-장은 하나의 요소(물질)로 간주될 수 있고, 이것은 표준 규칙에 따라 다른 물질과 장에 연결될 수 있다.

그러므로 〈고전적인〉 발명문제들은 두 번째 유형의 문제들이다. 어떤 모순에 대해서 두 개의 상쇄하는 경향, 충동, 특성, 요구사항의 충돌이 필요하다. 본질적으로, 이와 같은 충돌은 첫 번째 유형의 문제에서도 나타난다. : 두 번째 요소가 문제의 조건으로 주어져 있지 않지만, 이미 있다고 가정한다. 예를 들어, 문제 20에서 하나의 요소, 즉 다이아몬드 조각이 주어졌다. 두 번째 요소는 문제의 상세설명에서 나타나 있지 않지만, 이런 경우 보통 사용되는 도구, 예를 들어 핀셋이 있다. 물론 이 상황에서 다이아몬드 조각이 너무 작아서 핀셋으로 집는 것이 불가능하기 때문에 이 두 번째 요소가 문제의 범위 밖으로 밀려난다.

3.2 모순 제거를 위한 기본적인 메커니즘

아리즈에서는 기술적 모순을 제거하기 위해 네 가지 기법을 사용 한다. :

(1) 주어진 모델 문제로 규정된 기술시스템을 이상적인 최종 결과(IFR)의 정형화에 의해서 이상 시스템으로 바꾼다.

(2) 기술적 모순을 물리적 모순으로 바꾼다.

(3) 물리적 모순를 제거하기 위해 물질-장 변형을 사용한다.

(4) 기술적 모순이나 물리적 모순을 가장 효과적으로 극복할 수 있는 집중된 정보 형태로 제시된 시스템 연산자를 적용한다(방법 목록, 모순행렬표, 물리효과의 응용표).

문제의 모델은 기술시스템(더 자세히 말하자면 시스템의 〈병든〉부분)과 그 안에 내재된 모순을 설명한다. 실제로 이 모순을 어떻게 제거할 것이지는 미리 알 수 없지만, 이상적인 가상 해결책이나 이상적인 최종 결과를 항상 정형화할 수 있다. 이런 작업 이면에 있는 목적은 강력한 해결책을 향해 방향을 잡는 것이다. 정의에 의하면 이상적인 해결책은 주어진 모델 문제에 대해 생각해낼 수 있는 어떤 해결책보다 더 막강하다. 그것은 마치 존재하지 않는 6수준의 해결책과 같다. IFR의 도움으로 문제의 해결책을 얻는 전술은 바로 이 엄청나게 막강한 방안과 〈고리로 연결하고〉, IFR로부터 가능한 적게 물러서는 것이다.

IFR은 간단한 방식으로 정형화된다. : 서로 대립되는 두 요소 중 하나가 스스로 해로운(필요 없는, 과도한) 효과를 제거하고, 동시에 기본적인 작용을 수행하는 자신의 능력을 유지한다. 이 해결책의 이상적인 본질은 바로 새로운 요소를 도입하지 않고 소위 〈공짜로〉필요한 효과를 얻는다는 데 있다. 예를 들어, 문제 23의 IFR은 다음과 같다. : "열장은 스스로 철사의 훼손을 막고, 동시에 요구되는 가열 신장을 보장한다."

이보다 더 이상적일 수 있는가? 새로 도입된 것이 없고, 더 복잡해진 것도 없지만, 열장의 해로운 효과는 마술처럼 사라지고, 유용한 효과는 그대로 남아있다. 문제를 모델 문제로 바꿀 때 이미 일어났던, 〈터무니없는〉 역설이 크게 증가한다. 열장이 양립할 수 없는 결과를 가져올 뿐 아니라, 어떤 기계나 장치 없이 스스로 일을 해야 한다.

발명문제 해결 이론을 공부할 때, 다음과 같은 개념들의 숙달에 특별한 주의를 기울여야 한다. : 이상 기계(기계는 존재하지 않지만, 필요한 효과를 얻는다.), 이상 방법(에너지와 시간의 소비는 없지만, 필요한 효과를 얻고, 게다가 자기조절 방식이다.), 그리고 이상 물질(물질이 존재하지 않지만, 그 기능을 수행한다.).

통상의 공학적 사고 특성은 기꺼이 필요한 효과에 대한 대가(기계에 의한 시간, 에너지, 또는 물질의 소비)를 지불한다. 그 〈지불〉요구가 당연한 것처럼 보이고, 기술자는 오로지 그 〈지불〉이 너무 과하지 않은지를 고려하고, 그 〈계산〉을 〈교육받은 대로〉 수행한다. "열전도와 싸워야 하는군. 그렇다면 열 보호 시스템에 대해서 생각해야겠어. 뛰어난 단열재를 이용하여, 열 보호막을 설치하자고. 그래도 부족하면, 열 환기장치를 이용해서 과도한 열을 뽑아내면 되겠지…" 아리즈로 작업할 때, 발명 사고는 이상적 해결책 쪽으로 분명하게 방향을 잡는다.: "맞서 싸워야 하는 손상 요인이 있군. 이상적으로, 이 요인은 스스로 없어져야 돼. 그러니까 스스로 없어져야 된다고! 말하자면 일부 다른 해로운 요인과 그것을 같이 두면 없어질 거야. 아니면 가장 이상적인 경우는 해로운 인자가 이로움을 가져오도록 하면 될 거야……"

이상을 향한 경향이 현실 해결책과 멀어진다는 의미는 결코 아니다. 이상적인 해결책이 완벽하게 실행되는 사례가 많다. 다음과 같이 생각하면 된다. 이상 기계의 특성은 그 기능이 다른 기계와 복수 상태로 수행하기 시작할 때 보장받는다. 이상 방법의 특성은 때때로 필요 효과가 미리 일어나고, 고맙게도 정작 필요로 할 때에는 그 효과에 대한 시간과 에너지를 소비할 필요가 없다.

이상에 대한 이 분명한 요점은 IFR의 정형화에서뿐 아니라, 사실상 문제해결의 모든 단계에서 필요하다. 예를 들어, 만약 물질-장 분석이 물질을 도입해야 한다고 제안한다면, 당신은 물질의 도입 없이 그 기능을 수행하는 것이 최적이라는 사실을 잊어서는 안 된다. 물질을 도입하지 않으면서도 물질을 도입하는 많은 효과적인 방법이 있다(하나의 물질이 번갈아서 두 가지 형태를 띠는 경우, 물질을 일시적으로 도입하는 경우 등).

IFR로의 전이는 낮은 수준의 모든 해결책을 차별 없이 재빠르게 잘라내어 IFR과 가까운 방안들만 남겨두기 때문에, 강력한 힘을 발휘한다. 물리적 모순을 정형화할 때 방안을 잘라내는 일이 한 번 더 일어난다. 예를 들어, "열장이 철사를 늘이기 위해서 철사를 가열해야 하지만, 철사를 훼손하는 방식으로 철사를 가열하지 않아야 한다."

물리적 모순에서 〈터무니없는〉 요구는 극에 달한다. IFR과 가장 가까운 한 두 개의 방안을 제외하고 모든 방안은 버려진다. 남아있는 방안의 수는 주어진 물리적 모순의 제거 방법과 물리효과의 조합한 수를 넘지 않는다. 보통 이 개수가 10을 넘지 않고, 문제의 난이도가 올라갈수록 남아있는 방안의 수는 점차 줄어든다.

물리적 모순에서 해결책으로의 전이는 물질-장 분석을 이행함으로써 훨씬 수월 해진다. 모델 문제를 세울 때조차, 물질-장 분석은 해결책 경로에 대한 일반적인 정신적 그림을 그릴 수 있게 해준다. 예를 들어, 문제 23의 모델에서 장과 물질을 거론하였다. 그러므로 분명하게 제 2의 물질을 도입해야 한다. 이것을 IFR의 정형화와 비교한다면 다음과 같은 물질-장 모순을 밝힐 수 있다: 제 2의 물질은 물질-장을 세우기 위해서 필요하지만, IFR로부터 멀리 벗어나지 않으려면 제 2의 물질은 물질-장에 없어야 한다. 이런 모순(이것은 물질-장 분석에서 자주 접한다)은 물질의 〈이중 특성〉을 활용해서 극복될 수 있다: 두 번째 물질로써 처음 물질의 일부 또는 처음 물질의 변형물을 선택할 수 있다.

두 개의 철사를 취해, 하나를 열장으로 가열하고, 다른 하나는 그대로 둔다. 이렇게 할 때 첫 번째 철사의 신장이 두 번째 철사에 전달된다(하지만 열이 아니다!). 이것이 문제 23의 해결책이다. 열 안정성 막대(이것은 소비되지 않는다)를 높은 온도로 가열하면, 이 막대가 늘어난다. 늘어난 막대를 그대로 두 번째 철사에 연결한다. 냉각되면서 막대가 줄어들고, 냉각 상태로 있던 철사가 늘어난다. 그러면 늘리고자 하는 통상의 철사를 선택한다. 이때 삽입 막대를 선택된 철사보다 길이를 두 배로 하면, 원하는 신장을 얻기 위해서 삽입 막대의 온도를 반으로 줄일 수 있다. 이 발명이 전기열 잭[11]의 중요한 원리이다.

여기서 흥미로운 사실은 물리적 모순이 다음과 같은 정확한 문장 표현으로 제거 된다는 점이다. : 열장은 철사를 가열하면서 동시에 가열하지 않는다. 명백하게 이전에 철사 하나만을 생각했었는데 해결책에서는 두 개의 다른 철사에 대해서 이야기하고 있다. 이러한 〈용어 마술 비결〉은 다양한 문제를 해결하는 데 사용된다.

예를 들어, 문제 3에서 동일한 특성을 갖는 두 개의 혼합 물질의 분리에 대해서 이야기하였다. 하지만 해결책에서는 처음에 그러한 물질이 분리된 위치에 있을 때, 한 물질에 표시를 해 둘 것을 제안하고 있다. 이 문제의 해결책을 듣고 나면 학생들은 종종 다음과 같이 말한다: "물질에 미리 표시를 할 수 있다는 것을 알았다면 좋았을 텐데…." 문제는 미리 표시하는 것에 대한 어떤 제한도 없었다. 누가 〈미리〉라는 단어를 알지 못하게 했는가?

때때로 해결책이 단순하면 해결 과정도 단순하리라 여기지만, 해결책이 간단할수록 (그것이 높은 수준의 문제라면), 그것을 끌어내기가 훨씬 어렵다.

문제모델의 구성, IFR과 물리적 모순의 정형화, 심지어 물질-장 분석조차 꼭 알맞은, 충분히 분명한 답을 제공하지 못할 수 있다. 이런 경우 해결책을 연장시켜서, 기술시스템의 전이라는 연산자를 살펴볼 필요가 있다. 이에 대한 논의는 다음에 계속할 것이다. 지금까지 이야기한 것을 종합하여, 발명 상황에서 문제로, 그 다음에 문제의 모델로 전이를 이어감에 따라 해결책 사슬이 발생한다는 것을 주목해야한다: 이상 해결책(IFR이 정형화된다), 물질-장 해결책(물질-장 형태로 해답을 찾는다), 물리적 해결책(물리적 모순가 정형화되고, 그것과 함께 물리적 모순 제거에 대한 물리적 원리가 정형화된다). 그 다음에 기술적 해결책이 나온다: 아이디어로부터 발명을 응용하는 대략적인 상세 수준까지 작업한다. 이 과정은 새로운 기술시스템의 주요 특성을 포함하는 설계 해결책으로 완성된다. 기술적 해결책과 설계 해결책으로 이어지는 이런 단계들은 발명문제의 해결책으로부터 발명품에 대한 설계자의 작업까지 진행된다.

여기서 전문 지식과 경험이 중요한 역할을 한다. 실제 창의성 과정에서 〈발명〉과 〈설계〉단계는 때로 기묘하게 뒤엉켜 있다: 설계 단계로부터 종종 발명 단계로 되돌아와서 발견한 아이디어를 수정하고, 제조 과정에서 가끔 기본 문제에 속해있는 특별한 발명문제를 해결할 필요가 생긴다.

3.3 심리적 요인에 의한 프로그램+정보+관리

문제의 모델을 세우고, IFR와 물리적 모순을 기술하는 과정은 아리즈-77(부록1 참조)의 두 번째와 세 번째 부분에 분명하게 설명되었다. 아리즈의 정보 서비스 활용을 포함하고 있는 네 번째 부분과 더불어 이 두 부분은 문제 해결책의 핵심을 담고 있다.

콘크리트 문제로 돌아가서, 해결책이 어떻게 진행되는지 살펴보자.

단계 2.1에서 문제의 상세 설명이 전문 용어를 사용하지 않고 제시된다. 이 간단한 작업이 심리적 관성의 근본적인 〈짐〉을 크게 줄여준다. "용어는 알고 있는 것을 가능한 한 신뢰할 수 있도록 분명한 제한을 두기위해서 만들어진다." 그러나 어떤 발명은 알고 있는 것의 한계 너머에 출구가 있다. 예를 들어, 만약 문제의 상세 설명이 쇄빙선의 속도 증가를 언급하고 있다면, 그때 처음 단순히 〈쇄빙선〉이라는 용어를 들으면 즉시 일련의 고정된 아이디어로 구속한다.: 얼음을 깨고, 부수고, 파괴할 필요가 있다. 다음과 같은 단순한 개념이면 충분하다: 이것은 얼음을 부수는 문제가 결코 아니라(얼음 수확에 전혀 관심이 없다!), 주요 일은 얼음을 깨지 않고 통과해서 움직이는 것이다. 이것이 심리적 장벽의 다른 측면 어딘가에서 생긴다.

언젠가 종자 연구소 학술회원 리시츠인(Lisitsyn)이 발명가 카츄긴(Kachugin)에게 바구미와의 싸움이라는 매우 중요한 문제 중에 하나에 대해서 회의를 개최할 생각이라고 말했다. 그것은 바구미의 생존 조건을 연구하고, 특별히 바구미의 체온을 측정하는 것이었다. 그 당시에 그러한 문제를 해결할 수 있는 장치가 없었다.

"예산은 5만 루블입니다만, 그 정도 액수로 당신이 필요한 도구를 만들 수 있을지 의문이군요." 학술 회원이 말했다. 카츄긴은 그 자리에서 일반 의료용 온도계를 사용해서 바구미의 체온을 측정하는 방법을 설명하였다.

이 문제에 대한 실험 또한 실행되었다. 열아홉 명의 중학교 2학년 학생들이 30분 동안 개별적으로 이 문제를 다루었다. 그 중 다섯 명이 정답을 냈다. 또한, 다른 집단에게 같은 문제와 다음과 같은 보충 설명을 주었다 : "만약 여러분이 바구미라는 단어를 여러 가지 간단한 단어로 바꾼다면, 이 문제는 쉬워질 것입니다." 그 결과, 같은 시간 안에 정답이 17개 나왔다. 실제로, 만약 바구미라는 단어를 단순히 매우 작은 것(벌레, 모래알, 물방울)으로 바꾸기만 해도, 문제는 극히 단순해질 것이다. 만약 비가 내리고 한 컵의 빗물을 모은다면, 진짜로 물방울 하나의 온도를 알 수가 없는가?

부록 1에 포함된 문제 24와 25는 2.1 단계에서 전문용어를 포함하고 있지 않다.

비록 문제 25의 상세 설명에서 〈번개 전도체(lightning conductor)〉라는 용어를 이것보다 매력적이지는 않지만, 다루기에 훨씬 적합한 〈도체막대(conductive pole)〉 또는 〈도체기둥(conductive column)〉이라는 표현으로 바꾸는 것은 해롭지 않을 것이다.

다음 단계는 대립하는 요소 쌍을 선택하는 것이다. 문제 24에서 이러한 선택은 아름답게도 간단하다: 대상(스푼)과 도구(디스크)는 꼭 알맞은 쌍이다. 그러나 이러한 선택이 문제 25에서는 다소 복잡하다. 문제의 상세 설명이 전파안테나, 전파, 번개 그리고 번개 전도체를 언급하고 있다. 규칙에 따라 대상과 도구를 제거하려고 하면, 다소 비정상적인 그림에 직면한다.: 문제에 두 개의 대상(번개와 전파)과 한 개의 도구(번개 전도체)가 있다. 대립하는 하나의 쌍 대신에 대립하지 않는 두 개의 쌍이 존재한다. : 대립이 대립 쌍 〈내〉에서가 아니라 대립 쌍 〈사이〉에서 일어난다.

전도성 번개 전도체는 번개와 대립하지 않고 그것을 수용할 수 있다. 한편 전도성이 없는 번개 전도체는 완전하게 전파와 맞선다. 그것이 전파를 받아들이지 않고 잡아 두지도 않는다. 말하자면 다음과 같은 이상한 표현에 대해 흥미를 잃지 마라: 〈전도성 번개 전도체〉(이것은 버터 바른 버터… 어떤 다른 종류의 번개 전도체가 가능한가?)와 〈전도성이 없는 번개 전도체〉(이것이 번개를 전도하지 않는다면 어떤 종류이어야 하는가?). 아리즈 없이 다음과 같이 큰 소리로 말한다면 색다른 사고 유형을 가질 필요가 있다: “나는 실제로 전도성이 없는 전도체가 필요하다! 반도체가 아니라, 그것은 전도체의 일종이지만, 엄밀히 말하면 전도성이 없는 전도체; 뜨거운 물이 아니라 끓는 얼음, 단단한 기체, 어두운 불빛…” 아리즈는 평범하지 않거나 역설적인, 그리고 모순과 거래하지 않는 이와 같은 사고유형에 대해서 기준을 두고 있다.

그러나 중요한 것은 이러한 사고유형이 창의적 사고의 작업 절차에 의해 합리적으로 일어난다는 것이다.: 그것은 영감이나 우연에 의해서 일어나는 것이 아니라, 문제해결의 전 과정에 걸쳐 절차에 따라 일정하게 유지되면서 일어난다. 따라서 번개 전도체는 도체이면서 부도체이어야 한다. 규칙 3에 따라 전파의 자유 통과와 안테나의 정상 기능을 보장하는 〈전도성이 없는 번개 전도체〉를 대립 쌍으로 선택한다. 이와 같이 〈전도성이 없는 번개 전도체〉는 무엇인가? 그것은 나무, 유리 또는 물기둥이 될 수 있다. 보다 간단히 하면, 금속 기둥을 제거할 때 남는 것은 공기나 진공인데, 그것은 중요하지 않다.

반세기 동안 과학 역사가들은 몇 마리인지 알려지지 않은 물고기를 나누는 익살스러운 퍼즐문제에서 디락(Paul Dirac)이 해답으로 음수를 어떻게 얻었는지 대한 이야기를 지금까지 전하고 있다. 어부들이 잡은 물고기를 나눈 결과, 마이너스(-) 2마리의 물고기가 나왔다고 가정해보자(아니면 잡은 물고기가 허수로 되어 있다고 하자). 모든 사람들은 그러한 해답을 거절했지만, 디락은 이것이 수학적으로 완전히 옳은 해답이기 때문에 거절하지 않았다. 과학 역사가들은 또한 디락의 어떤 사고방식이 양전자(positron), 〈양전하를 띤 전자〉, 〈양음 전하〉의 존재를 예측할 수 있도록 도왔는지를 질문했어야 했다.

아리즈로 작업하는 동안, 〈물고기가 아닌 물고기〉와 같은 부정적이고, 상상적인 아이디어가 저절로 떠오른다. 존재하지 않는 번개 전도체는 전파를 잘 통과시킬 수 있으나, 번개를 잡지 못한다. 번개 전도체는 정리한 두 개의 요소 중에 한 개의 속성(존재하지 않는 것)을 이미 지니고 있기 때문에, 하나의 대립 쌍과 기술적 모순을 기본적인 형태로 얻는다. 대립을 일으키는 구성요소를 밝히면, 기술적 모순이 존재하므로, 아리즈의 2부는 문제모델을 구성함으로써 마무리된다.

문제의 상세 설명으로 묘사된, 기술시스템으로부터 문제모델 등으로 점차 이동하면서, 고려해야 할 요소의 수를 줄인다. 이제, 3.1단계에서 계속적인 선택 과정에 직면한다. 두 개의 대립 요소 중에서 바꿀 수 있는 하나의 요소를 선택해야 한다. 〈바꿀 수 있다〉와 〈바꾸어서는 안 된다〉는 표현은 다소 애매한 정의이다. 나중에 보다 정확한 정의로 이동할 것이다. 하지만 우선 아리즈에서 인용된 간단한 규칙이면 충분하며, 이것이 대다수의 예제에서 필요한 요소를 선택할 수 있게 해준다.

다음 단계는 IFR을 정형화하는 것이다. 전 단계에서처럼 여기에서 분명한 규칙이 작용해서, 모델문제의 역설특성을 강화하도록 한다. 이 모델문제는 반드시 〈스스로〉 달성되어야 한다는 것을 요구한다. 아리즈는 소심한 방식으로 생각할 수 있는 여지를 남겨두지 않는다. 그리고 한 번 더 탐색의 영역을 줄이는 과정을 계속한다.

이제(3.3단계) 3.1단계에서 선택한 구성요소의 일부가 분리된다. 정확히 여기에서 3.4와 3.5단계에서 정립될 물리적 모순과 마주치게 된다.

언뜻 보기에, 해결 과정을 상술하면서 각 단계들이 너무 상세한 것처럼 보일 수있다. 실제로 예를 들어, 3.4와 3.5단계를 합치면 어떠한가? 예전에는 그렇게 진행했었다. 그러나 시간이 지남에 따라 IFR로부터 물리적 모순으로 너무 급격하게 이동할 경우에 종종 실수가 생긴다는 것이 밝혀졌다.

만일 상호 모순적인 요구사항이 기술시스템의 한 요소에 존재한다면, 우선 이러한 요구사항을 간단한 변환에 의해 〈분리〉 할 수 있는 어떤지를 검토할 필요가 생긴다. 그러한 검토는 4.1단계에서도 수행된다. 모순 특성을 분리할 수 있는지를 검토할 때, 지속적으로 IFR을 기억해야 한다: 분리는 〈스스로〉 또는 〈거의 스스로〉 실행되어야 한다. 공기기둥을 이온화하는 것은 어렵지 않다: 예를 들어 방사선을 이용할 수 있다. 그러나 이온화된 공기는 금속처럼 전파를 삼키는 도체이다. 금속막대를 올리고 내리는 것이 더 간단하고, 환경에 덜 위험하다. 요점은 자유전하가 적절한 시기에〈스스로〉발생하고, 번개를 〈잡은〉이후에는 〈스스로〉사라져야 한다는 것이다.

4.1단계가 제공하는 가장 간단한 변환은 종종 대강 그리는 붓놀림으로 해결책에 대한 경로만을 그린다. 필요한 순간에 어떻게든 해서 그들 자신의 의지대로 전하가 발생해야 하지만, 정확히 어떻게 해야 하는지는 아직까지 명확하지 않다.

다음 단계는 전형적인 모델문제와 물질-장 변환 표(부록 2)의 활용이다. 이미 말한 바와 같이, 모델문제의 분류는 다음과 같은 질문이에 기초를 둔다.:

(1) 모델문제가 얼마나 많은 요소를 포함하고 있는가?

(2) 이러한 요소들은 물질인가 장인가?

(3) 그들은 어떻게 연결되어 있는가?

(4) 기존의 요소를 바꾸고 새로운 요소를 도입할 때, 문제의 상세설명에 어떤 제한이 있는가?

(5) 문제가 대상의 변경과 관련이 있는가(입구에 장을 도입할 필요가 있다), 아니면 측정과 검출(출구에 장을 도입할 필요가 있다)과 관련이 있는가?

이러한 길잡이를 기초로 하여 자세한 분류시스템을 구축할 수 있다. 그러나 특별히 요소의 대체에 제한이 없다면 유형 2(두 개의 요소가 주어진 경우)의 많은 문제는 유형 1의 문제로 쉽게 변환될 수 있다. "장과 물질의 상호작용이 원활하지 않다; 또한 원활한 상호작용을 보장할 필요가 있다; 장을 교체하거나 변경할 수 있다." 따라서 〈나쁜〉 장을 제거하면, 유형 1(한 개의 요소가 주어진 경우)의 문제모델이 된다. 동일한 방법으로 많은 유형 3의 문제는 유형 2 또는 유형 1의 문제로 쉽게 변환될 수 있다. 그러므로 책의 끝 부분에 제시된 표는 간단한 유형으로 변환이 불가능하거나 변환이 매우 어려운 문제모델만을 포함하고 있다.

문제 24의 모델은 두 개의 요소(두 개의 물질)를 포함하고 있다(대상과 도구). 문제의 상세설명에 따라 당연히 연마 도구로 대상을 가공해야 하므로, 이 문제를 유형 1의 문제로 변환할 수 없다. 문제 25의 모델은 3개의 요소(두 개의 장과 한 개의 물질)를 포함하고 있다. 이들 구성요소 중에서 어떤 것도 제거할 수 없으므로, 이 문제는 클래스 16에 속한다. 만일 요소를 제거해서 갈등이 사라지면, 문제의 모델이 파괴된다.

문제 24의 경우 물질-장 표는 본질적으로 준비된 물리적 해결책을 제공한다: 도구는 강자성 분말과 자기장을 갖는 물질-장에 포함되어야 한다. 즉 디스크를 두 개의 물질로 나누고(그 중 하나는 강자성 분말이다), 그것들을 자기장으로 서로 연결해야 한다. 문제 25의 경우 물질-장 표가 아직 최종 답을 주지 못한다. 그런데 여기서 많은 것은 초등학교 수준의 물리 지식을 적용할 수 있는 능력에 달려있다. 단순히 아는 것이 아니라 정확히 적용할 수 있어야 한다. 여기서 필요한 것은 일반 교육을 받은 학생수준의 물리이다. 전하는 나타나야 하고, 그 다음 사라져야 한다. 그것이 어디로 사라질 수 있을까? 어느 곳으로 사라지는가? 그러나 그것은 다시 나타나야 한다. 이 물리는 이상하게도 간단하다. 전하는 본래 장소에서 그대로 있지만, 중화되어 결합된 다음, 다시 분리된다. 중성 공기분자가 이온과 전자로 분리되고, 그러고 나서 이러한 입자들이 중성분자로 다시 결합된다.

문제 24와 25를 수년 동안 각종 세미나와 발명창의성 학교에서 다루었다. 문제 24에서 물리학으로 인한 복잡한 사정이 전혀 생기지 않았고, 물질-장 분석을 약간 연습하자, 이 문제는 단 한 번의 시도로 즉시 해결되었다. 도구가 물질-장 시스템을 나타내지는 않지만, 문제의 상세설명에 따라 이 시스템은 바뀌고, 개발될 수 있다. 이것은 자기장을 갖는 물질-장을 이용하는 것이 유리하다는 것을 의미한다. 그러나 일반적으로 어려움은 문제 25에서 발생하였다. 이온화 재결합이라는 아이디어는 물리학자에게는 비교적 명확하지만, 여기에서 바로 심리적 장벽이 생긴다. 인간의 개념으로 볼 때 이온화는 주로 복사선과 관련되어 있다. 그 아이디어는 복사선을 일으키는 이런 저런 기술 장치의 사용으로 분명해진다. 그리고 언제 이 장치를 켜야 하는지 단순하고 믿을 수 있는 결정을 할 수 없기 때문에 해결책은 막다른 골목에 이른다.

그러나 역설적일지 모르지만, 어려움의 원인은 문제를 해결하는 사람이 무의식 적으로 일을 보다 쉽게 하려고 애쓰는 데에 있다. 이온화는 복사선의 도움으로, 보통의 방법으로 생길 수 있다(이것은 상식적인 이야기다). 그러나 IFR의 요구는 다소 다르다. 이온화는 스스로 발생해야 한다. 더욱이, 이온화는 〈무료〉이어야 하고, 필요할 때에 마치 마술처럼 일어나야 한다. 〈상식〉은 문제에 포함된 이와 같은 복잡한 요인으로부터 꽁무니를 뺀다. 그러나 이 변증법은 어느 점을 넘어서서 문제의 상세설명에 있는 복잡한 사정을 쉽게 만드는 것이다. IFR의 정형화 문을 한 번 더 생각해 보자 (이제 그것을 정확하게 표현할 수 있다): 번개가 발생할 때 그것이 〈성숙〉하려는 순간에 중성분자가 스스로 이온과 전자로 분리되어야 한다. 만일 〈되어야 한다.〉라는 단어를 제거하면, 이미 답을 갖고 있다: 번개 자체(그리고 그것을 일으키는 천둥 구름)를 이온화 장치로 사용한다.

IFR은 산을 오르는 사람이 가파른 벼랑을 올라갈 때 붙잡는 로프에 비유할 수 있다. 로프가 위로 끌어당기지는 않지만, 사람을 지탱해 주면서 밑으로 미끄러지는 것을 막아준다. 만일 당신이 로프를 놓는다면, 피할 수 없이 당신은 추락한다.

모든 문제가 당연하게 기본적인 물리학에 기초한 해결책을 갖고 있지 못하다. 그러므로 아리즈-77에서 물리학 경향을 갖는 대략 12,000개의 강력한 발명 분석을 기초로 해서 만든 물리효과와 현상의 응용 표(부록 3)를 이용한다. 이 표에 포함된 일부 물리효과는 친숙하지 않거나, 거의 알려져 있지 않을 수도 있다. 따라서 표를 이용하여 힌트를 얻었다면, 〈물리효과 색인〉을 참조할 수 있다. 이 〈색인〉에 대한 작업은 소련 VOIR(발명가와 혁신가 연합회)의 부속 빙빕곤 공공 연구소에서 1969년부터 시작되었다. 1971년 이후로 이 색인은 발명 창의성 공공 아카데미에서 연구와 발명세미나에 활용되었다. 그 색인은 각각의 효과에 대한 간단한 설명, 발명 응용에 관한 정보, 제시된 효과를 기반으로 한 발명사례, 그리고 문헌목록을 제공한다. 특히 중요한 것은 발명사례들인데, 이것들이 이런 저런 효과의 가능성과 실행의 복잡성 정도를 즉시 평가할 수 있게 해준다.

어떤 문제의 경우 단순한 해결책이 물리적 의미로 보면 매우 특이한 것으로 밝혀지는데, 바로 그 사실이 그것을 알아차리고 선택하는 것을 방해한다. 이러한 경우에 는 전형적인 방법들 표가 도움이 된다.; 이것은 [13]에 인용되어 있다. 이 표를 만들면서 매우 많은 특허정보로부터 3수준 이상인 4만 건 이상의 특허와 저작권을 선택하였다. 이러한 발명에 대한 분석을 통해 자주 마주치는 방법들과 자주 마주치지는 않지만 항상 매우 강력한 해결책을 제공하는 방법들을 선택할 수 있었다. 이러한 두 가지 유형의 방법이 표에 포함되어 있다. 이 방법들은 다음 장에서 자세히 논의할 것이다. 여기서 다음과 같은 한 가지의 사례만을 인용해 보자.

문제 26

올레인의 수화 과정에서 인산 촉매가 사용된다(ortho 인산으로 포화된 이산화규소). 촉매를 선택적으로 작동시키기 위해(즉 필요한 작용만 수행하고, 부작용을 일으키지 않도록 국한하기 위해) 그것을 만드는 동안 열을 가할 필요가 있다.

그러나 실험결과 섭씨 250도 이상 가열하면 매우 짧은 시간이더라도 촉매에 용해성 규소인산염이 생겨서 이 인산염이 씻겨나가, 촉매가 활성을 잃는다. 어떻게 해야 하는가?

화학과 거리가 먼 독자들이 이 문제에서 사용한 특별한 화학 용어 때문에 스스로 포기하지 않았으면 한다. 문제의 핵심을 파악하는 것은 어렵지 않다. 필요한 반응을 촉진시키는 어떤 물질이 존재한다. 불행하게도 그 물질은 원료의 손실을 일으키는 불필요한 반응 또한 촉진한다. 그 물질의 원하는 반응만을 촉진시키기 위해 그것을 세게 가열해야 한다. 그러나 그땐 그 물질이 완전히 사라진다. 물질이 분해된다.

모순 행렬표를 만든 후에 그것을 확인하기 위해 문제 26을 사용하였다. 기술적 모순 : 가열 온도(17행)와 물질의 손실(23열). 발명원리 : 21, 36, 29, 31. 또는 온도: 시간의 손실(열 25). 발명원리: 35, 28, 21, 18. 발명원리 21(고속처리의 원리 : 공정을 빠른 속도로 처리한다)이 반복된다. 가열한다. 하지만 매우 빠르고 강력하게 한다. 실제로 미국특허 3,330,313에 따르면, 위험한 온도 구간으로 올려, 섭씨 700~1100도 사이의 온도로 담금질을 하라는 제안이 있다. 촉매는 섭씨 350도에서 조금씩 그것의 활성을 잃는다. 그러므로 오랫동안 〈그것을 더 길게〉가열한다는 아이디어는 누구에게도 떠오르지 않았다. 만일 촉매를 섭씨 350도까지 가열한다면, 촉매는 그 효능을 잃고, 섭씨 500도는 더욱 나쁘다. 그리고 그게 전부이다. 누가 섭씨 300도부터 다른 위험한 구간이 시작된다고 생각하겠는가? 전부 합쳐서 단지 한 번의 실험이 필요했다. : 촉매를 섭씨 1000도까지 가열한다. 그러나 이것은 바보스럽고 불필요한 것처럼 보였다.

모순 행렬표는 몇 세대에 걸친 발명가들의 경험을 담고 있고, 〈상식〉에 얽매여 있지 않다. 그것은 창의성에 필수적인 특성, 즉 〈터무니없는〉사고를 포함하고 있다.

3.4 학습문제 : 문제 27~32

아리즈 사용을 연습하기 위해 6개의 문제를 제시한다. 이 문제의 해결책을 찾기 위해 2.2에서 4.2단계의 지침을 따라야 한다. 지금까지 얻은 해결책에 대한 평가는 최종 결과에 근거를 두지 않고, 오직 각 단계를 따라간 정확성에 근거를 두었다. 만일 당신이 a) 2.2, 3.1, 3.2, 3.4단계와 관련된 9개의 규칙을 어기지 않았다면; b) 물리적 모순을 제거하고 c) 그렇게 하는 과정에서 다루기 힘든 구조물이나 장치, 기계를 도출하지 않아서, 당신이 IFR로부터 크게 벗어나지 않았다면, 모든 것은 더할 나위 없고, 그 훈련은 성공적인 것으로 평가받을 것이다.

습관에 따라 당신은 여러 해결책을 제안할 것이다: 그러나 만일 이렇다면 어떨까? 이러한 답을 별도의 용지에 기록하고(그것들을 제거할 수 있다), 문제분석 단계를 진행하라. 그리고 당신의 모든 관심을 정확하게 아리즈의 다음 단계에 집중해야 한다.
조용히 분석의 논리가 당신을 안내하는 방향으로 나아가라.

문제 27

빌딩 건축물과 큰 기계의 일부분 등의 경사를 측정해야 하는 필요가 종종 생긴다. 이것을 위해 경사 게이지가 사용되는데, 그것의 작동 부분은 그 끝에 포인터가 진자로 되어 있다. 이러한 경사 게이지의 정확도는 진자의 길이에 달려있다.

진자가 길수록, 동일한 경사에 대한 포인터의 선형 변동이 커진다. 그러나 수 미터 길이의 경사 게이지는 불편하고, 성가신 일이 생긴다(진자를 견고한 틀에 설치해야 하고, 나중에 제거해야 하는 설치물은 하락되지 않는다). 또한 거울과 광학 빔을 갖는 설치물은 받아들일 수 없다. 경사 게이지는 단순해야 하지만, 작으면서 정밀성을 유지해야 한다.

문제 28

한 작업장에서 속이 빈 금속 원뿔을 생산한다. 이 원뿔의 크기는 문제에 중요하지 않지만, 정확히 하기 위해서 높이 1000밀리미터, 아래쪽 직경 700밀리미터, 위쪽 직경 400밀리미터, 그리고 벽의 두께는 30밀리미터라고 하자. 제조 후에 원뿔의 치수와 내부면의 모양을 측정해야 한다. 한 번에 한 개의 틀을 원뿔 안쪽에 넣는 것이 통상하는 일이다(측정되는 각 단면은 거기에 맞는 틀이 있다). 틀이 안에 있을 때, 주어진 모양과 치수로부터 차이를 기록할 수 있다(간격을 관찰하면서).

틀이 많을수록, 측정 정확도는 증가한다. 하지만 각각의 측정은 많은 시간과 수고를 요한다. 그러므로 틀이 많지 않을수록, 검사는 빨라지고 간단해진다. 어떻게 해야 하는가?

문제 29

애니메이션 영화를 만들 때 대상의 움직임을 묘사하는 연속적인 그림을 그린다. 1미터 필름마다 52장의 그림이 들어가고, 15,000장면을 표현하는데 필름의 길이는 300미터에 달한다(10분 영상 시간). 이 방식으로 15,000장 그림을 만들고, 영화 움직임이 흔들리지 않으면서 갑작스러운 움직임이 없도록 매우 정확하게 그것들을 배치해야 한다. 이 어려운 작업의 효율을 수백 배로 증가시킬 필요가 있다. 어떻게 해야 하나?

단순화하기 위해서 이러한 그림은 선 그림인 윤곽선 영화라고 생각하자.

문제 30

뜨거운 구조물의 뚜껑이 유리나 연신 필름으로 덮은 금속 뼈대로 구성되어 있다. 외부 온도가 올라갈 때(15도에서 20도로 올라간다고 하자), 뜨거운 구조물에 통풍을 주기 위해 이 뚜껑의 한쪽을 들어 올려야 한다. 그리고 온도가 떨어질 때, 이 뚜껑을 내려 닫아야 한다. 뚜껑이 올라가는 각도는 예를 들어 30이라 하자.

이 뚜껑을 손으로 들어 올리고 내려 닫아야 하지만, 이러한 뜨거운 구조물이 너무 많이 있고, 온도는 하루에도 여러 번 바뀐다. 문제는 뚜껑을 올리고 내리는 과정 자동화하는 것이다. 이 경우에 모든 뜨거운 구조물에 온도 감지기를 갖는 전기 선을 깔아 놓는 것은 너무 복잡하고 돈이 많이 든다. 해결책이 간단해야 한다.

문제 31

단단히 용접 밀폐된 금속 용기 안에 30~40개의 여러 가지 합금 입방체를 넣고, 부식성 액체로 이 용기를 채운다. 이 실험의 목적은 높은 온도, 때로는 높은 압력 조건에서 부식성 액체가 입방체 표면과 어떻게 반응하는가를 관찰하는 것이 다. 불행하게도 부식성 액체는 용기의 벽면에도 작용한다. 그러므로 용기 벽면을 값비싼 금속으로 만들어야 한다. 이 어려움을 어떻게 극복할 수 있을까?

문제 32

반응 유리기구가 산 용액 혼합물을 담고 있다; 작업 공정(온도, 압력, 산의 농도)은 계속해서 변한다. 그리고 혼합물이 끓기 시작하는 순간을 알아야 한다. 직접 관찰은 불가능하다. 불규칙한 공정 특성 때문에 이론적으로 끓는 온도를 계산하는 것도 불가능하다. 어떻게 해야 하나?

4

<발명사고>
그것은 무엇인가?

4.1 영리한 난쟁이를 활용한 모델링

"매번 새로운 변경으로 아리즈의 각 단계의 특성들이 개선되었다. 정보의 양 또한 증가하였다. 그럼에도 불구하고 아리즈는 사고의 필요성을 없애주지 않았고, 과정을 안내하고 실수에서 벗어나 앞으로 나아가도록 해주었으며, 비상한(재능) 사고 작용에 빠지게 하였다.

비행기 조종 또는 외과 수술에 관한 매우 상세한 매뉴얼은 존재하지만, 그러한 지침서를 배우는 것만으로 파일럿이나 외과의사가 될 수는 없다. 매뉴얼을 배우는 것과는 달리, 실습과 실제 경험으로 형성되는 습관이 꼭 필요하다. 그러므로 발명 창의성 공공연구소는 아리즈에 기초한 약 100시간의 강의와 200시간의 숙제를 준비하고 있다.

가장 기본적인 체계화된 사고 지식이 부족하기 때문에 처음 몇 시간 동안 자주 미숙한 실수들이 발생한다. 예를 들어 문제 31을 어떻게 해결할 수 있는가? 연구 초기에 5명의 학생 중에 4명은 갈등 쌍으로 부식 용액과 용기 벽을 지적하였다. 〈용기-용액-입방체〉 기술 시스템을 만들기 위한 대상(합금 입방체)이 갈등 쌍에, 즉 문제의 모델에 들어가지 않았다. 결과적으로 입방체 처리라는 간소한 문제가 끓는 용액을 포함하여 부식 용액에 대한 일반 금속의 보호라는 매우 복잡한 문제로 바뀌었다. 이러한 문제는 자연히 주의를 끌만하고, 그것을 해결하는데 사용한 세월이 낭비는 아닐 것이다. 이러한 문제의 해결책은 보통 검토 중인 시스템을 포함한 전체 상위 구조에 대해 변화를 요구한다. 이러한 예에서 새로운 아이디어를 구체화하고, 확인하고, 서서히 우려내는 것은 매우 큰 작업량을 요구한다. 이것에 몇 년을 바치기 전에(아마도 자신의 전 삶조차도), 다음과 같은 질문에 5분을 소비하면서 좀 더 간단하지만 필요한 문제를 해결하는 것이 바람직하다. : 입방체 자체에 무언가를 어떻게 할 수 있는가?

만약 갈등 쌍으로 〈입방체-용액〉을 선택한다면, 용기는 문제 모델에 들어가지 않을 것이다. 처음 보면 이것은 조건을 보다 어렵게 만든다. 이것은 용기 벽면의 문제가 아니기 때문에 벽면을 어떤 것으로 만들 수 있다(또는 거기에 아무 것도 없을 수도 있다). ; 부식 용액을 유지하는 것이 용기의 벽과 전혀 관련이 없는 해결책을 찾아야 한다. 보통 문제를 일시적으로 보다 어렵게 만드는 것은 사실 문제를 보다 간단하게 만든다는 것을 의미한다. 실제로, 〈입방체-용액〉 쌍을 남기고, 〈용기〉를 〈뜰 밖〉으로 제거한 지금 갈등은 무엇인가? 용액의 부식 작용은 있는가? 하지만 분명하게 이 조합에서 용액은 부식 작용을 하고 있고, 이것은 용액의 유일하게 유용한 특성이다. 이제 갈등은 용액이 (용기가 아니라) 입방체에 부착하지 않고, 단순하게 퍼지고, 새고, 흘러내린다는 것이다. 어떻게 용액을 흘러내리지 못하게 하면서, 입방체 가까이에 확실하게 붙들어 둘 수 있겠는가? 입방체에 용액을 붓는 것이 유일하게 분명한 답이다. 중력장이 용액에 영향을 미치지만, 이 효과가 입방체에 전달되지 않으므로, 용액과 입방체는 기계적으로 상호작용하지 않는다. 이것은 물질-장을 세우는 가장 간단한 문제이다. : 중력장이 용액에 작용하고, 그 효과가 입방체에 전달되게 하자.

용액과 용기 대신에 입방체와 용액을 모델 문제로 취한다면, 입방체를 〈컵〉(속이 빈 입방체)으로 대체하는 것이 제일 먼저 생각난다. 벽이 있으면서(입방체의 벽), 벽이 없다(용기의 벽).물리적 모순의 모범적인 제거. 이러한 해결책은 전혀 확인할 필요가 없다. 이것은 절대적으로 분명하게 믿을 수 있다. 그리고 제도사의 제도판이 필요 없고, 실행의 문제도 없다. 이 해결책에 도달하기 위해서 다음과 같은 아리즈의 분명하고 단순한 규정을 따라가기만 하면 된다: 갈등 쌍은 대상을 포함해야 하며, 시스템 요소가 대상에 직접 작용해야 한다. 또는 번개 전도체 문제에서와 같이 두 개의 쌍, 즉 〈입방체-용액〉과 〈용액-용기〉사이의 갈등을 검토할 수 있다. 용액이 시료에 작용하는 능력을 유지하면서 용기에 작용하지 않아야 하기 때문에, IFR을 얻지 못한다. 여기서 해결책에 이르는 길이 훨씬 짧다. 왜냐하면 시작부터 용액이 없다는 것을 받아들인다. 즉시 명확한 모순이 생긴다. : 입방체에 대해서 용액은 있지만, 용기에 대해서는 용액이 없다. 문제의 상세 설명에 따르면, 시간으로 갈등 특성을 분리할 수 없다(용액은 계속해서 시료에 작용해야 한다); 한 가지 가능성이 남아있다. : 갈등 특성을 공간으로 분리하는 것. 용액은 입방체에 있지만, 용기에는 없다.

아리즈-77은 아홉 개의 간단한 규칙을 포함하고 있지만, 슬프게도 그것들의 실행을 학생들에게 가르치는 것은 그렇게 간단하지 않다. 학생들은 처음에 이러한 규칙들을 무시한다. 〈학생들은 전체를 쭉 훑어본다.〉 그 다음 그들은 부정확하게 그리고 점차적으로 그것들을 적용하기 시작한다. 그 다음 대략 100여개의 문제를 해결하면서 아리즈로 자신 있게 작업할 수 있는 기술이 생긴다. 무언가를 가르친다는 것은 전부 어렵지만,

창의적 문제 해결에 대한 사고 체계를 가르치는 것은 그것보다 두 배로 어렵다. 만약 당신이 원뿔의 체적을 계산하는 문제를 누구에게 가르친다면, 그는 공식을 틀리게 쓰고, 곱셈을 틀리게 할 수 있다. 하지만 그는 그림을 반드시 보면서 이야기 할 것이다: "원뿔의 체적이라고요? 5나 3 평방 센티미터가 아닐까요? 무슨 색상으로 페인트칠 했나요? 그런데 이것은 원뿔이 아니라면 어쩌지요? 아마도 어떤 반구의 무게를 계산하는 편이 낫겠어요.… " 발명문제를 해결할 때, 이러한 〈급선회〉는 〈해결책에 대한 탐색〉에서 기본이고, 전혀 방해하지 않는다.

오늘날조차 간단한 규칙으로 포함시킬 수 있는 뛰어난 많은 해결책 기법들이 있다. 그것들이 아직 아리즈 문서에 포함되어 있지 않다. 그러나 학생들이 언제가 세월을 쓰면서 "하지만 이와 같이 이것을 한다면 어떨까?" 하면서 규칙을 위반하지 않고 그 규칙의 분석 실행에 익숙해진다면, 강사들의 판단에 따라 그것들을 아리즈에 〈끼어 넣을〉 수 있다.

앞에서 이미 언급한 것처럼, 시넥틱스를 만들면서 고든은 브레인스토밍에 감정이입(의인 유추)을 포함한 세 종류의 유추사고를 추가했다. 이 방법의 핵심은 문제를 풀 때 사람이 개선하려는 대상에 들어가, 문제가 요구하는 작용을 실현하려고 한다는 것이다. 그렇게 하면서 만약 그가 접근 방법, 어떤 새로운 아이디어를 찾는데 성공한다면, 그 해결책을 기술 언어로 〈통역〉한다. 딕손(George Dixon)이 말하기를 〈감정이입의 핵심〉은 대상이 〈되어〉, 그 위치와 관점에서 할 수 있는 것을 살펴보는 것이다[9, 45쪽]. 딕손은 이 방법이 새로운 아이디어를 얻는 데에 매우 유용하다고 지적하곤 했다.

감정이입을 사용하면서 교육문제와 현장문제를 해결할 때 감정이입이 때로는 실제로 유용하지만, 때로는 해로울 수 있다는 것을 실제 경험은 보여주었다. 왜 그럴까?

특별한 기계(또는 그 부분)와 스스로를 동일시하고, 그것의 가능한 변경을 검토하면서 발명가는 무의식적으로 인간이 받아들일 수 있는 것을 선택하지만, 나누기, 깨기, 산으로 용해하기 등 인간이 받아들일 수 없는 것들을 거절한다.

예를 들어 문제 23~25에서와 같은 많은 문제를 해결할 때 인간을 분해할 수 없다는 점이 감정이입의 사용을 못하게 한다. 감정이입의 결점은 아리즈에서 사용하는 한 가지 방법인 난쟁이의 도움으로 모델링함으로써 극복된다. 실제로 많은 난쟁이 집단으로 대상을 나타내게 된다. 이러한 모델은 감정이입의 장점(사물을 눈에 보이게 분명하고, 단순하게 해준다.)을 유지하면서, 그것이 포함하고 있는 결점을 갖지 않는다.

과학역사에서 난쟁이 모델과 유사한 것을 자연스럽게 적용한 사례들이 알려져 있다. 특별하게 두 가지의 흥미로운 사례가 있다. 첫 번째는 벤젠의 구조식에 대한 케쿨러(Kekulle)의 발견이다.

케쿨러가 이야기 하였다. "어느 날 저녁 나는 런던에 있었다. 그리고 나는 버스에 앉아서 벤젠 C6H6 분자를 그 특성에 적합한 구조식의 형태로 어떻게 묘사해야 하는지 생각하고 있었다. 그때 버스가 원숭이 우리를 지나갔는데, 원숭이들은 서로 쫓고 쫓기면서 잡고 있었고, 사슬을 깨고 다시 연결하면서 원을 만들고 있었다. 각 원숭이는 뒷발과 사슬로 연결되어 있었고, 다음 원숭이는 자기의 꼬리를 공중에 흔들면서 양쪽 앞발을 사용해서 다른 뒷발을 붙들고 있었다. 이런 식으로 5마리 원숭이들이 서로를 붙들면서 원을 만들었다. 바로 이것이 벤젠의 표현이라는 생각이 갑자기 떠올랐다. 그래서 위에서 언급한 구조식이 떠올랐고, 이것은 확실하게 벤젠 고리를 설명해 주었다[앞에서 인용한 책 중에서 7 vol 2, 80~81쪽]."

두 번째 사례는 훨씬 더 잘 알려져 있다. 이것은 기체의 운동 이론을 풀 때, 맥스웰(Maxwell)이 했던 정신적 실험이었다. 이 정신적 실험에서 같은 온도의 기체가 들어있는 두 개의 용기가 있었다. 맥스웰은 한 용기에는 빠른 분자를, 그리고 다른 용기에는 느린 분자를 어떻게 얻을 수 있는지에 흥미가 있었다. 기체의 온도가 같기 때문에, 분자들은 스스로 나뉠 수가 없었다. : 각 용기에는 시간상 어느 지점에 빠르고 느린 특정 분자 수가 있을 것이다. 맥스웰은 정신적으로, 대략 분자 크기의 상상의 존재인 〈귀신들〉이 열고 닫는 밸브가 달린 튜브로 두 용기를 연결했다. 이 귀신들이 한 쪽 용기에서 다른 쪽 용기로 빠른 입자들을 지나가게 하였지만, 작은 입자들에 대해서는 밸브를 닫았다.

난쟁이 모델이 예를 들어 작은 공이나 미생물이 아니라 왜 작은 사람을 사용하고 있는지를 설명하기 때문에 이 두 사례는 기본적으로 흥미롭다. 모델링을 하기 위해서 작은 입자들은 행동을 보고, 이해하고, 수행할 수 있어야 한다는 것이 중요하다.

이러한 요구들은 매우 자연스럽게 인간과 관련되어 있다. 인간은 눈, 뇌 그리고 손을 갖고 있다. 발명가가 난쟁이 모델을 사용할 때, 그는 미시수준에서 감정이입을 사용한다. 난쟁이 모델은 감정이입에 근본적으로 존재하는 결점을 없애면서 감정이입의 강력한 면을 유지한다.

케쿨러와 맥스웰 이야기는 많은 작가들이 다른 형태로 이야기하였지만, 그들 중 누구도 두 이야기를 하나로 연결하거나, 이러한 두 개의 사례를 다양한 과학 분야에 적용하고, 그것들을 의도적으로 사용할 방법으로 바꾸는 것을 곰곰이 생각하지 않았다. 케쿨러 이야기는 과학과 발견에서 우연한 성취의 역할을 설명하기 위해서 자주 인용된다. 그리고 맥스웰 실험은 "어쨌든 과학자에게는 상상력이 필요하다는 것을 알아야 한다."는 결론을 끌어내기 위해서 인용된다.

난쟁이 모델을 활용하는 기법은 다음과 같은 절차로 한정될 수 있다.

3.3 단계에서는 3.2 단계에서 나타낸 요구사항 중에서 수행할 수 없는 대상의 한 부분을 분리하고, 이 부분을 작은 사람들의 형태로 상상할 필요가 있다. 문제의 상세설명에 따라, 행동하는 집단으로 작은 사람들을 나눌 필요가 있다.

갈등하는 작용이 수행될 수 있도록 얻은 모델을 검토하고 재구성해야 한다.

예를 들어 문제 24의 3.3 단계에서 그림 4.1(a)와 같은 그림이 나타난다. : 구조적으로 원의 중심으로부터 거리가 다른 원의 외부 층을 본다. 그림 4.1(b)에서는 같은 그림이지만, 난쟁이 모델을 사용한다. 처리하고자 하는 표면과 접촉하고 있는 작은 사람들은 금속 입자를 제거하고, 다른 작은 사람들은 〈일꾼들〉 뒤쪽에 있으면서 작은

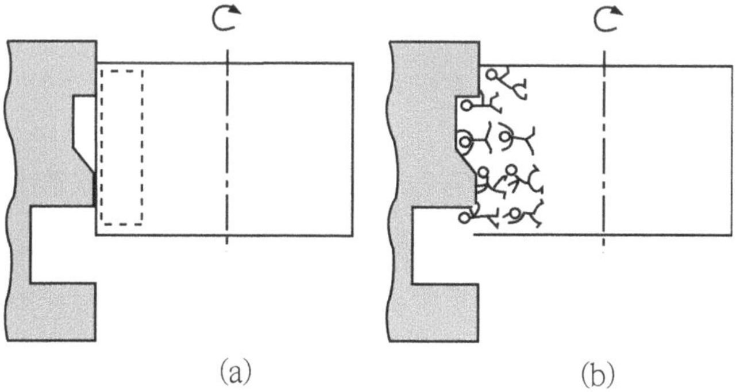

그림 4.1

사람들이 원 밖으로 날아가거나, 떨어지거나, 뛰어나가는 것을 막아준다. 구멍의 깊이가 변한다면, 작은 사람들은 그에 따라서 재배치한다. 왼쪽 그림을 보면서, 외부를 〈알갱이〉로 깰 필요가 있다고 단순히 결론으로 비약하지 마라. 그러한 알갱이들이 움직이면서 동시에 원으로 〈사슬〉을 이루도록 하자. 오른쪽 그림이 이 아이디어로 안내해 준다.

한번은 아리즈 세미나에서 학생들에게 쇄빙선의 속도 증가에 관한 문제를 제시 하였다. 엔진의 동력을 올려서 쇄빙선의 속도를 증가시킬 수는 없었다. : 최신식 쇄빙선들은 엔진들로 꽉 차있어서 유용한 짐을 실기 위한 공간이 거의 남아있지 않다(이 문제에 대한 비슷한 조건과 아리즈 해결책의 설명을 참조하라[13, 179-188쪽]).

처음에 학생들은 감정이입을 사용해서 문제를 풀려고 하였다. 〈쇄빙선 이미지〉에 스스로를 넣은 한 학생은 몰입되어 방을 걸어서, 벽 위쪽으로 갔다. “이것은 얼음 이다.” 라고 이 학생이 말했다. “나는 쇄빙선이다. 나는 얼음을 통과하고 싶지만, 얼음이 나를 통과하지 못하게 한다.” 그는 얼음으로 달려가 〈얼음〉에 부딪쳤고, 매번 〈쇄빙선〉의 아래 부분이 벽 아래로 지나가려 했지만, 그의 몸통이 이것을 방해했다. 때로는 몸통이 벽 위쪽으로 지나갈려 했지만, 그의 다리가 그를 방해했다. 쇄빙선과 스스로를 동일시함으로써 학생은 인간의 불분할 특성을 쇄빙선에 전가했고, 그렇게 함으로써 문제가 어려워졌다. 이 사례에서 감정이입은 문제의 해결을 방해할 뿐이었다.

다음 학습 시간에 동일한 학생이 난쟁이 모델을 사용해서 이 문제를 풀었다. 이 학생은 책상에 접근해서 몇 초 동안 생각에 잠기고 나서는 약간 괴로운 듯이 말했다. “전 이해할 수 없어요. 문제가 무엇인가요? 내가 작은 사람들 집단으로 구성되어 있다면, 이 집단의 위쪽 절반은 책상 위쪽으로 통과하고, 아래 부분은 책상 밑으로 통과할 것입니다. 분명하게 이제 문제는 쇄빙선의 양쪽 부분, 즉 물 위와 물 아래 부분을 연결하는 것입니다. 그리고 좁고 뾰족한 막대기 같은 것을 도입해야 할 것입니다. 이 막대기는 쉽게 얼음을 통과할 것이므로 많은 얼음을 깰 필요가 없을 것입니다.”

난쟁이 모델 방법은 아직 철저하게 연구되지 않았고, 아직도 난쟁이 모델에는 곰곰이 생각해야 할 것이 많이 있다. 분리된 요소의 길이를 측정하는 문제를 들어보자. 여기에서 난쟁이들을 쭉 연결된 형태로 제시하는 것보다, 한 줄에 한명씩 제시하는 것이 더 좋다. 난쟁이들을 삼각형의 형태로 배치한다면 더욱 좋다. 그리고 각 변이 같지 않거나 구부러진 불규칙 삼각형이어도 좋다. 왜 그런가? 지금까지 단지 추측만을 할 수 있었다. 하지만 이제 규칙이 작동한다.

문제 7을 들어보자. 비행기로부터 강의 깊이를 측정해야 한다. 문제의 조건에 따르면 헬리콥터를 보내, 사람을 강으로 내려 보내는 것은 허락되지 않는다. 특별한 장치를 주문할 기회가 없기 때문에 전파 특성을 활용하는 것도 불가능하다. 게다가 깊이 탐사를 사실상 비용을 들이지 않고 수행해야 한다(강을 따라 비행하는 데 들어가는 비용만이 허락된다).

난쟁이 모델을 사용해 보자. 사용할 〈측정 막대〉가 아직 알려져 있지 않지만, 비행기에서 불규칙 삼각형 형태로 그것을 던진다고 해보자. 이 〈측정 막대〉를 형성하는 작은 사람의 위치에 대해서 단지 두 가지 방안(그림 4.2)을 생각할 수 있다. 위쪽에 있는 작은 사람은 물보다 가벼워야 하고, 아래쪽은 물보다 무거워야 한다. 이러한 작은 사람들은 끈으로 연결된 나무 조각과 돌이라고 상상해 보자(그림4.3).

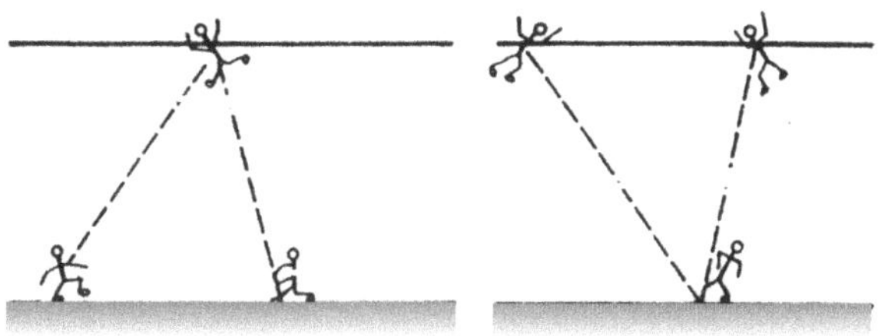

그림 4.2

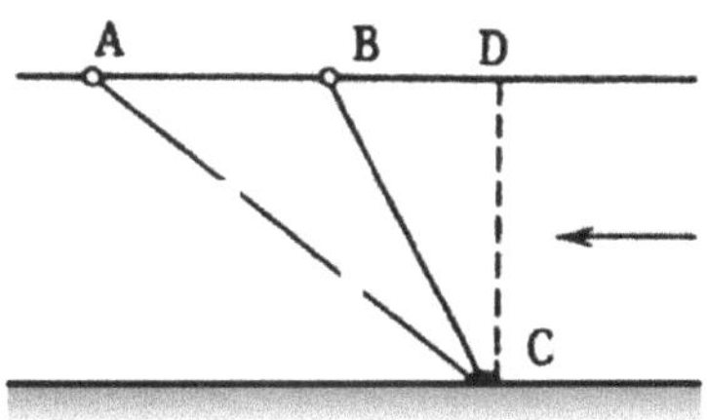

그림 4.3

이와 같은 삼각형을 만드는 것은 어렵지 않다. 나무 조각 A와 B를 돌 C에 끈으로 연결하고, 두 끈의 길이는 강의 깊이보다 길어야 한다(이것을 단순히 던지면 확인된다). 강의 깊이가 깊을수록, AB의 길이는 길어진다(나무 조각을 서로 연결하지 않는다). 게다가 떠있는 것 중 하나에 미터자(눈금자)를 매달아 두어야 한다. 이 〈장치〉를 떨어뜨린 다음, 위에서 그것의 사진을 찍을 수 있다.

AC와 BC는 알고 있고, 사진으로 AB를 측정한다면, CD를 계산하는 것은 쉽다. 해결책이 놀랍게도 간단하고 우아하다(발명가 인증서 번호 180,815). 힌트(세 명의 작은 사람을 떨어뜨려, 그들에게 불규칙 삼각형 형태로 자리를 취하라고 명령한다)없이 여기에 도달하는 것은 매우 어렵다. 독자들은 이 문제를 동료들에게 제시함으로써 이것을 확인할 수 있을 것이다.

연마 디스크의 직경을 측정하는 문제인 문제 8을 다시 살펴보자. 여기서도 작은 사람들을 불러낼 수 있다. 연마 디스크가 부품에 연결되어 있고, 물질-장은 이미 존재하기 때문에 연마 공정은 문제가 없다(문제 24와는 다르다). 하지만 디스크가 실린더 안에서 작동하고 있으나 시스템으로부터 디스크를 꺼내지 않고 디스크 직경을 측정해야 한다. 이것은 클래스 14번 문제이다. 표준 모델 표에 따르면 해결책은 다음과 같다: S2에 S3을 연결해야 한다. 이때 S3은 S3의 상태, 결과적으로 S2의 상태에 따라서 장 F를 변경한다. 만약 디스크 바퀴통에 전기 전도성 띠를 붙이고, 거기에 전류를 통과시킨다면, 그때 저항의 변화를 측정함으로써 디스크의 직경 변화를 평가할 수 있다(그림 4.4).

불행하게도 이러한 계획은 정확한 측정을 보장해 주지 못한다. 저항은 띠의 길이에 의존할 뿐 아니라, 연마되는 표면에 대한 디스크의 압력, 〈사슬-축〉의 접촉 상태, 그리고 디스크의 온도에도 의존한다.

〈교호하는〉 사슬로 작은 사람들을 배치해 보자(그림 4.5). 이제 디스크 직경을 임펄스 전류의 횟수로 측정할 수 있다. 임펄스의 크기 자체는 중요하지 않다. 이 해결책은 이전의 해결책보다 훨씬 더 효과적이다. 분명하게 각각의 작은 사람을 통과하도록 전류를 설치하는 것은 그렇게 단순하지 않다.

〈삼각형〉으로 바꾸어 보자. 규칙 〈삼각형〉은 아무것도 주지 못한다. 대신에 불규칙

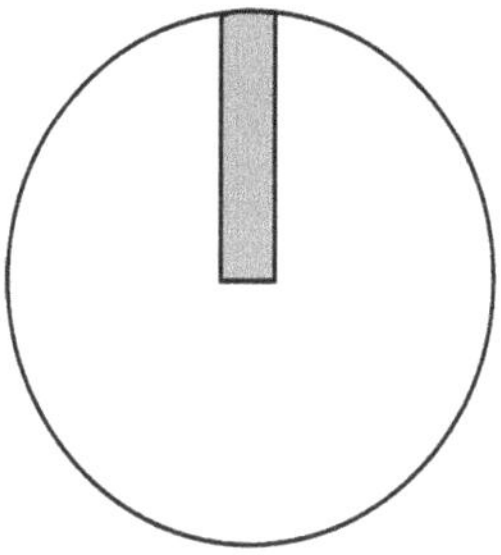

그림 4.4

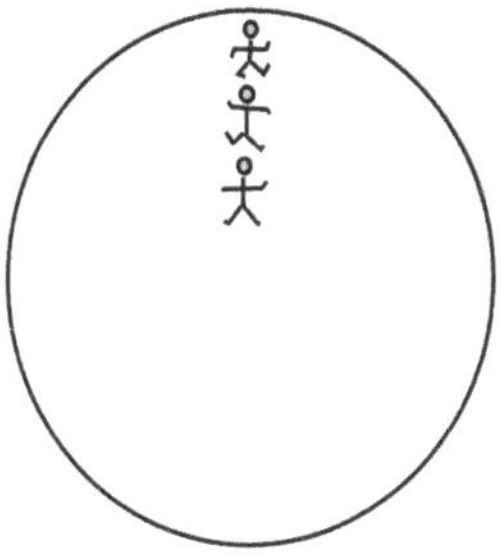

그림 4.5

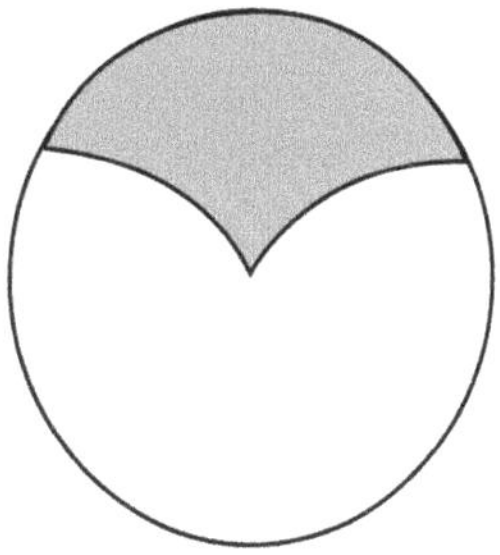

그림 4.6

삼각형이더 좋은 해결책을 제공한다(그림 4.6). 이제 더 이상 결점이 없다: 직경의 변화에 따라, 임펄스의 투과성(신호 대 신호 중지의 관계)이 변화한다. 이것이 단순하면서도 신뢰할 수 있는 디스크의 직경 측정을 가능하게 한다.

난쟁이 모델 방법은 아직 그렇게 분명한 묘안은 아니다. 이 방법을 운영 법칙으로 선택해서 아리즈의 필수적인 단계로 사용할 시기가 올 것이다. 예를 들어 처음에 이상하고 색다르게 보였던 STC 연산자가 그랬던 것처럼 말이다.

STC는 크기(Size)-시간(Time)-비용(Cost)을 뜻한다. 문제의 상세 설명에서 주어진 어떤 기술 시스템은 친숙한 형태를 갖는다.

예를 들어 문제의 문맥으로부터 〈쇄빙선〉이라는 단어를 취할 수 있지만, 그것은 대략 쇄빙선의 크기에 해당하고, 대략 같은 속도로 작용하며, 비용도 같은 〈배의 형태"의 어떤 것으로 계속해서 쇄빙선의 이미지를 유지한다. 용어는 아직 존재하지 않지만, 원래 시스템 모양이 유지되고, 강력한 심리적 관성을 내포한다. STC 연산자의 목적은 이 관성을 극복하고, 기술 시스템의 꼴사나운 옛날 형태를 깨부수는 것이다. STC 연산자는 문제의 조건을 재구성하면서, 여섯 개의 정신적 실험을 포함한다(아리즈-77의 단계 1.9). 이 실험을 여러 수준에서 실행할 수 있다. 여기서 대부분은 상상력, 문제의 특성 그리고 다른 환경에 달려있다. 그러나 형식에 치우친 이러한 작업의 실행은 보통의 시스템 형태와 연결된 심리적 관성에 깊게 부딪친다.

4.2 발명사고의 구조

강력한 상상력은 STC 연산자의 보다 효과적인 사용을 가능하게 해준다. 또한 계속해서 그것을 사용하는 것만으로도 상상력의 힘이 길러진다. 아리즈는 사고를 체계화 해줄 뿐만 아니라, 재능 사고를 체계화 해준다고 나는 이미 여러 번 강조하였다. 하지만 이 재능 사고란 무엇인가?

다음 문제에 스스로 이것을 적용해 보자.

일반 발명가의 상상력은 쾌속선이 보유하고 있는 기록에 순응해서 그림을 그릴 것이다. 그는 분명한 그림이 나타나는 정신적인 장면을 떠올린다. 이 최초의 그림에 대해서 상상력은 여러 가지 변화를 가하기 시작한다. 오랫동안 이 무력한 발명가는 문제 33)

절대 속도 기록을 보유하고 있는 쾌속선이 있다. 이것은 이성적인 모양을 갖고 있으며, 최고로 좋은 엔진도 갖고 있다. 기존의 기록을 훨씬 뛰어넘는(100에서 200킬로미터까지) 새로운 기록을 어떻게 얻을 수 있을까?

방안들을 조사하고, 일은 매우 천천히 진행된다. 방안들(10번째 또는 15번째조차)은 원래와 약간 다를 뿐이다. "선체의 길이를 길게 할 수 있을까? 선체에 유선형을 더 주어야 할까? 보다 강력한 엔진을 설치할 수 있을까?"

강력한 발명가는 보다 대담하게 방안을 선택한다. 그의 정신적 장면에서 그림은 빠르게 바뀌고, 색다른 그림들이 나타난다. 방안 67번째 : "만약 표범 가죽과 같은 무언가로 배를 감싸면 어떨까?" : 요컨대 당연히 표범이 다른 어떤 육상 동물보다 빨리 달린다. 아마 표범 가죽이 유선형의 매끄러움을 유지하고, 와류의 형성을 막는데 도움을 줄 것이다. 첨언하면 최근에 소련 발명가 슈티야긴(G.N. Sutyagin)은 〈액체 또는 기체 수단으로 유선형을 만드는 표면〉에 대해서 발명가 인증서 번호 464,716을 받았다.

이 발명가의 설명은 다음과 같다. "마찰에 의해서 생기는 저항을 낮추려는 목적으로… 그 표면을 인조 가죽, 양털로 덮인 옷 그리고 그외 유사한 재료로 감싼다." 기술시스템은 고립해서 존재하지 않는다. 각각은 상위시스템의 한 부분이고, 상위시스템은

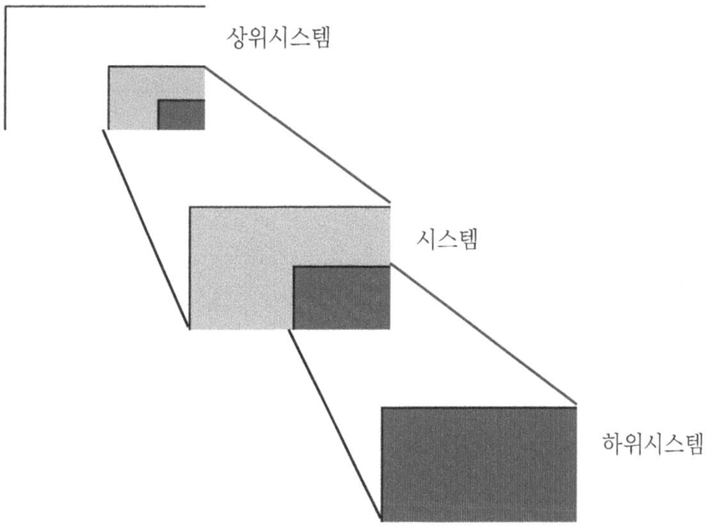

그림 4.7

다른 부분과 반응하는 부분으로 구성되어 있다. 그러나 시스템 자체는 또한 상호작용하는 부분들과 하위시스템으로 구성되어 있다. 재능 사고의 첫 번째 지표는 시스템으로부터 하위시스템과 상위시스템으로 전이할 수 있는 능력이고, 이 3개의 정신적 스크린에 대해서 작업을 해야 한다(그림 4.7).

다른 말로 해서, 나무(시스템)를 볼 때, 숲(상위시스템)을 보아야 하고, 나무의 각 부분(뿌리, 줄기, 가지, 잎 등)을 보아야 한다. 이것뿐 아니라, 각 단계에서 발전 방향을 보아야 한다. 과거, 현재, 미래(그림 4.8).

〈발전 방향을 보아라.〉는 의미는 무엇인가? 쾌속선의 하위시스템 중에 하나인 선체를 예로 들어보자. 속도가 빨라질수록 주위 매체가 주는 저항이 증가한다. 이 이유 때문에 선체는 줄어들고, 더욱 작아지려고 한다. 이상적인 선체는 선체가 전혀 없을 때일 것이다. 그리고 다른 한편으로 배의 다른 하위시스템인 엔진은 커지고, 보다 강력해지려고 한다. 만약 이 방향으로 간다면, 엔진이 전체 선체를 채우고, 일부는 선체 밖으로 삐져나올 것이다. 또한 이러한 두 가지 상호 모순을 일으키는 경향간의 싸움이 배

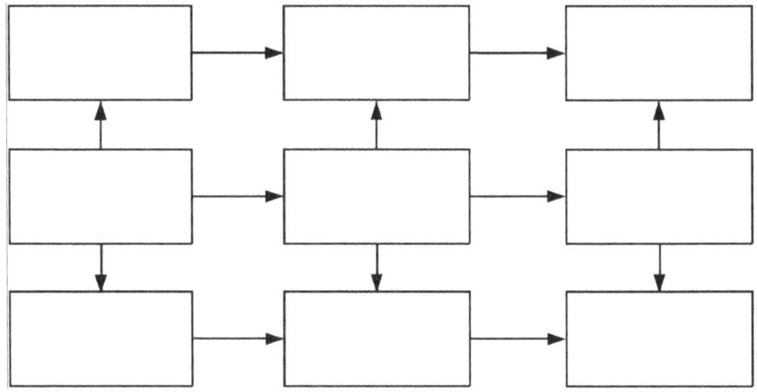

그림 4.8

의 하위시스템 발전 방향을 결정한다. : 선체는 줄어들고 훨씬 더 날씬해지는 반면, 엔진은 선체 내의 모든 빈 공간을 채우면서 늘어난다.

큰 열정이 계속적으로 재능 사고자의 스크린에서 충돌한다. 모순 경향들이 충돌하고, 갈등이 생겨 최고조에 이르며, 반대편들은 승부가 날 때까지 싸운다. 이 싸움의 열기 속에서 상상력이 때로는 반대-상상력으로 변한다.

쾌속선과 함께 반대-쾌속선이 나타난다. 보통의 쾌속선은 뜨지만, 반대-쾌속선은 뜨지 않는다. 물 위에 머무를 수 없는 배는 가라앉는다. 정상적인 사고 과정의 관점에서 본다면, 이것은 순전히 어리석은 짓이다.

그럼에도 불구하고 이것에 대해 잠시 생각해 보면 어떨까? 일반 배의 〈평균 밀도〉는 1이하이고, 이것이 정확하게 배가 물 위에 머무르는 이유이다. 선체 안쪽에 많은 자유 공간이 있고, 그래서 배의 부피가 크고, 배가 움직일 때 주위 매체에 걸리는 저항이 크다. 물 밑에 있는 유선형 용기(엔진 및 짐을 두는 곳)는 틀림없이 물 위쪽으로 선체를 올려 주지만, 아직도 공기 저항은 있다.

반대-배를 반드시 물 위쪽에 머무르게 할 필요는 없다. 결과적으로 배를 수용한계점까지 〈철〉, 즉 엔진으로 채울 수 있다. 엔진의 동력이 증가할수록, 속도가 증가한다. 그러나 매우 아름다운 초강력 엔진을 갖춘 반대-배는 돌처럼 바낙으로 가라앉을 것이다. 말하자면 배가 움직일 때, 수중 날개에 작용하는 양력의 도움으로 배가 위쪽으로 올라

올 것이다. 정박 장소에서 이 배는 〈떠있는 배〉인 보조 공기 팽창식 용기로 사용할 수 있다. 정박 장소에서 보통 배(또는 비행선)와 같이 반대-배는 아르키메데스 원리에 의해 물위에 떠있을 것이다. 그러나 배가 일단 속도를 받고, 물 위쪽으로 배 선체를 들어 올리면, 반대-배는 이제 불필요한 보조 용기들을 버림으로써 〈줄어들〉것이다(비행선은 비행기가 된다).

반대-배의 아이디어는 더 이상 옛날 것이 아니다. 반대로 이상해 보이는 것이 정상 구조이다. 물 위에 있는 선체는 물속에 있을 때만 단지 필요한 큰 체적을 유지한다.

1911년에 핵물리학의 주요 장비 중에 하나인 윌슨(Wilson) 방이 세워졌다. 이제 방을 채운 과포화 수증기 내에서 움직이는 하전 입자가 보이게 되었고, 액체 방울의 이동 움직임을 만들었다. 윌슨 방에 대한 수천가지 개선이 제시되었지만, 거의 반세기 동안 액체 환경에서 기체 기포가 움직임을 만드는 〈반대-방〉이라는 아이디어를 아무도 생각하지 못했다. 1960년도에 글레저(D. Glezer)는 기포 방의 구성에 대해서 노벨상을 받았다.

재능 사고 스크린으로 되돌아 가보자. 세 개의 단계, 9개 스크린, 묘사와 반대-묘사-이것이 요컨대 이런 유형의 멋진 단순화이다. 진짜로 재능 사고는 시스템 위쪽으로 많은 단계를 갖는다(상위시스템, 상위-상위시스템…). 나무 뒤쪽에서 숲뿐 아니라 일반적인 생물권을 볼 수 있어야 하고, 잎뿐만 아니라 잎의 세포까지 볼 수 있어야 한다. 많은 스크린이 시스템 왼쪽(최근 과거, 먼 과거)에, 시스템 오른쪽(가까운 미래, 먼 미래)에 있어야 한다. 스크린에 대한 묘사가 이번엔 커지고, 이번엔 작아지고, 이번엔 작용이 느리고, 이번엔 빨라진다.

복잡해졌는가? 그렇다. 사실이다. 세계는 복잡한 방식으로 구성되어 있다. 그리고 그것을 배우고, 바꾸고자 한다면, 생각이 세계를 정확하게 반영해야 한다. 복잡하고, 동적이며, 변증법적으로 발전하는 세계를 인간의 의식 속에서 복잡하고, 동적이며, 변증법적으로 발전하는 완전한 모델로 찾아내야 한다.

세상의 이미지를 반영하는 거울은 크면서 많은 면을 갖고 있어야 한다. 마치 츄얼리온(Ciurlione)의 그림처럼 말이다. 아마 세상에 대해서 그렇게 강력한 〈체계적인 비전〉을 가진 다른 어떤 예술가는 없을 것이다. 많은 츄얼리온의 그림은 하나의 캔버스 위에 〈묘사된 시스템〉 뿐만 아니라, 〈시스템〉과 어울리는 하위시스템〉과 〈상위시스템〉을 제시한다. 바다의 소나타(알레그로)라는 그림은 동시에 세 가지 다른 척도를 보여준다. 새가 위에서 내려다보는 관점으로 해안선 위의 언덕들이 묘사되어 있다. 하지만 파도는 다른 척도로 그려졌다. 파도를 얇은 물가에 서있는 사람의 눈으로 보았다; 물을 통해 모래 바닥에 있는 빛과 그림자의 놀이와 고기들의 실루엣이 보인다. 그리고 여기서 하위시스템에 대해서 상당히 많은 또 다른 척도가 있다; 물방울과 공기 기포들이 대부분 확대되어 보인다.

독자가 질문할 차례이다. : 분명히 당신은 여기서 재능 사고에 대해서 이야기하고 있는 게 아니라 천재에 대해서 이야기하는 군요. 정확하게 그렇다. 이렇게 생각하는 것은 천재들조차 결코 매일 마주치지는 않는다.

사실 〈완전한 스크린 유형〉은 별이 빛나는 밤에 반짝이는 별 같은 천재의 사고를 나타낸다. 즉 그것은 위대한 사상가와 예술가의 삶에서 조차 극히 드물다. 〈완전한 그림〉은 IFR이고, 이 아이디어에 접근하는 것이 아리즈이다. 아리즈는 〈완전한 유형〉의 선형 진화에다 정보의 보장을 의미하며, 이 유형이 요구하는 〈묘사〉를 그리도록 도와준다.

4.3 분석의 변증법

트리즈의 연구에 있어서, 먼저 〈완전한 유형〉을 포함하는 개별 단계들을 숙달한 다음, 이 개별 단계를 하나의 사고 체계로 연결할 때 가장 어려운 부분이 시작된다. 이 단계에서 보통의 발명문제 해결책과 더불어 복잡한 문제해결 훈련이 요구된다. 특별한 실험에서 다음과 같은 질문이 사용된다: "생명체의 감각 기관은 어떠한가?"

만약 어떤 집단이 이제 막 이 연구를 시작한다면, 일상적인 방안들의 선택이 일어난다. : 이때 모든 방안은 원래 시스템 수준(인간 생명체의 감각 기관)에서, 그리고 단지 현재의 시간에서의 방안들이다.

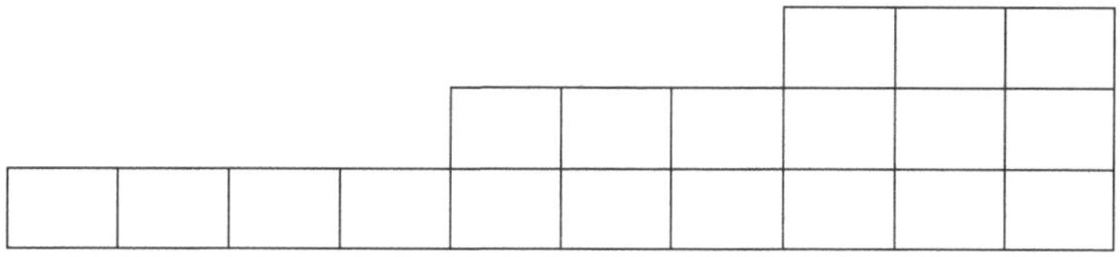

그림 4.9

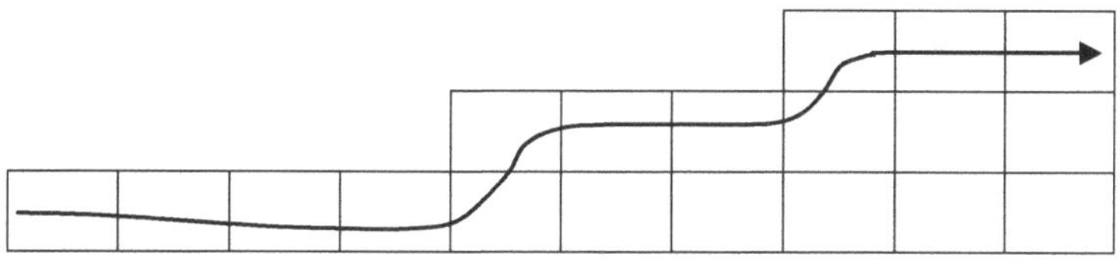

그림 4.10

한편 훈련받는 집단으로 이 연구과정을 시작하면, 즉시 질문의 표현에 수정이 가해진다. 생명체는 최소한 세 수준으로 검토되어야 한다(세포, 유기체, 사회). 그리고 그렇게 할 때 각 수준에 세 단계가 있어야 한다(과거, 현재, 미래). 그림 4.8에서 말했던 것과 비슷한 유형이 나타난다. 하지만 세포는 유기체보다 더 선조이고, 유기체는 사회보다 선조이다. 그러므로 이 유형을 그림 4.9와 같이 바꿀 필요가 있다.

단일 세포의 발전은 자연이 유기체를 〈발명한〉 이후에 속도를 늦추었다(단계 B). 두 번째 수정 : 유기체의 생물학적인 발전은 사회가 〈발명된〉 이후에 속도를 늦추었다(단계 C). 주요 발전 방향은 단계에서 단계로 지나감에 따라 계단식으로 진행 된다(그림 4.10).

유형의 아래쪽에 훨씬 긴 단계가 보충될 수 있다: 분자, 원자, 기본 입자의 〈삶〉, 가장 무거운 원자는 불안정하다: 원자의 〈단계〉는 약 100번째 〈모델〉에서 방해받아, 그 이상의 발전은 원자가 분자로 결합하는 대가로 일어난다. 분자의 〈단계〉가 발전의 릴레이 경주를 이어 받는다. 점점 더 복잡한 분자가 생겨, 고분자와 단백질에 이른다. 그러나 단백질의 출현과 더불어 분자의 발전은 멈춘다. : 릴레이 경주는 세포가 이어 받아,

지속적으로 그들의 〈모델〉에 따라 〈단계〉를 형성한다. 그리고 매우 큰 세포가 생길지 모르지만(수생식물 중에서), 이 발전은 한 번 더 유기체라는 상위시스템이 이어 받는다. 매우 단순한 세포 결합이 일어나지만, 점차 보다 더 복잡한 유기체가 나타난다. 말하자면 인간의 출현에 앞서 오랫동안 자연은 유기체(벌, 개미)로부터 상위시스템을 만드는 시도, 즉 〈실험〉을 시작하였다. 분명하게 이러한 실험상의 상위시스템들은 한 가지 결정적인 이유 때문에 좋지 않은 것으로 밝혀졌다: 그것들이 발전 속도의 가속을 보장하지 못했고, 반대로 이러한 상위시스템의 발전 속도는 전혀 좋지 않은 것으로 밝혀졌다. 자연은 인간을 〈발명〉하라고 강요받았고, 그때서야 발전의 다음 단계가 시작되었다.

〈계단식〉릴레이 경주를 하는 이유에 대해서 의문이 생기는데, 그 답은 대체로 분명하다. 단계가 높아질수록, 그것은 외부 조건에 보다 독립적으로 되어간다. 기본 입자들(만약 그것들이 외부 환경과 반응한다면)은 아주 짧은 삶을 산다. 새로운 유기(그러면서 단순한 유기) 결합체가 더 오래 살지만, 그들 역시 열, 추위, 화학반응 등 외부 영향에 대해서 거의 방어하지 못한다. 단백질과 세포는 외부 조건으로부터 독립을 위한 싸움에서 높은 수준의 유기물질이다. 더 높은 단계는 유기체이다. 몸의 세포는 평균 7년마다 새로워진다; 전반적으로 유기체는 보통 오래 산다. 외부 영향이 세포 일부를 파괴하는 경우에도 그것이 회복된다. 사회는 외부 영향에 대해서 훨씬 영속적이고, 개별 유기체보다 훨씬 더 보호받는다.

렘(Lem)의 솔라리스(Solyalis)[7] 또는 호일(Hoyle)[8]의 검은 구름(Black Cloud)의 분석에 이 구성을 적용하면 흥미롭다. 이 두 경우에 〈계단식〉 릴레이에 대한 분명한 위반이 있다: 유기체가 사회 수준으로 넘어가야 하는데, 유기체가 계속 커져서 단일 유기체를 유지하고, 전체 행성을 차지할 만큼 성장한다.

이 유형을 또한 위쪽으로 외삽할 수 있다. 사회의 발전이 어떤 시간 동안 진행한 이

7) 지구에 대한 가공의 향수를 숨 막힐 정도로 애절하게 묘사한 영상시인 타르코프스키의 작품. 큐브릭의 〈2001 스페이스 오디세이〉와 함께 역사상 최고의 SF 걸작으로 꼽는다. "인간 영혼에 대한 여정이면서 인간의 지성과 과학의 한계에 대한 독창적이고 시적인 고찰". 칸느 심사위원 대상 수상. 2002년 스티븐 소더버그 감독이 현대적으로 리메이크했다.

8) 영국출신 천문학자로 정상 우주론의 대표적인 학자이다. 주요 저서로 〈안드로메다 성운의 A〉, 〈검은 구름〉이 있다.

후에, 다음 〈단계〉로 전이한다. 이 때 사회는 세포가 유기체 안에서 하는 것과 같은 역할을 할 것이다.

이제 외계 문명사회는 많은 역할을 한다. 그들은 무엇을 좋아하고, 이러한 문명사회는 지구와 어떻게 다를까? 그들이 왜 우리를 찾지 않고, 신호를 주지 않는가? 왜 들의 활동에 대한 어떤 현시(顯示)를 볼 수 없는가?

상위 문명사회는 어떤 사회의 수준이라 여겨지지만, 그 사회가 더욱 발전함에 따라서 보다 왕성하게 형태를 갖추게 된다. 그러나 사실 상위 문명사회는 보다 높은 단계의 상위 사회 수준에 있어야 한다. 유기체가 (접촉을 시도하기 위해!) 세포를 특별하게 어떻게 찾을지를 개별 세포가 어떻게 알겠는가?

전파 망원경 프로젝트에 점점 더 많은 자원과 노력을 퍼붓고 있고, 상위 문명사회로부터 오는 신호를 수집하려는 시도들이 계속되고 있다. 하지만 잠시 스크린 유형을 살펴보면, 각 단계가 점점 빠르게 다음 단계의 출현을 위한 조건을 만들고 있다는 것을 알 수 있다. 〈사회〉 단계 위쪽의 〈상위 사회〉단계는 상대적으로 빠르게 나타나야 하고, 그 다음의 〈상위-상위 사회〉는 훨씬 더 빠르게 출현할 것이다. 상위 문명사회는 인간이 기본 입자와 떨어져 있는 것보다도 훨씬 멀리 떨어져 있는 것으로 밝혀질 것이다.

아직 "인간의 삶의 목적은 무엇인가?"라는 문제에 대해서 조사조차 시작 하지 않았지만, 〈완전한 유형〉에 이 질문을 던지는 과정이 바로 이미 새롭고 흥미로운 많은 것을 주었다. 이것은 어떤 단일 연구의 부분일 뿐이라고 강조해야 한다. 발명 창의성 공립학교의 학술 프로그램은 상상력 개발 과정의 구성과 더불어, 15개의 이런 종류의 연구를 포함하고 있다. 독자는 [19, 138~166쪽]에서 다른 사례들을 찾을 수 있을 것이다.

이러한 연구의 결과로써 기술 시스템의 발전, 특히 그 발전의 〈계단식〉특성에 대한 메커니즘이 분명해졌다. 기술 시스템이 발전의 여지를 소진하면, 그것은 보다 복잡한 시스템의 부분인 하위시스템이 된다. 이것이 일어나면, 기존 시스템은 빠르게 발전 속도를 늦춘다. 그리고 새로 형성되는 시스템이 바통을 물려받는다.

배의 발전 이야기를 사례로 들어보자. 노로 움직이는 배가 돛에 자리를 내주고, 노추진 배와 노는 발전을 멈추었다. 돛-노라는 새로운 시스템의 긴 일생이 시작되었다. 점차 배는 돛만을 쓰게 되었고, 그 다음 다시 돛-증기라는 좀 더 복잡한 시스템으로 전환하기 시작했다. 돛이 발전 속도를 늦추었고, 시간이 지남에 따라 돛, 증기 배는 증기만을 쓰게 되었다.

4.4 던커(Dunker)의 실험

이제 재능 사고의 많은 의미를 알았고, 문제 해결에 사용한 각 단계들이 좋은 지 나쁜지, 그리고 그것들이 우리를 막다른 골목, 아니면 답 가까이로 유도하는지를 판단할 수 있는 확고한 기초를 다졌다. 그러나 문제 해결에 대한 실험을 했던 심리학자들이 체계적인 접근 방법과 IFR 등에 대해서 몰랐을까? 도대체 그들은 실험을 어떻게 했을까? 던커의 가장 유명한 실험 중에 하나인 엑스레이 문제의 해결책에 대한 실험을 사례로 들어보자(1926). 1935년에 그의 또 다른 업적이 좀 더 상세하게 나왔지만, 같은 실험을 기초로 하였다.

이것은 그의 문제[5, 49쪽]이다. “당신의 문제는 신체 조직(예를 들어 위) 안에 있는 종양을 치료하기 위해서 좀 더 강력하고, 건강한 조직도 파괴할 수 있는 엑스레이의 사용 방법을 정하는 것이다.”

다음은 통상의 사고 과정에서 일반적으로 많이 나오는 해결책들로, 던커가 기록한 것이다[5, 88쪽].

(1) 식도를 통해 엑스레이를 넣는다.

(2) 화학물질을 도입해서 건강한 조직을 엑스레이에 둔감하게 만든다.

(3) 수술 방식으로 몸 밖으로 위를 꺼낸다.

(4) 엑스레이가 건강한 조직을 지날 때 그 강도를 줄이고, 종양에 도달했을 때만 엑스레이 강도를 최대로 올린다(감독자 : 잘못된 개념입니다. 엑스레이는 피하 주사가 아닙니다).

(5) 엑스레이가 통과하지 않는 어떤 무기물을 취해서, 건강한 위벽을 보호한다(감독자 : 당신은 위벽을 그 이상으로 보호해야 합니다).

(6) 다음과 같이 한다 : 엑스레이가 안으로 침투하거나, 위가 밖에 있어야 한다. 또는 위를 재배치해야 한다. 하지만 어떻게? 압력으로? 할 수 없다.

(7) 복부 공간으로 튜브를 넣는다(감독자 : 이것은 특정 장소에 이르는 동안에는 반응을 피해야 하는 어떤 반응을 특정 장소에서 일으키기 위해 어떤 에이전트를 사용할 때 일반적으로 사용하는 방법입니다).

(8) 거기에 이르는 동안에 효과를 중화시킨다. 나는 내내 이 방법을 시도하고 있다.

(9) 위를 몸 밖으로 꺼낸다(감독자는 문제를 되풀이 하고, 다음을 강조한다. : 충분한 강도가 주어지나요?).

(10) 강도는 바꿀 수 있어야 한다.

(11) 건강한 조직을 사전에 약한 방사선 치료로 단단히 한다(감독자 : 어떻게 엑스레이가 종양 부근만을 파괴하는지 보장할 수 있습니까?).

(12) 나는 단지 두 가지 가능성만을 생각 한다 : 건강한 조직을 보호하거나, 엑스레이를 해롭지 않게 만든다(감독자 : 어떻게 위에 이르는 동안 엑스레이의 강도를 최소화 할수 있습니까?).

(13) 엑스레이의 퍼지는 방사선을 약간 편향시킨다. - 그것을 흩어 없앤다. 종양에 초점을 맞추어, 결과적으로 종양을 엑스레이의 강력한 영향 하에 두도록 넓고 약한 광선을 렌즈로 집속한다.

그리고 10번 이상의 시행을 실시하였다. 30분 안에 답에 가까운 것을 끌어냈다(여러 방향에서 나오는 수많은 약한 엑스레이가 종양에서 교차된다). 이 과정에서 감독자가 여러 차례나 도중에 해결 과정을 방해하였다.

아리즈의 한 가지 규칙을 소개해 보자 : 대상이 아니라 도구를 바꾸어야 한다(즉 자연 대상물이 아니라 기술 대상물을 바꾸어야 한다). 이 규칙을 고려하면서 각각의 해결 단계를 검토해 보자.

(1) 문제에 두 개의 물질(종양과 종양 주위에 건강한 조직)과 하나의 장(엑스레이)이 있다. 두개의 물질은 자연물이고, 대상이다. 엑스레이는 도구이다. 첫 번째 변형은 건강한 조직에 무언가를 하려는 (그것들을 통과하는 통로를 찾는) 시도였다. 이것은 분명한 규칙 위반이다. 그래서 이것은 쓸데없는 방안이다.

(2) 또 다시 대상을 선택하였다. 이것은 헛된 방안이다.

(3) 대상이 선택되었다 - 헛된 방안이다.

(4) 처음으로 도구가 선택되었다! 그런데 정형화가 IFR에 가깝다. 하지만 감독자가 훌륭한 아이디어를 거칠게 꺾는다. 조사자는 이상적인 경우에 필요한 것을 매우 잘 정형화하였다. 주사 바늘처럼 엑스레이는 우선 큰 체적을 덮는다(전체 종양을 조사(照射) 하면서). 많게-적게-많게. 감독자는 “마침내 필요한 요소(엑스레이)를 선택하였습니다만, 이제 그것에 대해서 생각해야 합니다.”라고 말했어야 했다. 말하자면 감독자는 엑스레이가 주사기가 아니고, 제안된 아이디어가 적절하지 않다고 말함으로써 조사자를 방해하였고, 그를 올바른 길에서 벗어나게 하였다. 에너지 강도가 엑스레이 길이에 따라 다르도록 엑스레이를 배열할 수 있는가? 원리상으로 할 수 있다. : 정상파 ; 종양 영역에서 파복(波腹)[9]. 말하자면 이제 엑스레이 연필에 대한 아이디어에 도달하는 것은 쉽다.

(5) 감독자에 의해 올바른 길에서 벗어나도록 강요받은 조사자가 한 번 더 바꿀 수 없는 요소로 방향을 돌린다.

9) 정상파에서 가장 진동이 큰 곳

(6) 아리즈의 언어로 번역하면, 도구 또는 대상 중에서 무엇으로 할 것인가? 이 방식으로 질문을 한다면, 조사자는 대상을 향할 것이다.

(7) 다시 대상이 선택되었다. 그리고 감독자는 〈에이전트〉라는 단어가 가리키는 도구로 주의를 끌면서 조사자를 올바른 방향으로 밀기 시작한다.

(8) 조사자는 우그것을 중화해야 한다고 상당히 합리적으로 주장한다(여기에 두 가지방법이 있다 - 조직을 엑스레이에 민감하지 않게 만들거나, 어떻게든 하여 엑스레이를 해롭지 않게 만든다.)

(9) 다시 대상이 선택되었다. 감독자는 조사자의 주의를 엑스레이로 돌리려고 한다. 이 때문에 감독자는 문제를 반복하고, 엑스레이 강도와 관련된 단어를 강조한다.

(10) 조사자는 부분적으로 자신의 4번째 정형화 문으로 돌아간다.

(11) 그러나 여기서 한 번 더 그는 바꿀 수 없는 요소로 비약한다. 그러자 감독자는 모든 미묘한 것을 버리면서, 조사자를 〈엑스레이 쪽〉으로 직접 〈돌린다.〉.

(12) 조사자는 예전의 질문, 〈이것 아니면, 저것〉을 되풀이 한다. 그리고 여기서 무언가 머뭇거림이 생긴다. 감독자는 본인이 4번째에서 거절했던 것을 되풀이 하면서 분명한 비약을 한다. : 엑스레이가 위에 이르는 도중에 그 강도를 어떻게 줄일 수 있을까?

(13) 자연스럽게 올바른 답을 즉시 얻는다.

도구를 바꾼다는 규칙을 앎으로서 이제 조사자와 감독자가 실수한 이유를 알게 되었다. 이따금 감독자가 조사자보다 옳지 않게 반응했다. 조사자가 이상적인 최종 해결책에 접근하는 어떤 것을 정형화했지만, 감독자가 퉁명스럽게 그에게 트집을 잡았다. 감독자는 답으로의 직접적인 접근을 원했고, 지식에 이르는 길이 직선이 아니라는 사실을 고려하지 않았다. 우선 본제에서 벗어나 이상적인 최종 해결책으로, 그리고 거기에서 답으로 접근이 필요하다.

던커는 다음에 무엇을 했을까? 그는 기록을 어떻게 분석했을까? 다음과 같이 그는 답을 세 그룹으로 정렬했다.

(1) 엑스레이와 건강한 조직 사이에 접촉 제거(아리즈 언어로 그는 두 요소, 대상과 도구를 검토한다.

(2) 건강한 조직의 민감도를 낮춘다(그는 대상을 검토한다).

(3) 건강한 조직을 통과하는 경로에서 엑스레이의 강도를 낮춘다. 두 개의 방안, 4와 13이 이것과 관련이 있다(도구를 선택했다. 흥미로운 점 : 분석의 논리는 던커에게 답 4와 13을 연결하도록 강요했다. 하지만 그는 방안 4에 대한 자신의 답을 검토하지 않았고, 그것이 조사자를 올바른 답으로부터 멀어지게 한다는 것을 알지 못했다.

그래서 〈공허한〉 방안 중에 11개는 대상과 도구에 대한 규칙을 소개하였다면 나타나지 않았을 것이다.

이 문제를 15명으로 구성된 뛰어난 학습 집단에 제시하였다(전문-기술 아카데미에서). 한 학생이 이 문제를 풀었고(엑스레이의 분산과 초점 맞추기가 식은 죽 먹기처럼 쉬운 영화 기술자), 45분 동안 다른 학생들은 모델 답을 생각해 내지 못했다. 규칙을 설명한 후에 모든 학생들이 이 문제를 풀었고, 방안의 선택은 길어봤자 4 개까지였다. 다른 집단에게는 먼저 규칙을 설명한 다음, 문제를 주었다. 모두가 이 문제를 풀었고, 그들의 절반 이상이 한 개의 변형으로 해결하였다. 던커가 변형을 분류하자마자 그렇게 분명하게 나타났던 것을 던커는 왜 그때 알아차리지 못했을까? 실수는 자연 대상물을 변경하려는 시도와 관련되어 있고, 올바른 답은 도구를 변경하는 것과 관련이 있다는 사실을 그는 왜 발견하지 못했을까? 던커는 심리학자이다. 그는 기술 시스템의 객관적인 진화 법칙에 흥미가 없었고, 단지 심리적인 면에 흥미가 있었다. : 조사자가 어떻게 문제를 설명하는가? 해결책이 어떻게 발전하는가(처음 아이디어에서 최종 정형화까지) 등. 〈순수 심리학적〉입장에서 창의성을 연구하는 다른 연구자들처럼, 던커는 시스템 발전이 우선이고 심리학은 두 번째라는 것을 이해하지 못했다.

정신적인 작업은 그것이 기술 시스템의 객관적인 발전 법칙과 조화를 이룰 때는 좋다(구불구불한 강을 따라 배를 항해하는 타수의 행동이 갖는 유사성을 회상해 보자). 기술 시스템은 이상성이 증가하는 방향으로 발전한다. 이것은 규칙이다. 4번째 단계에서 조사자가 주어진 문제에 대한 이상적인 엑스레이 구조에 관심을 가지려고 했을 때,

그것은 올바른 행동이었다. 하지만 감독자는 거기에 실수가 있다고 지적하였다.

그 이후 〈순수 심리학적〉 접근이 발명가에게 실질적으로 어느 것도 가져다주지 못했다는 것이 다소 놀랍지 않은가?

부가적으로 설명해서, 다른 것이 더 중요하다. 던커의 문제에 아리즈의 작업을 적용하면서, 분명하게 몇 단계의 기법을 알 수 있었다: 그러한 단계들이 〈헛된〉 변형들을 제거하게 해주었고, 우회해서 답으로 길을 안내해 주었다. 당신이 그것을 돌아갈 수 있는데도 왜 벽과 계속해서 충돌하는가?

4.5 흥미로운 2 가지 예제

다음 문제를 다루어 보자.

문제 34

분사 총을 이용해서 작은 원통 모양의 플라스틱 대상물을 페인트칠한다. 만약 분무기의 스위치를 최대로 돌리면, 두꺼운 페인트 층으로 원통을 거의 즉시 칠 할 수 있다. 이러한 코팅은 좋지 않고, 게다가 건조하는 데 오랜 시간이 걸린다.

분무기를 가장 낮은 전원으로 돌리면, 페인트칠 과정은 이제 30~40초 걸리고, 그 과정을 제어할 수 있다. 페인트칠이 안 된 부분이 없고, 원치 않는 페인트 층이 형성되는 순간을 쉽게 알 수 있다. 그러나 이것은 생산성을 크게 떨어트린다. 이 경우에 정전기 페인트칠 방법은 배제된다. 페인트에 첨가제를 혼합하는 것 역시 허락되지 않는다. 어떻게 해야 하는가?

2.2 단계부터 해결책을 따라가 보자(과제의 상세설명에 전문용어를 넣지 않는다.).

2.2 단계

대상은 원통이다(규칙 4에 따라서 원통을 선택한다). 페인트(페인트의 흐름, 분산된 페인트의 분무)는 도구이다(엄격히 말해서 도구는 대상과 직접적으로 반응한다). 페인트 없는 분무기는 원통과 반응하지 않는다. 그러므로 분무기는 갈등 쌍 중의 하나가 아니다. 따라서 이것은 과제가 나쁜(그것은 없다고 말하려는 것이다.)

분무기로 잘 페인트칠하는 방법을 알아내는 것이라는 의미한다.

과제의 조건에 따라서 페인트는 많거나 적어야 한다. 첫 번째에 우선순위를 주어야 한다(규칙 3). 그래서 갈등 쌍은 원통과 매우 많은 양의 페인트이다.

2.3 단계

1. 많은 양의 페인트를 빠르고 쉽게 원통에 적용할 수 있다(페인트를 원통에 부을 수 있고, 원통을 페인트에 담글 수 있다).
2. 많은 양의 페인트가 원통에 원치 않는 층을 형성한다.

결국 전체 문제는 여분의 페인트를 제거하는 것이다(틀림없이 페인트를 완전하게 제거하지 않고 통으로 되돌리는 방식으로 여분을 제거하는 것이 더욱 좋다). 상식은 페인트칠하면서 여분의 층이 생기지 않도록 해야 한다고 당신에게 알려준다. 왜 처음에 과도한 양을 적용한 다음 여분의 페인트 층을 제거하는가? 아리즈의 논리는 다르다. : 과도한 페인트 층을 쉽게 적용할 수 있다. 그래 좋다. 그렇게 하자! 대상을 페인트칠한다(더구나 빠르게). 그러면 여분의 페인트를 제거하는 일만 남는다. 사실 〈페인트를 잘 칠하는 방법〉이 이제 〈페인트를 잘 제거하는 방법〉으로 바뀌었다.

2.4 단계

그래서 과제의 모델은 다음과 같다 : 원통과 많은 양의 페인트가 주어졌고, 과량의 페인트를 원통에 쉽게 적용할 수 있지만, 그렇게 할 때 원치 않는 여분의 층이 형성된다.

분무기를 가장 낮은 전원으로 돌리면, 페인트칠 과정은 이제 30~40초 걸리고, 그 과정을 제어할 수 있다: 페인트칠이 안 된 부분이 없고, 원치 않는 페인트 층이 형성되는 순간을 쉽게 알 수 있다. 그러나 이것은 생산성을 크게 떨어뜨린다. 이 경우에 정전기 페인트칠 방법은 배제된다. 페인트에 첨가제를 혼합 하는 것 역시 허락되지 않는다. 어떻게 해야 하는가?

3.1 단계

두 개의 요소를 변경하기 어렵다. 원통은 대상이고, 문제의 조건이 페인트의 조성 변경을 심하게 제한한다. 변경할 수 있는 요소로서 외부 환경을 사용해 보자.

3.2 단계

이상적인 최종 해결책 : 원통에 페인트를 많이(초과해서) 적용하더라도 외부 환경이 스스로 원통에 있는 여분의 페인트 층을 제거한다.

3.3 단계

간단하게 두터운 페인트 층이 있는 원통을 보여주고, 여분이 무엇인지 나타내 보자(그림 4.11(a)). 작은 사람 모델을 사용해서 작은 사람들의 형태로 페인트 경계를 볼 수 있다(아직 이 사례에서 〈외부 환경〉을 형성하는 것을 알지 못한다.)(그림 4.11(b)). 이 두 경우에 여분의 페인트 영역이 구별된다.

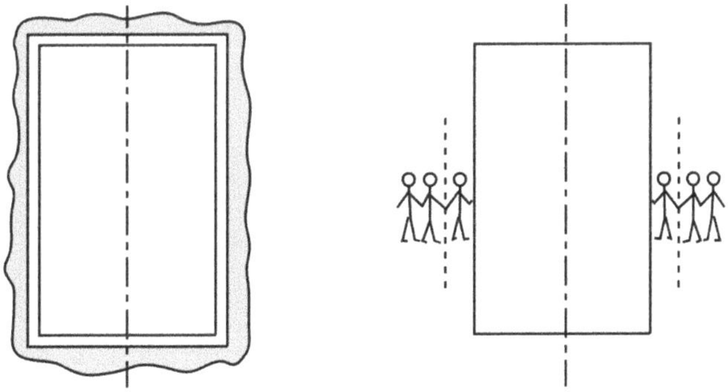

그림 4.11

3.4 단계

3.3단계를 어떻게 기술하는가에 따라서 해결책은 두 방향으로 진행된다.

(a) 여분의 페인트를 제거하기 위해서 어떤 힘이 필요하다.

(b) 이 힘은 유용하지 못하거나 해롭기까지 하다. 왜 그럴까? 분명하게 이 힘이 여분의 페인트와 함께 유용한 페인트 층 일부를 제거할 수도 있기 때문이다:

그림 4.11 (b)를 살펴보면,

(a) 여분의 작은 사람들을 제거하기 위해서 어떤 힘이 필요하다.

(b) 하지만 이 힘은 원통 표면에 붙어 있는 작은 사람들 또한 떼어낼 수 있기 때문에 해롭다.

이 그림에서 중요한 특성을 즉시 볼 수 있다 : 페인트 입자들이 다른 방식으로 연결되어 있다. 유용한 작은 사람들은 벽에 붙어 있고, 〈여분의〉작은 사람들은 단지 서로 손을 잡고 있다. 〈여분의〉작은 사람들과 〈유용한〉작은 사람들을 구별할 수 있는 한 가지 특징은 다른 방식으로 연결된 힘이라는 것을 알 수 있다.

두 개의 물질(페인트와 원통)이 주어져 있고, 결과적으로 장의 도입을 고려함으로써, 문제의 해결책에 가까이 다가서고 있다. 비 전기장(문제의 상세설명에 따라) 이 원통에서 멀리 있는 〈여분의〉작은 사람들을 떼어내야 하고, 원통 가까이에 있는 〈유용한〉작은 사람들을 떼어내지 않아야 한다.

과제가 복잡하지 않고, 이 방법이 거기에 이르는 도중에 〈그것을 떼어낼〉수 있기 때문에 작은 사람 모델을 계속 사용하지 않겠다.

3.5. 단계

물리적 모순.

a) 윤곽 표시된 외부 환경 영역은 여분의 페인트를 제거하기 위해서 그 페인트에 작용해야 하고, 유용한 페인트 층을 유지하기 위해서는 여분에 작용하지 않아야 한다.

b) 윤곽 표시된 외부 환경 영역은 존재해야 하고, 동시에 존재하지 않아야 한다.

4.1. 단계

여기서 이 모순 특성을 공간적으로 분리하기 위해서 분명한 요구 조건이 있다. 그러나 어떻게 해야 하나?

4.2. 단계

클래스 8의 문제 : 두 개의 물질이 상호 작용한다. 이때 그들의 제어가 좋지 못하다(그러므로 그들은 나쁘게 반응한다). 해결책 : 이러한 물질에 다른 방법으로 작용하는 장을 도입해야 한다.

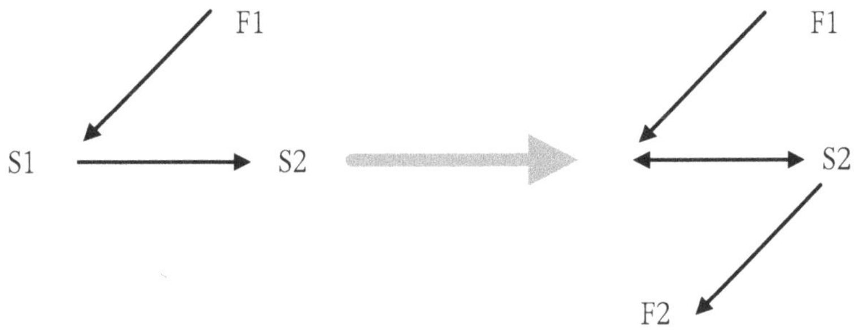

정확하게 어떤 종류의 장을 도입해야 하는가? 전기장은 문제의 상세설명에 의해서 배제되었다. 마찬가지로 자기장도 배제되었다(페인트와 원통은 자성체가 아니고 다른 물질을 도입하는 것은 배제되었다). 중력장은 이미 존재하지만 그것이 필요한 상호 작용을 만들지 못한다. 두 종류의 장이 남아있다: 열장과 기계장. 열장은 페인트를 못 쓰게 할 수 있다. 페인트는 기계장으로 움직여야 하고, 그것으로 여분의 페인트 층을 제거해야 한다. 원통의 표면에서는 기계장이 약해야 하고, 표면에서 먼 쪽에 있는 페인트 층에서는 강해야 한다. 부록 3을 조사해 보자. 주어진 문제에 대해서 6, 7, 12번이 적절하다. 만약 기계장만을 검토해야 한다면, 답은 분명하다. : 원심력이 작동한다. 원통을 페인트에 담근 다음, 그것을 돌린다. 원심력이 여분의 페인트를 밖으로 던진다. 회전수를 조절함으로써 공정을 제어한다. 많은 원통을 동시에 처리할 수 있다(발명가 인증서 번호 242,714).

문제 34는 쉬워 보인다. 원통(항아리!)과 페인트를 갖고 있고, 모두 19세기 수준이다! 동시대의 복잡한 과제를 해결하는 과정을 제어할 때에도 동일하게 쉽게 해낼 수 있을까? 그렇다. 이제 동시대의 문제를 다루어 보자.

문제 35

연구 목적을 위해 기체 내에 있는 이온의 <이동도>를 알 필요가 있다(방향성 있는 변위 속도). 전압이 주어졌고, 전극 사이의 거리는 알고 있다. 측정하려는 것은 전극에서 전극으로 이동하는 이온의 드리프트 시간이다. 다음은 측정 진행 과정이다. 일정 순간에 한 전극의 표면에 이온을 도입한 다음, 다른 전극까지의 드리프트[10] 시간을 장의 영향 하에서 측정한다. 이온의 이동도를 측정하기 위해 서 극성을 한쪽에서 다른 쪽으로 전환한다.

예전에 이 문제를 해결하기 위해서 기체는 매우 빠르게 교환되고 있다는 요구사항이 있었다(30밀리세컨드(1밀리세컨드=1000분의 1초)). 또한 추가 요구사항이 주어졌다 : 장치의 단순성. 부수적으로 작용 속도의 증가와 함께, 상당한 노력과 시간을 들여서 만든 고전압 시동 동기화 일정표를 만들 필요가 생겼다.

30초 안에 양쪽 극성 이온의 드리프트 정도를 측정해야 한다. 만약 연속적으로 측정을 해야 한다면 각 측정은 10~12밀리세컨드를 최대로 해야 한다. 측정을 농시에 수행하는 것이 분명히 더 유리하다. 진실로 이것이 문제가 기술되어 있는 상황이다. 하지만 분석에 앞서서 수행된 STC 연산자에 따른 작업은 연속 측정의 원리로 돌아가도록 강요하였다. 정신적으로 이온의 크기를 증가시킨다. : 반대로 하전된 테니스공이 서로 만나려고 다가서고 있다. 그리고 크기를 훨씬 크게 증가시킨다. : 반대로 하전된 행성이 충돌 경로 상에서 움직인다. 거대한 전하들은 피할 수 없이 행성의 상호작용을 불러온다. 하지만 확실하게 그러한 상호작용은 반대로 하전된 이온들이 서로 막 접근할 때 일어난다! STC 연산자는 문제가 제시되었을 때 알아차리지 못했던 환경에 주의를 기울이도록 해주었다.

10) 드리프트(drift) : 전장 내의 하전 입자의 이동

반대 극성 이온의 이동도를 동시에 측정하는 원리를 버려야 한다. 한 이온을 터치다운시킨 다음, 순간적으로 시간의 손실 없이 그것을 반대 극성 이온으로 대체한다. 그래서 간섭을 피했지만, 안타깝게도 장치를 부당하게 복잡하게 함으로써 큰 손해를 보았다. 다음번 반대 극성 이온에 곧바로 〈시작〉 신호를 주기 위해서, 한 극성 이온이 〈최종 지점〉에 도달하는 시간을 매우 정확하게 결정해야 한다. 이 문제에는 6개의 요소가 언급되었다. 두 개의 전극, 두 종류의 이온, 기체, 전기장. 자, 갈등 쌍으로 무엇을 선택해야 하는가? 〈대상〉은 이온이고, 도구는 장이다. 전극은 〈아웃되어〉있다(문제 34에서 페인트 분무기와 문제 31에서 용기처럼).

그러나 여기서 우선 문제의 〈전기적 상세설명〉을 생각한다. 양이온 또는 음이온 중 갈등 쌍으로 어느 이온을 포함시켜야 하는가? 음이온이 〈최종 지점〉에 도착할 때 음이온으로부터 여분의 전자를 빼앗아야 하지만, 최종 지점에 있는 양이온에 대해서는 부족한 전자를 〈추가〉해야 한다. 사실상 이것은 페인트 문제에서와 같은 상황이다: 〈너무 많게〉한 후 여분을 제거하면서 조치를 취하거나, 〈너무 적게〉 한 후 부족한 무언가를 추가하면서 조치를 취한다.

문제 35를 해결할 때 먼저 양이온을 취했고, 아무것도 일어나지 않았다. 그러나 음이온을 취하자, 새로운 아이디어가 생겼다. 무언가를 파괴하는 것(그것이 집, 조상(彫像), 분자 또는 이온이든 간에)이 그것을 만드는 것보다 쉽다: 만들기 위해서 다른 곳에서 재료를 가져올 필요가 있는 반면(아마 그것이 공급이 안 되어도), 파괴를 위해서는 별도의 재료가 필요하지 않다는 이유 외에는 아무것도 없을지라도, 이것이 불행하게도 삶의 규칙이다. 〈엔트로피의 증가가 그것의 감소보다 쉽다〉가 또 다른 가능한 표현이다.

그래서 갈등 쌍은 〈음이온〉과 〈전기장〉이다. 갈등의 핵심은 장이 한쪽 전극에서 다른 쪽 전극으로 이온을 운반할 수 있지만, 〈최종 지점〉에서 장이 이온의 음극 장을 외부의 도움 없이 양극으로 바꿀 수 없다는 것이다. 3.1단계에서 장(도구)을 객체로 써 선택하면, IFR이 나타날 것이다 : "장 스스로 이온의 극성을 바꾸는 한편 그 이온을 제거하는 능력을 유지한다." 물리적 모순가 분명하게 보인다. : "장이 음이온을 중화하거나 양이온으로 만들기 위해서 음이온을 세게 때려야하고, 그것이 거리를 마무리할 수 있도록 이온을 세게 때리지 않아야 한다. 이제 분명하게 물리적 모순를 제거하기 위한 통로가 보인다(4.1단계). : 모순 특성을 공간으로 분리. 거리 전반에서 장은 이온을 세게 때리지 않아야 하지만, 최종 지점에서 장은 달라야 한다. 장이 음이온을 세게 때리게 해서, 음이온으로부터 전자를 제거하게 하자(그렇게 함으로써 음이온을 양이온으로 만든다). 이것을 어떻게 할 수 있는가? 이미 비슷한 과제를 다루었다. 공기 기둥에서 이온은 약한 장(전파)으로 생기지 않고(중성 분자로부터 전자가 제거되지 않는다), 강한 장(번개)의 출현으로 이온화가 일어났다(중성 분자로부터 전자가 제거되었다).

그래서 이질적인 장이 필요하다. : 〈이온 배〉가 충돌하는 근해 암초 또는 상승하는 풍선이 움직이고, 터진 다음(이미 이전과는 다른 조건으로) 다시 가라앉게 하는 못과 같이 〈최종 지점〉에 있는 전극 표면에서 전극은 국부적인 보강을 가져야 한다.

물질-장 분석의 관점으로 볼 때, 이 과제의 모델은 클래스 9에 속한다. 물질과 장은 상호작용하고, 이러한 요소 중에서 어느 하나를 교체하는 것이 문제의 규정에 따라 불가능하다(전기장에서 이온의 이동도를 측정해야 한다): 이러한 요소들을 효과적으로 제어해야 한다. 이것은 전형적인 물질-장 변형이다: 제어하기에 적합한 제2의 물질을 도입하거나, F'1을 F"1 장으로 전이한다. 〈최종 지점〉의 전극에 전체 〈거리〉에 대해서 상대적으로 약한 장을 국부적인 강한 장으로 변형시키는 물질이 있어야 한다.

그래서 양 전극은 〈이글루〉[11]를 갖고 있을 수 있다(또는 일반적으로 이글루만으로 구성될 수 있다). 양 전위를 다음과 같은 방식으로 선택해야 한다 : 〈이글루〉에서 전압은 독립적인 주 전하의 1차 전압보다는 삭지만(이것은 간섭을 일으킬 것이다), 음이온이 퍼지는 곳에서는 임계 전압보다 크게 한다. 기본적으로 이것이 전부이다. 예를 들어 전자 오실로그래프(전류의 진동 기록장치)의 도움으로 자동적으로 기록되는 시간 T1 순간에, 음 전극 내부 면에 일단의 음이온이 발생하여 장의 영향 하에서 양 전극까지 드리프트하기 시작한다. 음이온이 양전극에 접근할 때, 이온들은 강한 장 영역으로 들어가고, 거기서 전자와 중성 분자로 분해된다. 전자들은 기체 형태의 중성 분자로 이온화되고, 별도의 양성 왕관 같은 불꽃을 일으켜, 양이온이 발생한다.

11) 이글루(igloo) : 에스키모의 집, 주로 눈덩이로 만듦

이 불꽃의 형성 순간을 시간 T2로 기록한다: 또한 동시에 이것은 음이온의 도달 표시자로 사용되고, 시간 T2 순간에 반대 방향으로 드리프트를 시작하는 양 이온의 발생원으로 사용된다. 계속해서 음 전극에 양이온의 도달 순간 T3을 기록하고 이 방식으로 오실로그래프 용지에 3번째의 표시 점을 얻으며, 이에 따라서 음이온과 양이온의 드리프트 시간을 결정한다.

그러나 이것은 이제 기술적인 세부묘사이고, 그밖에 중요한 무엇이 있다 : 아리즈에 따른 이와 같은 해결책은 원통 항아리, 복사지 또는 연마 디스크와 같은 간단한 문제의 해결책과 다르지 않다. 단지 마지막 단계에서 물리적 모순에서 기술적 모순으로 전이하기위해 특별한 지식이 필요하다. 예를 들어 음이온의 붕괴는 불꽃에 의해서 수반될 수 있다는 것을 알아야 한다. 지금까지 이것은 물리효과와 현상 표에 반영되어 있지 않다.

4.6 학습문제 : 문제 36~40

다음에 제시된 다섯 문제는 아리즈 2.2에서 2.4단계에 따라 해결될 것이다. 앞에서처럼 해결 과정에 주의를 집중해야 하고, 각 단계를 정확하게 따라가야 한다.

문제 36

철광석 펄프(물에 있는 철광석 부유물)가 파이프라인을 따라 운반된다. 이 펄프의 흐름을 밸브(제동기)로 조절한다. 그러나 부식 특성이 있는 광석 입자들이 빠르게 밸브를 "깎아 먹는다." 어떻게 해야 하는가?

문제 37

앰풀의 밀봉 문제. 약이 든 25개의 앰풀이 금속 용기에 수직으로 줄지어 배열되어 있다(한 줄에 5개씩 5줄). 위쪽에서 버너들이 적용된다(한 줄에 5개씩 5줄의 버너). 각각의 앰풀 위에 버너가 있는 셈이다. 버너 불꽃이 앰풀 모세관을 밀봉 한다. 불행하게도 이 방법은 불꽃을 잘 조절할 수 없다는 결점이 있다. 불꽃이 너무 크거나 너무 작다. 어떤 앰풀들은 과열되고, 어떤 앰풀들은 완벽하게 밀봉 되지 않는다. 물론 불꽃을 최대로 켤 수 있다. 그러면 모든 앰풀을 밀봉 할 수 있지만, 대부분의 경우 과열은 약을 망가트릴 것이다. 또한 매우 약한 불꽃을 적용할 수 있다. 그러면 어느 경우도 약을 손상시키지는 않지만, 많은 앰풀들이 밀봉되지 않을 것이다. 구멍 뚫린 플라스틱 디스크를 앰풀 덮개로 사용하려는 시도가 있었다. 그러나 만약 모세관들이 구멍에 약간 덜 맞으면, 불꽃이 구멍을 통과할 것이다. 그리고 모세관들을 빈틈없이 구멍에 맞출 수 있지만, 그러한 플라스틱 디스크에 앰풀을 고정하기가 어렵고 시간 소모가 많다. 게 다가 디스크 역시 가열되어 앰풀에 열을 전달한다. 어떻게 해야 하는가?

문제 38

중력의 영향에 의한 가속도를 설명하게 위해서 버스 모양의 시각 교육기재를 경사면으로 굴린다. 이 교육용 버스는 색상 액체를 담고 있는 용기를 갖고 있고, 일정한 간격으로 액체를 한 방울씩 떨어뜨린다. 길고 가느다란 종잇조각을 버스가 지나가는 방향으로 깔아 놓는다. 만약 버스가 일정한 속도로 움직인다면 종이 위에 떨어진 액체 방울 사이의 거리는 같겠지만, 버스가 가속을 한다면 액체 점들 사이에 거리는 증가할 것이다.

가능한 한 명확하게 가속도를 설명하게 위해서 종이 위에 많은 액체 방울을 표시할 필요가 있다. 즉 매우 긴 경사면이 필요하다. 하지만 긴 경사면을 사용하는 것은 불편하다(비록 그것을 들고 다니거나 접을 수 있더라도). 장치의 설계는 유지되어야 하지만, 작은 크기의 경사면에 있는 종이에 많은 표시 점들을 얻는 방식이어야 한다. 스며 나오는 액체 방울의 빈도를 증가시키는 것은 불가능하다. 또한 여기서 방울이 연속적으로 떨어진다는 것을 고려해야 한다.

문제 39

금속 표면에 도료의 화학적 적용법(전기를 사용하지 않고)은 잘 알려져 있고, 널리 사용된다. 이 적용법의 핵심은 가열된 금속(니켈, 코발트, 팔라듐, 금, 구리)염 용액을 채운 큰 통에 금속 물체를 넣는데 있다. 작업 공정이 시작되고, 금속이 용액으로부터 물체의 표면으로 이동하여 부착된다.

온도가 높을수록 공정은 빨라진다. 하지만 높은 온도에서 용액이 분해되어, 금속이 큰 통의 바닥과 측면에 퇴적된다. 용액은 빠르게 그 효능을 잃고, 2~3시간 안에 용액을 바꾸어야 한다. 화학물의 75%가 낭비되고, 이것이 공정비용에 올린다. 안정화 첨가제의 사용은 문제를 해결하지 못한다. 어떻게 해야 하는가?

문제 40

잡지 발명가와 혁신가에 있는 뉴스 기사(1976, No 6. 5쪽) : "질 좋은 고기는 가라앉는다." 이것이 이 발명(발명가 인증서 번호 485,380)의 기본 원리이다. 이 특허에서 양계 산업 연방 과학 연구소에 근무하는 사브란(E. G. Savran), 팬코프(H. F. Pankov) 그리고 스토야노프(V. P. Stoyanov)는 고기의 품질을 평가하는 방법을 제안하였다. 여러 농도의 끓는 소금물에 연속적으로 제품을 넣는다. 이 발명을 당신의 모델로 삼아, 계속해서 이 발명을 더 개선해 보아라.

5

<발명 원리>

40가지 발명원리

5.1 명탐정 콜럼버스처럼

아마 이제 독자는 발명의 역설적인 특성에 놀라지 않을 것이다. 그러나 여기에 아직 역설이 하나 더 있다 : 문제가 단지 간단하기 때문에 어려울 수 있다.

문제 41

한 외국 회사가 화학제품을 생산하고 있다. 특별히 외과용 알코올은 생산 공장에서 5킬로미터 떨어져 있는 페인트 공장을 포함해서 여러 화학 회사로 운송된다. 일주일에 3, 4번 트럭이 도착하고, 10평방미터 용량의 탱크 트레일러를 채우고 봉인한 다음, 트럭이 이것을 페인트 공장을 운반한다. 거기서 알코올을 비우고, 그 부피를 주의 깊게 측정한다. 그리고 트럭이 생산 공장으로 돌아온다. 가끔 알코올이 사라지고 있다 : 매번 15 내지 20리터가 부족하다는 것이 밝혀졌고, 크리스마스 직전에는 그것이 30리터에 달했다. 생산 공장과 알코올을 받는 공장에 있는 주입장치를 확인했지만, 모두가 정상이었다. 탱크 통을 확인했지만, 약간의 갈라진 틈도 없었다. 공장에 도착하는 모든 탱크 봉인을 확인했지만, 모두 완벽했다. 그런데도 20리터를 한 번 더 잃었다. 실제로 그렇게 많은 양은 아니지만, 여전히 이것은 귀찮고 위험스러웠다 : 왜냐하면 수백리터가 사라지고 있는 이유를 아무도 모르고 있다.

회사 사장은 탱커에 감시를 붙여 보내라고 지시를 했지만 소용이 없었다. 격노한 공장장은 사설탐정을 고용했고, 최근에는 도로의 각 지점에 관측점을 설치하였지만, 아무것도 도움이 되지 못했다.

하지만 어느 날 이 문제가 성공적으로 해결되었다. 당신은 그 답이 무엇이었다고 생각하는가?

변형을 선택하면서 이 문제를 해결한다면 보통 다음과 같이 물으면서 〈새로운 관심〉을 다루면서 시작한다. : "아마 측정 장치가 결국 정확하지 않았을까?" "아마 알코올이 탱크의 새는 구멍으로 어떻게든 해서 증발했을 거야", "트럭 운전사가 감시자와 거래를 했을까?"… 그런 다음 물리와 화학으로 방향을 돌린다: "알코올이 탱크 벽을 구성하고 있는 물질과 화학반응을 하지 않았을까?" "아마 알코올의 부피가 대기압과 외부 온도의 약간의 변화 때문에 바뀌지 않았을까?" 그러나 답은 대단히 간단하였고, 만약 부탁받은 형사가 모순을 제거하는 전형적인 원리들을 알고 있었다면 그는 탐정에 부탁을 하지 않고도 이 문제를 해결했을 것이다.

원리 10 : 주어진 시간에 수행할 수 없는 조처는 미리 해두어야 한다. 봉인된, 감시받는 탱커로부터 알코올을 몰래 훔치는 것은 어렵지만, 탱크가 비어있고 감시받지 않을 때 저녁에 미리 그것을 하는 것은 전혀 문제가 안된다. : 빈 양동이를 들고 탱크에 간다면, 누구도 당신을 막지 않을 것이다. 이것이 영리한 도둑이 실제로 한 것이다. 운송하기 전날 밤 그가 양동이를 빈 탱커에 걸어두었다. 다음 날 탱크를 알코올로 채웠고, 양동이도 역시 채워졌다. 그런 다음 그는 탱크를 수납 공장으로 몰고 가서, 알코올을 퍼냈다. 하지만 가득 찬 양동이는 탱크 안에 남아 있었다. 빈 탱크가 제조 공장으로 돌아왔을 때, 감시원은 당연히 감시를 마치게 되고, 영리한 도둑은 조용하게 자신의 어획량을 착복한다.

몇 년 동안 방법[12] 목록을 얻으려는 시도가 이어졌다. 어떤 목록은 20~30개의 방법을 담고 있었다. 하지만 그 선택을 주관적으로 수행하였고, 약간의 이유 때문에 저자 자신에게 중요하다고 생각되는 방법들을 목록에 포함시켰다. 〈방법〉자체에 대한 개념이 분명하게 정의되어 있지 않았다 : 첫 번째 방법이 기술 시스템에 속하고, 두 번째 방법이 발명가의 사고 과정에 속하더라고 목록을 〈나누어〉배치하고, 다른 것 옆에 〈유사한 것〉을 배치한다.

아리즈에 사용된 방법들은 원래의 기술 시스템(장치) 또는 원래의 기술 공정(방법)을 변형하기 위한 연산자들이다. 그렇게 할 때 변형뿐만 아니라, 동시대의 발명과제의 해

12) 여기서 방법은 발명원리를 의미한다. IFR, STC 연산자 등 트리즈의 다른 방법들도 있다.

결책에 있는 기술적 모순을 제거하기 위해 충분히 강력한 것들이 있다. 그러한 방법들은 높은 수준의 해결책(3수준 이상)과 연관되어 있는(이것은 매우 중요하다) 매우 많은 특허 정보의 분석에 의해서만 얻을 수 있다.

그러한 방법 목록을 만드는 작업은 거슬러 올라가 발명문제 해결 이론의 확립 초기 단계에서 시작되었다. 연구된 발명가 인증서의 수는 계속해서 증가하였다. 아리즈-71에 포함된 목록은 이미 40개의 방법을 포함하였다. 그것들을 밝혀내기 위해 수십만 개의 특허 정보를 검토하여, 4만 개 이상의 강력한 해결책을 추출해야 했고, 그 다음 세심한 분석을 실시하였다.

이러한 방법에 익숙해지기 위해서 주의를 기울여야 한다 : 그들 대부분은 하위 방법들을 포함하고 있고, 이 하위 방법은 앞에서 말한 방법들을 밝혀주는 방식으로 종종 사슬로 형성되어 있다.

당신은 일부 방법들의 〈진지하지 못한〉이름 때문에 혐오감을 가질 필요는 없다. 물론 〈포개진 인형의 원리〉대신에 〈집중 통합의 원리〉라 말할 수 있다. 핵심은 같지만, 〈포개진 인형의 원리〉를 즉시 기억할 수 있다. 한 가지 더 고려할 사항이 있다 : 분명하고 간결하게 하기 위해서 방법들을 간단한 사례로 설명하지만, 방법들이 간단한 발명에만 적합하다고 그것이 의미하지는 않는다.

5.2 기술적 모순을 제거하는 40가지 발명원리

기술적 모순을 제거하기 위한 40가지 기본적인 방법을 검토해 보자.

1. 분할의 원리
2. 추출의 원리
3. 국부적 성질의 원리
4. 비대칭의 원리
5. 통합의 원리
6. 다용도의 원리
7. 포개기의 원리[13)]
8. 평형추의 원리
9. 사전 반대 조치의 원리
10. 사전 조치의 원리
11. 사전 예방의 원리
12. 높이 맞추기의 원리
13. "반대로 하기"의 원리
14. 구형화의 원리
15. 역동성의 원리
16. 초과/과부족의 원리
17. 차원 바꾸기의 원리

13) 마트료쉬카(Matrioshka)는 러시아의 유명한 인형세트로서, 인형 속에 작은 인형이 들어 있고 다시 그 속에 더 작은 인형이 들어 있다.

18. 기계적 진동의 원리
19. 주기적인 작용의 원리
20. 지속적인 유용한 작용의 원리
21. 고속 처리의 원리
22. "해로움을 이로움으로 전환하는" 원리
23. 피드백의 원리
24. 매개체 활용의 원리
25. 셀프 서비스의 원리
26. 복제의 원리
27. 값싼 일회용품의 원리
28. 기계시스템으로 대체의 원리
29. 공기/수압 사용의 원리
30. 얇은 막의 원리
31. 다공성재료의 원리
32. 색깔 변경의 원리
33. 동질성의 원리
34. 폐기 및 재생의 원리
35. 속성변화의 원리
36. 상전이의 원리
37. 열팽창의 원리
38. 산화가속의 원리[14)]
39. 불활성 환경의 사용
40. 복합 재료의 원리

14) 공기의 산화 특성을 더욱 강화할 수 있다 : 오존, 활성산소(singlet oxygen) 등으로

강화 1. 반대쌍의 발명원리

1 분할의 원리 ⇔ 5 통합의 원리
3 국부적 성질의 원리 ⇔ 33 동질성의 원리
17 차원 바꾸기의 원리 ⇔ 30 얇은 막의 원리
4 비대칭의 원리 ⇔ 14 구형화의 원리

강화 2. 복합의 발명원리

10 사전 조치의 원리 + 16 초과/과부족의 원리

강화 3. 기본발명원리 + 쌍의 원리 + 장의 조합

28 기계시스템으로 대체의 원리 + 10 사전 조치의 원리 + 16 초과/과부족의 원리(사례, 나무껍질 분리)

강화 4. 거시에서 미시 수준으로 분해와 결합

(철 ⇒ 분자 ⇒ 원자 ⇒ 이온 ⇒ 양성자, 중성자)

강화 5. 물리효과와 현상을 활용

(미시수준에서 복합 발명원리, STC 연산자, 멀티스크린 방법)

5.3 발명원리를 사용하는 방법

도구의 선택과 같이 발명원리의 선택은 시스템을 구성하며, 그 가치는 도구 전체의 산술적 합계보다 크다. 하지만 어떤 경우에는 각 방법이 스스로 훌륭한 결과를 준다. 이런 관점에서 스베르드로브스크(Sverdlovsk) 출신의 기술 과학자 후보인 발명가 쉬체르바코프(V.E. Shcherbakov)는 흥미로운 연구를 수행하였다. 기술에 있어서 벤추리 관(가속 와셔, Venturi 브러시, 난류 와셔)이라고 불리는 자주 사용되는 열-질량 교환 장치가 있다. 이것은 그 중앙이 수축된 단순한 파이프이다. 수축 위치에서 그곳으로 통과하는 기체의 속도가 증가하면, 기체가 파이프에 유입된 액체를 나누고, 입자를 섞는다. 본질적으로 이것은 단순한 분쇄기이다. 하지만 이 분쇄기는 부피가 작은 물질을 처리한다. 때때로 벤추리 관이 시간당 수만 입방미터의 기체를 처리해야 한다. 처리량이 증가함에 따라 장치의 크기가 받아들일 수 없이 커진다. 이름 자체에서 알 수 있는 바와 같이 이 장치는 길이 방향으로 늘어진 모양을 하고 있다. 그래서 이것은 선형 구조를 갖는 물체라 할 수 있다.

발명원리 17에 따르면 이러한 물체는 〈선-평면-입체〉방향으로 발전해야 한다. 이것을 기초로 하여 쉬체르바코프는 여러 개의 작고 강력한 평면과 입체 구조를 갖는 열-질량 교환 장치를 만들었다(발명가 인증서 번호 486,645와 몇 개의 발명).

훌륭한 발명 지식은 분명히 발명가의 창의적 잠재력을 향상시킨다. 그런 까닭에 불가리아에서는 아리즈-71을 구성하고 있는 방법 목록이 별도의 책으로 출판되었다. 각 방법을 많은 예를 들어 설명하고 있으며, 이것이 발명가에게 발명원리의 가능성을 더 잘 느끼게 해주고 있다.

동시에 발명원리의 설명과 함께 전형적인 기술적 모순을 제거하기 위해 발명원리 활용표(모순행렬표)가 만들어 졌고, 점차 개선되었다[13]. 표에는 바꿀(개선, 증가, 감소) 필요가 있는 파라미터와 만약 이미 알려진 통상의 방법을 사용한다면 받아들일 수 없는, 즉 악화되는 파라미터가 쓰여 있다. 모순행렬표의 가로 세로 교차점 박스에 발명원리를 나타낸다. 모순행렬표의 가장 최신 버전은 39개 가로줄과 39개의 세로줄로 되어 있다. 모든 박스가 다 채워지지 않았지만, 이 표는 1,200 종류 이상의 기술적 모순을 해결하는 발명원리를 제시한다.

모순행렬표를 만들 때, 주어진 모순 형태를 가장 잘 제거할 수 있는, 그리고 그 발명원리를 보다 오래 사용할 수 있는 가장 앞선 기술 분야를 사용해야 한다. 그래서 〈무게-지속적인 작용〉, 〈무게-속도〉, 〈무게-안정성〉, 〈무게-신뢰성〉과 같은 다양한 모순에 대해서 가장 적절한 방법은 우주 항공 기술 분야의 발명에서 찾아야 한다. 정확도의 향상과 관련된 모순의 해결은 물리학 실험장치 분야에서 사용한 발명원리가 가장 효과적일 것이다.

선도 기술 분야의 방법이 적용된 표는 통상의 발명문제에 대해서 보다 강력한 해결책을 찾는데 효과적이다. 또한 이 표가 이제 막 선도 분야에서 제기된 문제에 적합하기 위해서는 가장 최근의 발명 방법들로 표를 계속해서 갱신해야 한다. 이러한 방법들은 성공적인 발명만이 아니라, 실용성이나 현실성이 없어서 거절된 특허에서 자주 마주친다. 그래서 표는 여러 세대 발명가의 축적된 발명의 경험을 반영한다.

예를 들어 문제 28번에서 원뿔체 측정의 정확성은 분명하게 측정의 복잡성과 대립된다. 당신이 만약 어떤 방법을 사용한다면 수많은 모형으로 작업해야 하고, 매우 주의 깊게 측정을 해야 한다. 행렬표에 의해서(28번 세로줄과 37번 가로줄의 교차점), 발명원리 26, 24, 32, 28을 얻을 수 있다. 그러나 첫 번째 발명원리(26)는 알려진 방법에 대한 급격한 변화를 제안한다. 모형은 필요 없다. 원뿔 자체의 측정이 아니라, 그 복제품, 그림, 사진을 측정할 수 있다.

그러나 행렬표가 〈원래〉문제의 해결책을 미리 정해두었다는 의미는 결코 아니라는 사실을 강조해야 한다. 이 표는 아리즈의 한 부분이고, 다른 아리즈 메커니즘과 연계해서 사용해야 한다. 아리즈-77에서 이 표의 사용은 4.4단계이다; 처음에 문제를 꼼꼼하게 분석해야 한다.

문제 28을 살펴보자. 두개의 물질, 속이 빈 원뿔체와 모형이 주어져 있다. 규칙 4에 따라서 문제의 모델이 단일 쌍을 포함하고, 상호작용이 없다. 디스크 연마(문제 24)가 클래스 4에 해당하는 것처럼 이 과제는 클래스 4에 해당한다. 그 해결책 또한 어느 점까지는 유사하다. 디스크 과제에서는 고체 성분의 물체를 의사 액체(흐르는 분말)로 바꿔었다; 모형 역시 의사 액체나 단순한 액체로 만들 수 있다(원심력이 없다면 입자를 어떻게 함께 붙들어 맬 것인지를 생각할 필요가 없다). 그러나 디스크 문제는 개선의 문제인 반면, 모형 문제는 측정, 검출(모형과 원뿔체의 간격)의 문제이기 때문에 여기서 유사성은 끝났다. 이제, 액체 모형이라는 아이디어를 분석 결과로 얻었고, 이 액체는 쉽게 연마할 수 있지만, 측정이 불가능하다면 표가 제시하는 발명원리 26이 정확한 의미를 얻는다 : 액체 모형을 꺼내, 표준 사진을 액체 사진들과 비교해야 한다. 원뿔체를 욕조에 넣어, 물을 어떤 수위까지 붓고, 이 수위 위쪽에 나타난 수위를 카메라로 사진을 찍는다. 그러고 나서 물을 다음 수위까지 붓고, 계속해서 같은 감광판 위에 사진을 찍는다. 결과적으로 표준 사진의 원과 쉽게 비교할 수 있는 여러 동심원이 감광판에 생긴다(특허 번호 180, 829).

5.4 학습문제 : 문제 42~45

발명원리는 도구와 같다. 그들은 스스로 작동하지 않는다. 그것들을 사용하는 훈련을 받아야 하고, 수십 개의 문제를 풀어봐야 한다. 먼저 다음 문제들을 풀어보아라.

하나의 의문점이 생긴다. 뫼비우스 띠는 사용하는 표면의 길이를 두 배로 증가시킨다. 하지만 누군가가 삼각형 연마 벨트를 고리로 연결하기 전에 한쪽 끝을 120도 돌린다면, 작업 표면이 두 배로 증가한다(틀림없이 좀 더 정밀해졌다). 다른 사람은 다면 벨트를 꼬면, 다섯 또는 열 배까지 표면을 늘일 수 있다. 하지만 이런 발명은 PCN 324,137로 특허가 되어 있다. 이런 특허들과 관련해서 나타날 수 있는 발명들을 예측해 보아라.

문제 42

기체상 석유 제품을 파이프라인으로 이송하면 파이프라인 내부에 딱딱한 파라핀 퇴적물이 생긴다. 장치를 세우고, 용매로 그 파라핀을 제거해야 한다. 기체상 석유 제품을 미리 용매 증기로 포화시키는 방법이 제안되었다(PCN 412,230). 이 발명에서는 어떤 발명원리가 사용되었는가?

문제 43

지면 위에 솟아있는 회전 파이프로 물을 뿌려, 비를 만드는 기계가 있다. 파이프가 길어질수록 이러한 기계가 적실 수 있는 면적이 넓어진다. 하지만 파이프 길이 증가와 함께 그 무게 역시 증가해서 결과적으로 기계의 구조가 복잡해지고, 에너지 소비가 증가한다. 이 기술적 모순을 제거하기 위해서 어떤 방법을 써야 하는가?

문제 44

수많은 예제에서 보는바와 같이 공기쿠션의 사용은 깨지기 쉬운 물체를 다른 것과 일시적으로 압착할 필요가 있는 문제의 해결에 공리가 되었다. 하지만 <에어 백> 대신에 그와 반대인 <진공 백>을 취한다면 어떨까? 그것은 어떻게 생겼을 까?

< 진공 백>에 대한 발명 용도를 찾아보아라.

문제 45

많은 기계 장치에서 회전 벨트는 연속 고리 형태로 되어있다. 예를 들어 이러한 벨트의 외부 표면을 연마성분으로 코팅하면, 연마용 벨트를 얻을 수 있다. PCN 236,278에서 연마용 벨트를 잘라서 한쪽 끝을 180도 돌린 다음 재결합하여 뫼비우스 띠를 만들라는 제안이 있었다. 이 벨트의 양쪽 표면이 이제 연마 면이다.

그 길이는 동일하지만, 마치 길이가 두 배인 것 같다. 다른 발명가들이 테이프 녹음기(PCN 321,266), 벨트 필터(PCN 321,266), 음극 기계 절단기용 벨트 선반 (PCN 464,429, 9명의 발명가), 컨베이어 벨트(PCN 526,395), 그리고 수십 종류의 다른 벨트에서 정확히 같은 원리를 사용하였다. 여기서는 어떤 발명원리가 사용되었는가?

6

<발명의 시나리오> 강력한 발명으로

6.1 발명원리를 더 강하게

6.2 발명원리는 시스템을 형성한다.

6.3 발명원리들의 〈거시〉와 〈미시〉 수준

6.4 물리학 - 강력한 발명의 열쇠

6.5 학습문제 : 문제 50~55

6.1 발명원리를 더 강하게

발명원리와 그것을 응용한 모순행렬표는 아마도 아리즈에서 가장 간단한 것이다. 이 방법[15]의 응용은 분석에 필요한 사고 훈련이 필요하지 않고(물질-장과 아리즈의 각 단계에서처럼), 물리 지식을 필요로 하지 않다. 모순행렬표는 자동적인 접근을 제안한다.: 누구든 생각할 필요 없이 모순을 정의하기만 하면, 거의 준비된 답을 얻는다. 제시된 작은 표와 짧은 발명원리 목록 뒷면에서 낙관주의자들은 훨씬 큰 표와 긴 발명 원리 목록을 찾아낸다. 그래서 한편으로 이 발명원리의 응용은 컴퓨터로 대체될 수도 있다.

아리즈-71이 발표된 이후 발명원리의 약점을 개선하기 위해 많은 제안이 있었다. 예를 들어 브론코프(V.D. Voronkov)는 경영과 조직에 대한 일반적인 문제의 해결을 목적으로 발명원리의 재작업을 제안하였다[21]. 쿠킨(L. C. Gutkin)은 특별한 방법으로 목록을 보충하였다[22]. 폴로빈킨(A. I. Polovinkin)은 몇 개의 하위 발명원리로 발명원리를 나누었다[23]. 최고 수준의 발명으로 이런 종류의 시도들이 있었지만, 불행하게도 단지 임의의 원리에 기초를 두었다. 발명원리의 결점을 개선하기 위한 한 가지 방법은 가장 높은 수준의 발명들과 관련된 많은 특허 정보의 분석이다. 이 일은 노동 집약적이다. 하지만 이러한 작업이 어려운 문제의 해결책을 보장하려면 결과적으로 〈큰 표와 긴 목록〉을 얻기 위해서는 수십만 개의 발명을 분석하는 것이 바람직하다. 그러나 이 일은 무척 복잡하다.

아리즈-68은 35개의 발명원리를 포함하였지만, 이것을 얻기 위해서 25,000개의 특허와 저작권을 분석하였다. 아리즈-71을 준비할 때 추가로 15,000개의 특허를 분석하였고, 단지 15개의 새로운 발명원리를 발명원리 목록에 추가하였다. 기계적으로 분석을 계속하고 〈남은 것을 긁어모으기〉 이미 발표한 40가지 발명원리의 성질을 체계적으로 관찰하여야 한다. 그것 중 어느 것이 강점이 있고, 어느 것이 약점이 있는가? 왜 일부 발명원리가 다른 발명원리보다 강점이 있는가? 강력한 새로운 발명원리를 얻기 위해 의미 있는 탐색을 수행하는 방법은 없는가?

15) 여기서 방법은 발명원리를 의미한다.

보통 연구자들은 발명원리의 힘을 그 적용의 빈도수로 구별한다. 사실 이것은 다른 개념이 있다. 각각의 발명원리의 효과를 평가할 때 두 가지 인자를 고려해야 한다. 이러한 연구는 키테바(D. M. Khiteeva)가 처음으로 수행하였다. 그녀는 많은 특허 정보를 취하여, 먼저 1수준의 발명을 제거하였다. 그리고 남아있는 발명을 40종류(발명원리 수에 따라)로 나누고, 각 종류를 세 그룹(2, 3, 4 수준)으로 쪼갰다. 그러고 나서 각 종류(즉 각 원리에 대해서)에 대해서 다음 공식에 따라 효율 계수 K를 계산하였다.

$$K = \frac{a + Lb + Mc}{a + b + c}$$

여기서 a는 첫 번째 그룹(2수준)과 관련된 발명의 수, b는 두 번째 그룹(3수준)의 발명의 수, c는 세 번째 그룹(4~5 수준)의 발명의 수, L과 M은 두 번째와 세 번째 그룹의 발명과 첫 번째 그룹의 발명 사이에 질적인 차이를 나타내는 계수이다.

만약 서로 차이가 없는 작은 L과 M값(예를 들어 3과 5)을 취한다면, 그때는 K는 기본적으로 발명원리의 사용 빈도수라 할 수 있다. 만약 L과 M값이 크고, 서로의 차이가 크다면(예를 들어 10, 100), 계산된 효율은 실제적으로 세 번째 그룹의 발명 수에만 의존할 것이다. 그러므로 키테바는 L=5, M=25를 취했다. 이 경우에 효율 K는 1에서 25 사이의 값을 가진다. 만약 모든 발명이 단지 첫 번째 그룹의 발명원리만을 담고 있다면 K=1이다. 모든 발명이 세 번째 그룹에 속한 발명원리를 담고 있다면 K=25 이다.

K의 값을 계산하면 그 값은 매우 다양하게 나타난다. 예를 들어 발명원리 3, 국부적 성질의 원리의 K 값은 3.9이고, 발명원리 34, 폐기와 재생의 원리는 21.3이다.

키테바는 강하고 약한 발명원리를 나란히 배치함으로써 흥미로운 결론을 얻었다. 약한 원리는 옛날 것이고 객체의 전문화 방향인 반면, 강한 원리는 상당히 새로운 것이고 객체를 이상 기계나 이상 물질로 가까이 가져가는 방향임이 밝혀졌다. 강력한 원리에서는 원리상 새로운(반대) 접근(원리 13, 22)을 시도하였고, 물리효과(원리 28, 36)를 사용하였으며, 그 변화는 오래된 약한 원리보다 더 세신하고'영리'(원리 16)하었나. 예를 들어 원리 19(주기적인 작용으로 전환)와 20(지속적인 작용으로 전환)을 살펴보자.

일견 이 원리는 관련이 있다. 하지만 원리 20(유익한 작용의 지속)의 효율 계수가 원리 19(주기적 작동의 원리)보다 50% 더 크다고 밝혀졌다. 왜 그럴까? 작용의 지속성은 이상적 접근에 다가가고 있고, 주기적 작용은 그것과는 반대이다. 임펄스 방식으로의 전환이 정지 중에 시간의 손실을 보상하는 어떤 새로운 효과를 주는, 특별한 경우만이 주기적 작용의 원리를 정당화한다.

원리 9(사전 반대 조치)는 원리 10(사전 조치)보다 강력한 것으로 밝혀졌다. 실제로 원리 9는 두 가지 작용을 포함하고 있다: 미리 무언가를 하라(원리 10)와 반대로 하라(원리 13). 자연히 〈이중〉 원리가 보다 급진적인 객체의 변환을 이끌며, 그러므로 한 가지 원리보다 더 강력하다.

강력한 원리는 :

- 객체에 급진적 변화를 주고
- 객체를 이상 기계에 좀 더 가까이 가져가는 방향이며
- 여러 작용이 합성되어 있다.

이러한 모든 요구 사항은 발명원리 28의 하위 원리에서 동시에 나타난다. : 강자성 분말과 자기장의 사용(즉 기계장을 전자기장으로 대체하기). 전자기장을 사용한 발명의 효율 계수를 계산하면 흥미롭게 그 값은 23.7로 매우 높은 값을 보인다.

6.2 발명원리는 시스템을 형성한다.

지구가 화학원소와 그들의 동위원소만으로 구성되어 있다고 상상해보자. 아마도 지구는 수백 개의 단순한 물질만으로 구성되어 있을 것이다. 실제 세계는 무수히 많은 물질로 구성되어 있고, 더욱 정확하게 많은 분류의 훨씬 복잡한 물질로 되어 있다. 그 풍부성은 화학원소들이 결합하여, 복잡한 물질을 구성한다는 사실 때문에 발생한다.

발명원리도 이와 마찬가지이다. 화학원소와 같이 발명원리는 단순한 형태로 거의 나타나지 않는다. 예를 들어 발명원리 1의 사례를 검토해 보자. 배가 부분으로 나뉘어져 있다. 이것이 분리의 원리인가? 하지만 분명히 누군가는 이것을 원리 5, 통합의 원리라 생각할 수 있다. 부분들이 배의 선체로 연결되어 있다. 사실 두개의 원리가 여기서 사용되어 있다: 먼저 선체가 부분으로 나뉘어져 있고(분리), 이러한 부분은 하나의 구조로 통합되었다(하나로 연결). 두 가지 방법(직접과 반대)의 일반적인 적용으로 효과가 분명해졌다.

프릭쉬테인(I. M. Flikshteyn)이 보여준 바와 같이, 모든 원리는 원리. 반대 원리의 쌍으로 구성할 수 있다. 40가지 원리 중 어떤 것은 정확하게 그러한 쌍의 원리이지만(물체의 폐기와 재생 쌍), 다른 것은 쌍을 완성시키기 위해서 재조립되어야 한다. 국부적 성질(즉 비 균일성)의 원리와 동질성의 원리는 쌍으로 재조립할 수 있다. 그리고 차원 바꾸기와 같은 〈한쪽만 있는〉원리조차도 쌍을 구성하기에 적절한 반대 원리(얇은 필름의 사용, 즉 입체에서 평면으로 전환)를 갖고 있다.

이미 자주 보아온 물리적 모순은 두 가지 요구 사항을 반영한다. : 물체는 한 특성을 가져야 하고, 그 반대특성을 가져야 한다. 예를 들어 이것은 전도체이면서 절연체이어야 한다. 두 개의 자물쇠는 두 개의 열쇠와 일치해야 한다. : 그들의 구조로 인해 두 개의 원리는 한 개의 원리보다 모순 제거에 더욱 잘 맞는다.

화학과 유사성을 생각해 보면, 한 쌍의 원리는 단순한 분자 O2, N2, H2라 할 수 있다. 더욱 폭넓게 보면 한 쌍의 원리는 다른 분자를 형성하는 조합이다. 같은 규칙이 발명원리에 적용된다. 발명이 보다 강할수록 그 발명에 활용된 원리의 조합이 열쇠의 구조는 보다 복잡하다. 문제 9(필터)를 살펴보자. 다층 금속성 재료로 구성된 필터가 있다. 물질을 작은 입자로 분할하고(원리 1), 그 입자들을 하나의 몸체로 결합하였으며(원리 5), 물질이 다공 구조(원리 31)를 갖고, 전자기장 효과(원리 28)로 입자의 크기를 바꿀 수 있다(원리 15). 여기서 발명원리의 전체 시스템을 갖고 있다: 이 문제에 대해서 해결은 불가능한 원리들 중 어느 하나를 제거해도 충분하다. 해결책을 위해서는 어떤 특정 발명원리의 조합이 필요하기 때문에 문제가 정확히 어렵다(화학에서 H2SO3과 H2SO4가 다른 특성을 가지며, 다른 반응을 하는 것처럼).

발명원리 적용표(모순행렬표)가 개별 발명원리만을 제시한다고 비난할지 모른다. 그래서 발명원리의 특성을 고려해야 한다. 표가 발명원리 1, 분할의 원리를 사용할 필요가 있다고 제안한다 해보자. 즉시 누군가는 수정을 제시할 수 있다. : 먼저 분할한 다음, 이러한 분할된 부분을 함께 모아서 분할된 부분과 그밖에 어떤 것을 통합한다.

화학 산업에는 특별히 중요한 물질이 있다. : 몇 종류 산과 알칼리, 그리고 그 염. 그래서 화학과 유사성을 찾는다면, 발명 역시 그렇게 중요한 역할을 하는 발명원리 조합이 있는지 의문을 가질 수 있다. 그렇다. 예를 들어 S-장과 F-장이 있다. 앞의 사례에서 자주 본 것처럼 물질을 완전한 물질-장으로 전환은 항상 발명원리 그룹의 일반적인 활용을 포함한다.

한 가지 더 중요한 복합 발명원리 그룹이 있다. : 사전 조치의 원리(발명원리 10)와 과부족 조치의 원리(발명원리 16)의 조합. 문제 41의 해결책은 분명 사전 조치의 원리를 보여준다. 알코올을 탱커 안에 넣기 전에 이미 탱커에서 도둑맞았다. 그러나 사실 탱커에 알코올이 전혀 없기 때문에 이것을 하기는 불가능하다. 그래서 추가적으로 발명원리 16이 필요하다. 전체 작용이 아니라 작용의 일부만을 미리 수행했다. 운전사는 탱커 안에 미리 양동이를 걸어 두었고, 탱커에 알코올을 넣을 때 양동이가 알코올로 채워진다. 나무 조각으로부터 나무껍질 조각을 쉽게 분리하기 위해 자석 분말 성분으로 나무껍질을 처리하는 경우(문제 3), 원리 28과 조합하여 원리 10과 16이 사용되었다.

껍질은 나중에 그것에 수행될 작용에 대한 수용성을 미리 얻었다. 말하자면 원리 10과 16의 조합에는 수용성의 원리라는 별명이 붙여졌다. 문제 5에서 수용성은 발광 추적자를 사전에 도입함으로써 보장된다. 문제 8에서는 빠르게 녹는 피복재의 활용으로 이 수용성이 보장된다. 이것을 정형화하면 다음과 같다: 장의 작용과 나중에 쉽게 반응할 수 있는 물질을 도입한다.

문제 46

장치의 금속성 본체에서 공이 안쪽에 압착되어 있는 열린 구멍이 있다. 어떤 시간 이후에 공을 빼낼 필요가 있지만, 공이 단단히 끼어있기 때문에 빼내기가 어렵다. 조각으로 구성하는 것은 허락되지 않는다. 무엇을 해야 하나?

공을 빼내기가 어렵다. 즉 공을 빼내려 하지만 수용성이 없다. 공을 안으로 압착하여 넣기 전에 열린 구멍에 어느 물질을 도입함으로써 공을 빼낼 필요가 있을 때 장의 작용 하에서 도입 물질이 압착 효과를 수행해야 한다. "부품을 서로 연결하는 수단으로, 한 부품이 다른 부품에 의해 깊은 곳에 압착되어 있다. 압력으로 부품(예를 들어 내압 표시 공)을 교체할 수 있도록 깊은 곳에 부품을 넣기 전에 약간의 물을 넣는다. 그래서 부품을 빼내고자 할 때, 물을 증발할 때까지 가열하면, 그 증기압으로 공이 빠져 나온다(PCN 475,247)."

이러한 발명원리와 그들의 조합은 다층 시스템을 구성한다. 첫 번째 수준으로 기본적인 발명원리가 있다(분할, 결합, 국부적 성질, 비대칭 등). 기본적인 발명원리 목록을 개선한다는 생각은 이러한 발명원리가 약하다는 사실을 별개로 하더라도 미래가 없다. 두 번째로 보다 강력한 발명원리 쌍이 있다(발명원리-반대 발명원리의 쌍). 세 번째 수준으로 기본 원리와 쌍의 원리의 조합, 즉 〈수용성〉, S-장, F-장의 조합을 포함하는 복합 발명원리들이 있다.

첫 번째 수준의 발명원리는 기술 발전의 방향을 안내해 주지 못한다. 예를 들어 비대칭을 증가시키는 것이 기술 발전의 방향인가? 아마도 반대로 하는 것, 즉 대칭을 증가시키는 것(구형화의 원리)이 기술 발전 방향이다. 때론 이것이 좋고, 때론 다른 것이 더 좋다. 보다 분명하게 무엇을 말하기가 불가능하다. 세 번째 수준에서 분명한 경향이 드러난다. : 일련의 발명원리가 복잡해질수록, 기술 시스템의 발전 방향은 더욱 분명해진다. 수용성 정도의 증가, 비 S.장에서 S.장 시스템으로 전이, S.장에서 F-장으로 전이, 이러한 것들이 기술 시스템의 발전 경향이고, 중요한 것들이다.

건방진 의문이 생긴다. 한 단계 더 위로 올라간다면 어떨까? 거기에는 복잡할 뿐 아니라 항상 강력한 해결책을 주는 발명원리가 있어야 한다. 네 번째 단계의 발명원리 조합은 예를 들어 F.장의 구성을 포함할 수 있다. 왜 다른 효과적인 발명원리 조합을 찾지 않겠는가? 실제적으로 유사한 발명원리 조합이 있다 : 그것들은 강력할 뿐 아니라 우아하기 까지 하다 : 각각은 특별한 문제 부류에 대해서만 적절하다. 첫 번째 수준은 그러한 전문성이 없고, 훨씬 약하다.

다시 네 번째 수준에 존재하는 문제의 복잡성으로 살펴보자. 자, 기본적인 발명원리들을 계속해서 검토할 것이다 : 여기에 몇 가지 놀라운 원리가 기다리고 있다.

6.3 발명원리들의 <거시>와 <미시>수준

두 개의 발명을 비교해 보자.

- 발명가 인증서 번호 259,949:"단순화된 신호등 구성물 : 기둥, 머리 부분, 그리고 기초 부분으로 구성되어 있다. 빠르게 설치하고, 기초 부분을 바꾸지 않고서 전등을 떼어내기 위해서 기둥을 경첩으로 서로 연결된 구성요소로 만들었다."
- 발명가 인증서 번호 282,342:"에너지 설비의 이중 회수 장치가 어떤 화학 반응 물질을 사용한다. 이 물질은 열을 흡수함에 따라 가열되어 녹으면서 그 분자량이 줄어든. 이 물질은 반대로 냉각되면 원래의 상태로 재결합된다."

이 두 가지 발명에서 분할의 원리가 사용되었다. 더욱 정확하게 이것은 〈분할-통합〉의 발명원리 쌍이다(발명가 인증서 번호 282,342에서 이것을 더욱 분명히 알 수 있다). 원리는 같지만, 발명의 수준은 다르다 : 해체-재조립이 가능한 신호등 기둥은 1수준의 발명이다. 한편 에너지 회수장치에서 분자의 해체-재조립을 적용하는 것은 최소한 4수준의 발명이다.

추가로 두 개의 발명을 살펴보자.

- 발명가 인증서 번호 152,842:"열 드릴로 구멍을 뚫는 방법: 경사진 축에서 드릴 공정을 중지하지 않고 수행하기 위해서 임펄스 버너를 경첩으로 콘에 연결하였다."
- 발명가 인증서 번호 247,159: 인공 전향(轉向) 장치의 도움으로 축 드릴 작업의 방향 을 잡는 방법 ; 축의 곡면 입사각을 조절하기 위해서 금속성 고분자 전향 장치가 사용되며, 그 온도가 바뀐다."

두 개의 발명은 같은 기술 시스템과 관련이 있고, 그 목적이 같은 효과를 얻는 것이다: 고정된 구조물이 유연성을 필요로 하고, 곡면 변화의 제어가 필요하다. 첫 번째의 경우에 발명원리 15가 사용되었다(역동성의 원리). : 고정된 구성물을 조각으로 나누고, 경첩으로 연결하였다. 두 번째의 경우에 발명원리 37(열팽창)이 사용되었고, 같은 동적 프로세스지만, 단지 철로 된 경첩 대신에 금속 격자가 늘어나고 줄어듦으로써 유연성이 보장된다(말하자면 이것은 S-장으로의 전형적인 전환이다). : 하나의 물질 대신에 열팽창 계수가 다른 두 물질을 사용하였으며, 동시에 제어가 열장의 도움으로 실현되었다). 이것은 첫 번째 발명 쌍과 정확히 같은 것이다: 같은 발명원리(분할의 원리)가 거시수준(신호등의 분해-조립)과 미시수준(분자의 분해-조립)으로 사용되었다.

각각의 발명원리가 거시와 미시수준에 적용될 수 있다. 한쪽 예에서는 〈철〉이 사용되고, 다른 쪽에서는 분자, 원자, 이온, 기본 입자가 사용되었다. 어떤 발명이든 원형(전에 있었던 것)이 있고, 그러므로 4종류의 작용을 상상으로 생각할 수 있다.

(1) 거시 사물에서 거시 사물로(잠정적으로 이것을 M-M 프로세스라고 부르자); 예를 들어 부분으로 분할된 신호등 기둥).

(2) 거시 사물에서 미시 사물로(M-m); 예를 들어 발명가 인증서 번호 465,502의 발명 : "축과 여기에 고정된 브레이크 링으로 구성된 브레이크 장치가 구동 에너지원에 연결되어 있다. 브레이크 링을 압전 세라믹으로 만들고, 에너지원으로써 고주파 발생기를 사용한다. 여기서 압전 세라믹의 특성을 활용

한다." 통상의 브레이크 시스템(예를 들어 차에서처럼)은 받침대, 레버, 스프링, 막대 등의 도움으로 거시수준에서 작동한다. 이 발명의 본질은 미시수준으로 전이이다: 브레이크 링이 세라믹 결정격자의 특성 변화에 의해서 늘어난다.

(3) 미시 사물에서 미시 사물로(m-m); 예를 들어 보통의 분자 대신에 〈분해-결합〉 분자.

(4) 미시에서 거시 사물로(m-M); 이러한 발명은 없다. : m-M으로의 전환은 기술 진화의 경향과 모순이고, 기술 시스템의 〈원시화〉를 요구한다.

만약 첫 번째 전환 방식으로 얻은 발명 수준들을 비교한다면, 다음 상황을 얻을 수 있다: M-M 전환은 3수준 보다 높은 발명을 거의 얻지 못한다. 일반적으로 M-m 전환은 4수준과 5수준 발명에 이르게 한다. 만약 변화가 단일 하위수준 경계 안에서 일어난다면(분자는 전체적으로 분자로 남는다), 보통 m-m 전환은 3수준보다 낮은 발명을 낳는다. 만약 하위수준의 대체가 일어난다면(분자가 영구적으로 또는 일시적으로 보다 작은 〈단위〉 또는 〈장〉으로 바뀐다) 3수준보다 높은 발명을 낳는다.

역사적으로 볼 때 기술 시스템은 3단계로 발전하였다. 처음에 〈새로 태어난〉기술 시스템은 M-M 형의 발명을 흡수한다. 진화는 천천히 특별한 동요 없이 진행한다. 돛배(돛-바람 시스템)에서 돛이 차츰 개선된다. 이때 기술 혁명이 일어났다: M-m 형의 전환. 항상 이것은 새로운 기술 시스템의 출현으로 나타난다. 하지만 사실 시스템은 거시에서 미시수준으로 이동하였다. 돛은 증기기관의 피스톤 또는 증기 터빈의 노트로 대체되었다 : 증기는 이러한 〈돛〉에 압력을 가했고, 증기 분자가 인공적으로 열장에 의해서 작동되었다. 다음에는 m-m 형의 변환 사슬이 나왔다. 증기기관이 내연기관으로 대체되었다: 같은 〈피스톤-돛〉 배였지만, 〈바람〉에 의한 분자의 추진력은 다른 방식으로 수행되었다. 하지만 발명가 인증서 번호 247,064에서 〈철〉이 마침내 이온으로 추진되는 전자기장으로 대체되었다: 해상 제트 엔진의 형태로 전해질을 펌핑하는 전자기 펌프의 사용. 결과적으로 이제 장만을 사용하는 새로운 기술혁명은 피할 수 없다.

지금까지 기존 문제에 대한 해결책을 검토하였다. 하지만 독자는 아마 질문할지 모른다. "하지만 어떻게 새로운 문제를 제시할 수 있는가?" 과적으로 이것이 가장 어려운 일이고, 문제를 정확하게 제시하는 것만으로도 문제를 절반은 해결하거나 같다고 사람들이 말하는 것은 당연하다. 해결책에 대한 강력한 발명 원리들은 기술 시스템의 진화 경향을 정확히 반영하기 때문에 강력하다는 것을 이미 살펴보았다. 그러므로 발명원리는 또한 발명의 주제를 예측하기 위해서 사 용될 수 있다.

예를 들어 발명가 인증서 번호 489,862를 살펴보자. "방, 다공성 방벽, 진동자 그리고 왕관모양 전극으로 구성된, 고분자 분말을 공급하는 장치: 이 장치에 공급되는 코팅제의 품질을 높이기 위해서 왕관 모양의 전극이 움직일 수 있는 고리 형태, 즉 마이크로미터 스크루 형태로 만들어져 있다." 그래서 이전에는 고정되어 있던 전극이 이제는 움직일 수 있고, 그 위치를 마이크로미터 스크루로 조정할 수 있고 〈철〉을 사용했다. M-M형 전환으로. 확실하게 새로운 문제를 제시할 수 있다. : 어떻게 전극의 이동 정확성을 향상시킬 수 있는가(그리고 그 이동을 자동화 할 수 있는가)? 답은 자명하다: M-m 형의 전환이 필요하다. 즉시 특별한 방법을 제시할 수 있다.: 자기와 전기 변형, 역 압전효과 그리고 열팽창. 이러한 예측을 어떻게 믿을 수 있는가? 이러한 의문은 생길 수 있으며, 어떻게 대답할 것인가? 자, 역시 다른 기술적 시스템이 있고, 거기에도 오래 전에 조정의 정확성을 향상시킬 필요가 있었다. : 이러한 시스템에서 어떻게 문제를 해결했는지 살펴볼 수 있다.

예를 들어 발명가 인증서 번호 424,238 : 조그만 설비를 조정하기 위한 장치에서 제어 요소의 길이는 가열과 냉각으로 변경된다. ; 발명가 인증서 번호 409,117에서 전기 변형 리드선이 있는 미세 주사기; 발명가 인증서 번호 259,612 : 미세 요소를 연결하는 장치에서 리드 선을 열팽창의 결과로 그 크기가 바뀌는 필름 형태로 만들었다; 발명가 인증서 번호 275,751 : 열팽창 방식으로 래버린스 펌프[16]의 조절; 발명가 인증서 번호 410,113 : 압전 리드선이 있는 미세 조절자; 발명가 인증서 번호 518,219 : 자기변형 리드 선으로 된 액체 방출 장치(즉 매우 작은 미세 주사기). 이렇게 많은 예제가 있으므로, 주저 없이 확신을 갖고 교과서에 다음 규칙을 실을 수 있다: 마이크로 스크루는 조만간 그 조정의 정확성에 대한 보장을 못해주므로, 열팽창, 자기 변형, 전

16) 래버린스(labyrinth) 펌프 : 회전하는 축과 케이싱의 틈새에서 기체가 누설되는 것을 방지된 특수 펌프.

기변형, 역 압전효과의 사용으로 자리를 넘겨줄 것이다. 지금까지 이 규칙은 알려져 있지 않다 : 매번 누군가는 새로운 해결책을 찾고, 〈유레카〉를 외치며, 전문가와 의견을 나누고 있다고 발표한다.

6.4 물리학 - 강력한 발명의 열쇠

거시수준에서는 단순하게 결합된 발명원리가 대부분이고(자르고, 뒤집고, 결합하는 등), 미시수준에서 복합 발명원리 체계는 대부분 물리효과와 현상을 포함한다는 사실을 어렵지 않게 알 수 있다. 미시수준에서 발명원리의 세계는 물리학과 화학의 세계이다. 여기서 물리적 방법에 관한 정보, 즉 물리효과와 현상의 발명적 이용가능성을 발명가에게 제공할 필요성이 생긴다. 여기서 두 가지 문제가 생긴다. : 어떻게 이미 알고 있는 물리효과에 관한 지식이 흩어지지 않도록 할 수 있는가? 어떻게 〈전체 물리학과 화학〉에 대한 정보로써 이 지식을 확대할 수 있는가? 〈학교〉(대학이라는 말은 아니다) 물리는 매우 강력하고, 거의 우주적인 도구 집합체를 제공한다. 하지만 보통 사람들은 이러한 도구를 어떻게 사용해야 할지를 알지 못한다.

자, 문제 5번을 생각해 보자. 총이 있고, 총알이 이틀 전에 발사되었는지 아닌지를 알고 싶다. 의문의 순간이 아니라 사건이 이전에 발생했기 때문에 문제가 생겼다. 자, 시간을 제로로 줄여보자(STC 연산자로써). 옆방에서 누군가가 한발의 총알을 발사했다고 상상하라(또는 10발을, 이것은 관계가 없다). 그러고 나서 즉시(마이크로 초 이내에) 총을 씻고, 당신에게 두 개의 총을 건네주었다. 어느 총이 발사된 총인지를 결정해야 한다. 이러한 문제를 해결하는데 특별한 어려움이 없다. 방금 발사된 총은 높은 온도를 갖고 있다. 여기서 일반적인 해결책은 다음과 같다: 발사 후에 정해진 유형으로 변화하는 물리적 특성을 정해야 한다. 그러나 온도는 상온으로 너무 빨리 떨어지기 때문에 약한 인식자이다. 총알 발사는 온도의 증가뿐 아니라 총열 재료에 충격을 수반하였다.

총열은 강철로 만들어졌고, 강철은 강자성체이며, 지구의 자연 자기장은 강철을 자화하는데, 총알을 발사했을 때 총열이 자성을 잃는다.

총열이 다시 완전히 자화되기 위해서는 일정한 시간이 필요하다. 이 추리 사슬에서 매우 단순한 〈학교〉물리가 사용된다. 그러나 이것은 해결책을 찾기에 충분하다. 발사 후에 총열의 물리적 특성 변화를 시간에 따른 측정함으로써 범죄 과학수사의 탄도 전문가가 발사시기를 결정하는 방법 : 범죄 상황에서 발견된 무기로부터 총알이 발사된 시간을 결정하기 위해서 자기 장치로 총열의 자화도를 측정하고, 다른 총으로 대조 발사를 실시한다. 그러고 나서 그 총열의 자화도가 손에 넣은 무기의 총열 자화도와 같을 때까지 대조 발사된 총의 자화도를 측정한다(발명가 인증서 번호 284,303).

나는 이 문제에 대한 실험을 거의 6년 동안 실시했다. 이 문제는 변형들의 단순 한 시도 때문에 항상 빠른 해결책을 주지 못했다. 하지만 "총은 강철로 만들어져 있다"는 힌트가 주어지자마자 실험자의 30%는 즉시 이 문제를 풀었다. "총이 강철로 만들어져 있고, 그것이 강자성 물질이다."는 힌트를 주면, 실험자의 80%가 즉시 이 문제를 풀었다(대부분 일반적인 형태로 : 발사 후에 변화된 총열의 자기 특성을 확인할 필요가 있다). 즉시는 아니지만 아리즈 연구의 초기 단계에서 STC 연산자의 사용에 대한 예비교육을 받은 실험자(발명 창의성 공공 연구소에서 연구 1년차 학생)의 20%는 즉시 과제를 해결하였고, 약간의 경험이 있는 실험자(연구 2년차 학생)의 70%는 즉시 과제를 해결하였다.

물리효과는 낭연히 있는 것처럼 존재하며, 문제 역시 그렇다. 발명가의 사고 과정에서 물리를 발명가의 문제와 연결하는 믿을 만한 다리가 없다; 많은 지식이 놀고 있고, 사용되지 않는다.

〈총〉과 유사한 문제에서 문제와 물리 사이에 다리를 놓는 것은 어렵지 않다. 규칙을 정형화 해보자. 이것을 M-m 전환에 관해 말했던 결과로써 간주할 수 있다: "만약 철을 다루고 있다면(또는 철을 포함하고 있는 물질 또는 철이 도입될 수 있는 물질), 철이 나무, 물 또는 돌이 아니고 철의 각 원자는 자성 특성이 있기 때문에 매우 쉽게 제어(발견, 측정, 변경)할 수 있다는 사실을 기억하라. 20세기 말에 아직도 (하지만 매우 넓게 사용하는) 철을 (막대기와 같이 가공하지 않은) 불활성 물질로 사용하는 것은 부끄러운 일이며, 철의 뛰어난 강자성 특성을 게임에 끌어 들여야 한다."

엔지니어가 이 뛰어나게 단순한 규칙을 적용하기 시작한다면 얼마나 많은 훌륭한 발명이 나타날지는 알 수 없다. 발명가 인증서 번호 518,591을 보자: "안내 고리와 잘 알려진 몰타 십자로 구성된 몰타 (역회전 방지) 톱니바퀴 장치 ; 사용 기간을 증가시키기 위해서 안내 고리에 부드러운 영구자성 재료 영역을 심어둔다. 그리고 몰타 십자에는 이력현상이 있는 필름재료를 붙인다." 몰타 십자 (역회전방지) 톱니바퀴는 매우 오래된 장치이다. 하지만 이 장치의 재료는 항상 가공되지 않은 거시수준으로 사용되고 있었다. 장치가 강철로 되어 있다. 하지만 그것을 나무나 돌처럼 사용하고 있다…

문제 47

스프링이 주어져 있다. 이것은 특별한 종류의 강철로 만들어져서(무엇으로 만들어져 있든 문제 밖이다) 그 크기가 늘어나, 물체의 위치를 되돌려 준다. 그것에 어떤 것을 부가하지 않고(어떤 보조 스프링을 추가하지 않고) 스프링의 힘을 올리기 위한 실질적인 방법이 필요하다. 방법은 매우 단순해야 한다.

당신은 끝까지 이 문제를 읽기 전에 해결책을 눈치챘을지 모른다. 그렇다. 즉, 기준극을 한쪽에 두고, 스프링 압착 시에 부가적인 반발력이 생기는 방식으로 스프링의 감긴 선을 자화해야 한다. 이 문제를 당신의 동료들에게 제시해 봐라(문제의 규정을 축어적으로 제시해야 한다).

다른 문제를 보자.

문제 48

전기 송전선과 전기 장치(예를 들어 배전판)는 야외 변전소에 위치해 있다. 이것을 결빙으로부터 보호해야 한다. 이런 생각으로 전선과 장치 위쪽에 보호 페라이트 층을 설치하

> 라는 제안이 있었다. 변화하는 전류의 영향으로 페라이트 층이 빠르게 전선이나 장치의 옆 부분을 데워준다. 하지만 외기 온도가 변화 한다 : 어떤 때는 영도 이하이고, 어떤 때는 영도 이상이다. 보다 일반적으로 송전선의 온도는 그 위치에 따라서 많은 요인에 의존하며, 계속적으로 변화할 것이다. 무엇을 할 수 있는가? 페라이트 층을 설치하고 제거하면서 긴 송전선을 따라 뛰어다닐 수는 없다.

여기서 〈학교〉물리는 이미 충분하지 못하다. 이제 약간 더 복잡한 〈대학〉물리가 필요하다. IFS(이상적인 최종 해결책): 페라이트 층이 스스로 영도 이하에서 자화되고, 온도가 영도 이상으로 오르면 자성을 잃는다. 발명 창의성의 도구로써 물리효과는 모든 것이 훌륭해서, 확실하게 IFS를 수행하게 해준다.

다음과 같은 효과가 있다(독자는 아마도 그것을 들은바 있을 것이다). : 어느 온도 장벽(큐리온도)을 넘을 때 자기 특성이 사라지고, 역으로 내려오면 회복된다. 결과적으로 큐리온도가 영도 근처인 페라이트로 층을 만들어야 한다. 만약 당신이 〈스위치 스스로〉가 열고 닫는 자기 특성을 원한다면 그때는 큐리온도 전이를 사용하라. 그러한 예제는 많이 있다. 하지만 지금까지 발명가들 대부분은 가장 좋은 조절 형태는 자동 조절이라는 사실을 잊고서, 다루기 어렵고 신뢰할 수 없는 자동화 장치를 만들었다. 예를 들어 발명가 인증서 번호 266,029: 자기 슬리브 스위치는 주어진 온도에서 스스로 열고 닫는다; 발명가 인증서 번호 471,395: 유도 버너는 주어진 온도와 큐리온도가 같은 재료로 만든 도가니를 갖고 있다.

많은 사람들이 큐리온도를 알고 있지만, 보다 훌륭한 다른 효과가 이 온도와 관련이 있다는 사실을 잘 알지 못한다. 강자성 물질의 온도가 올라가면서 큐리온도를 지나기 직전에 물질의 자기 특성이 한 단계 올라간다. 이것이 홉킨스(Hopkins) 효과이다. 이 물리효과의 발명 응용은 다음을 제안한다. ; 많은 경우에 작업온도를 〈홉킨 스 피크〉가 관찰되는 온도와 일치시키면 좋다. 발명가 인증서 번호 452,055: 열적 효과를 활용해서 자기 증폭기의 측정 감도를 올리는 방법 ; 증폭기가 작동하는 동안에 자기 소음의 수준을 낮추기 위해서 증폭기 중심부의 온도를 중심부 재료의 큐리온도의 0.92~0.99가 되도록 유지한다.

또한 큐리온도와 관련된 훨씬 훌륭한 효과가 있다. : 이 점을 지나는 전이는 "그것이 생겼구나(자기 특성의 단순한 소실, 그리고 그것이 전부)"정도가 아니라 도약을 수반한다. 각 도약은 재료의 매우 작은 부피(10-6~10-9평방 센티미터)에서 자성의 변화에 해당한다. 이것이 바크하우젠(Barkhausen) 효과이다. 다음은 이 효과의 응용 예이다: 발명가 인증서 번호 504,944에 따르면, 자기 재료에 대한 힘은 〈미세구조 내의 도약 횟수〉를 계산함으로써 측정된다.

위에서 인용한 규칙을 이제 다음과 같이 확장할 수 있다: "만약 당신이 강철을 다룬다면, 그것의 인장 특성만을 사용할 것이 아니라 그 자성 역시 사용하라. 이미 그것이 〈활성화〉되어 있다면, 큐리온도를 지나는 전이, 홉킨스와 바크하우젠 효과를 사용하라. 확실하게 이 규칙을 정형화하였고, 이것은 최소한 물질의 자기특성과 관련된 몇 가지 효과를 담고 있다. 하지만 수많은 다른 (비 자성)효과, 현상, 특성에 관해서는 어떻게 해야 하나?

또한 분명하게 여러 가지 다른 규칙들을 정형화할 수 있다. 그것 중에 하나를 앞장에서 인용하였다(미세 이동을 어떻게 일으킬 수 있는가). 아직 동일한 규칙들 모두는 단지 물리효과의 작은 부분만을 포함한다(반면 효과의 조합을 다루고 있다). 우선 전형적인 발명문제에 대한 보다 전형적인 물리적 〈열쇠〉를 반영하는 물리효과의 응용표가 필요하다.

그러한 표를 아리즈-77, 4.3단계에 사용하였다. 물론 이 표는 확장될 수 있고, 더욱 정확하게 만들 수 있다. 이 표에 〈물리효과 색인〉을 추가해야 하며, 그 참고서는 간략하게 물리효과의 핵심을 설명하고, 발명 개발의 예제들을 담고 있어야 한다(이 색인을 트리즈 연구 중에 만들어 트리즈 훈련에 사용하였지만, 이 책에는 그것을 포함시키지 않았다).

그리고 규칙, 표 그리고 〈색인〉을 가졌다. 아직 이것으로 충분하지 않다. 수만 개의 물리효과를 평가해야 하고, 정확하게 조직화된 발명 환경에서 그것들 모두의 응용을 찾아야 한다. 필요한 물리효과를 찾기 위한 범용적 수단을 갖는 것이 좋을 것 같다. 일견 이러 한 방식으로 질문을 던지는 것은 당연해 보인다. 하지만 결국 이것이 IFS이고, 그 원리들이 아리즈 자체를 개선하지 못한다면 아리즈는 무슨 가치가 있겠는가?

이미 많은 문제를 어렵지 않게 물질-장 분석의 언어로 번역할 수 있음을 알았다. 이제 이 언어를 확장하고, 필요하다면 풍부하게 하자. 그리고 모든(거의 모든) 과제를 번역하자. 또한 모든(거의 모든) 물리효과를 〈장〉, 〈물질〉, 〈효과〉라는 용어를 사용해서 표현할 수 있다. 하지만 발명문제와 물리학(화학) 사이의 중개 언어로써 물질-장 분석을 사용한다면 어떻겠는가. 이미 문제의 조건이 어떻게 물질-장 형태로 나타나는지를 살펴보았다.

예를 들어 다음을 살펴보자:

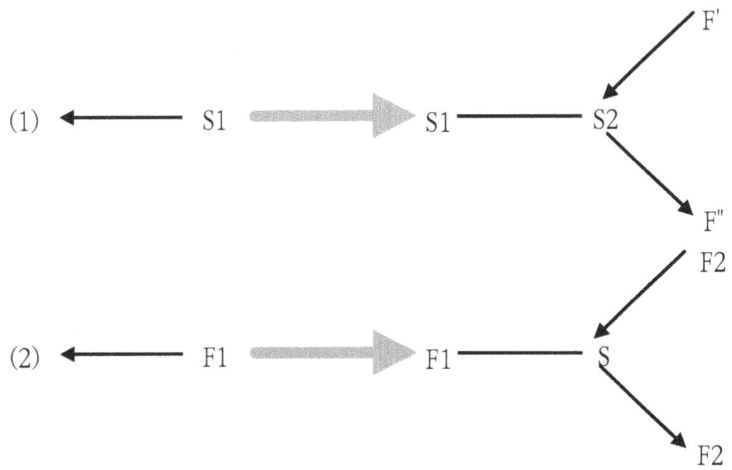

하나의 물질이 주어졌고, 이 물질을 제어하기가 매우 어렵다. 이 물질을 제어하기 위해서 S1의 특성 변화에 따라서 특성이 변화하는 S2를 S1에 연결해야 한다. 이렇게 할 때 S2의 상태 변화는 S2와 반응하는 장 F의 상태에 반영되어야 하며, 이 장은 쉽게 확인될 수 있다. 또한 여기서 물리효과에 가까이 가고 있다. 장 F의 상태 변화에 대한 S2의 능력. 이것은 역시 물리효과의 일종으로, 물질-장 해결책에서 물리적 해결책으로 전이하기 위해서 찾아야 하는 물리효과이다. 두 번째 예제에서 보다 훌륭한 효과가 필요하다: 장 F1에 도입된 물질 S는 S와 F2의 상호작용을 분명히 하는 방식으로 그 특성을 바꾸어야 한다.

문제 49

전기를 송전하는 전선에서 고압 전류와 전압을 측정하는 것은 복잡한 기술 문제 이다. 완벽하게 절연된 수많은 구조물을 세워야 한다; 그러한 <탑>의 높이는 10~12미터나 될 것이다. 그러므로 간단하면서도, 값싸고, 정확한 측정 방법을 찾아야 한다.

이 문제의 해결책을 물질-장 형태로 이미 앞쪽에서 상세히 나타내었다. 물질에 작용하는 전기장 또는 자기장이 있고, 이것을 특별하게 F1=Fe 또는 F1=Fm으로 쓸 수 있다. 출구 쪽에 장을 자기, 전기 또는 광학장으로 하면 바람직하다(다른 장은 적절하지 않다). 이것은 또한 F2를 구체화할 수 있다는 의미이다. 이때 앞쪽 (2)의 오른쪽 부분이 Kerr 효과(F1=Fe, F2=Fopt)나 패러데이 효과(F1=Fm, F2=Fopt)의 공식을 준다.

만약 물질-장 형식으로 물리효과 목록을 갖고 있다면, 필요한 효과를 찾는 것이 어렵지 않을 것이다. 특별히 필요로 하는 효과의 이름(하지만 그것들의 본질은 아님)을 입구와 출구에 있는 장의 이름을 연결하는 일반적인 공식(electro-optical, magnetic-optical)으로 얻을 수 있다면 말이다.

경험이 있는 고등학교 학생들은 그들에게 친숙하지 않은 훨씬 복잡한 물리효과를 어려움 없이 찾았고, 자연히 그러한 문제에 있어서 해결책은 단지 한 개의 물리효과만을 필요로 하였다. 만약 문제가 여러 가지 효과의 조합 적용으로 풀린다면(또는 효과와 발명원리의 조합) 〈연결〉하고 있는 물리효과에 대한 더 많은 규칙을 알아야 한다. 그러한 규칙은 지금 연구되고 있고, 그것의 일부는 이미 정립되었다.

예를 들어 강력한 발명에서 〈결합〉된 두 가지 효과 사이에 〈연결〉요소는 항상 장이지 물질이 아님이 알려졌다(즉 한 효과의 출구에 있는 장은 동시에 다른 효과의 입구에 있는 장이다). 아직도 설명해야 할 것이 많이 남아 있다. 하지만 일반 원리는 이미 분명해 졌다: 발명문제와 그 해결책에 필요한 물리효과 사이에 믿을 수 있는 매개물이 있다. 그것은 물질-장 분석이다.

6.5 학습문제 : 문제 50~55

만약 당신이 이 책을 주의 깊게 읽었다면 문제 50~52를 즉시 푸는데 어려움이 없을 것이다. 이어서 있는 세 문제는 약간 어렵다. 먼저 문제에 대해서 IFS와 물리적 모순를 정형화 하라. 물리적 모순를 제거하기 위해서 어떤 물리효과에 대한 탐색을 해야 하는지를 생각하라. 그러고 나서 물리효과 적용 표를 사용하라.

문제 50

익은 토마토와 덜 익은 토마토의 선별 공정을 자동화할 필요가 있다. 여러 가지 방법이 알려져 있다(예를 들어 토마토를 색상, 단단한 정도, 화학 조성으로 선별기). 하지만 이러한 것들은 복잡하고, 비용이 많이 들며, 믿을 수 없다. 가장 간단한, 그래서 매우 매력적인 방법인 비중으로 토마토를 선별하고자 한다. 물로 채워진 큰 통으로 구성된 장비가 설치되었다. 익은 토마토는 거기에 가라앉고, 덜 익은 것은 뜰 것이다. 불행하게도 이 장치는 잘 작동되지 않았다. 익은 토마토와 덜 익은 토마토 대부분은 1 g/cm3 이하의 밀도이다. 익은 토마토가 덜 익은 것보다 약간 무겁지만 모든 토마토는 뜰 것이다. 밀도가 0.99 g/cm3인 액체로 토마토를 분리하는 것이 가장 편리할 것이다. 하지만 식품 산업의 요구 사항에 맞는 그러한 액체는 지금까지 찾지 못했다. 물에 다른 액체를 넣고, 그것을 가열하거나, 거기에 공기를 주입해야 하나? 어떻게 해야 하는가?

주석

분명 이 문제를 푸는 것은 어렵지 않다. 1장에서 필요한 물리효과를 사용한 발명을 언급하였다. 같은 물리효과를 2장에서 인용한 발명에서도 언급하였다(첨언하면 아제르바이젠 공립 발명 창의성 연구소의 10학년 고등학교 학생인 푸시긴(A. Zhdan- Pushkin)이 발명을 하였다).

문제 50과 유사한 문제를 브레인스토밍으로 풀려고 한, 헛된 시도 과정에서 얻은 아이디어들과 문제 50의 답을 비교하면 흥미롭다[9. 60~61쪽].

문제 51

정기 간행물 발명가와 혁신가의 게시판에서 게시된 문제: 하역 장소에서 폐기 금속을 운반하는 소형 객차의 무게를 직접 재는 간단한 장치를 제안하라. 허용 오차는 1~2톤이다. 어떻게 소형 객차의 무게를 그대로 잴 수 있을까? 폐기 금속을 실으면 객차는 모터 입환용 기관차에 의해 계량대로 입환(入換)되며, 그 과정은 6~12시간이 걸린다. 그 다음 폐기 금속을 표준량으로 가져가기 위해서 무게를 약간 더하거나 제거해야 한다. 철로나 대차 아래에 응력 센서를 설치하는 것은 좋지 않은 해결책이고, 대차 자체에 센서를 설치하는 것은 더욱 좋지 않다. 어떻게 해야 하는가?

문제 52

기체가 용기 A에서 B로 가는 중에 기체를 열고 닫는 장치가 있다. 예를 들어 여러 가지 꼭지와 밸브가 있다. 하지만 이러한 것은 높은 정밀도가 필요한 경우에, 즉 극히 작은 간격으로 꼭지를 열 필요가 있을 때(또는 그것이 열리는 정도를 바꿀 필요가 있을 때)에 매우 조잡하다.

꼭지는 매우 단순하고, 정확하게 작동되어야 한다. 꼭지와 용기 B 사이에 피드백을 도입할 상황은 아니다. 꼭지는 사람이 조절해야 한다. 꼭지를 정확하게 여는 것이 중요하다(수도 주둥이처럼).

문제 53

원심분리기에서 화학반응이 오랜 기간 지속적으로 일어난다. 이 화학반응을 위해 원심분리기의 온도를 250도로 유지할 필요가 있다. 원심분리기 안에 온도조절 장치를 설치하는 것은 불가능하다(너무 크다). 매우 빠르게 회전하는 원심분리기에 전류를 통과시키는 것은 복잡하다. 어쨌든 원심분리기 내부의 온도를 어떻게 조절할 수 있는가? 적외선에 의한 가열을 사용해야 하는가? 의문이 하나 더 있는데, 온도를 무슨 방법으로 조절해야 하는가? 결과적으로 원심분리기 표면 온도를 측정하는 것은 다른 일이다. 어떻게 해야 하는가?

문제 54

다음은 탐정 소설의 한 대목이다.

"이제, 당신은 법의 수중에 있습니다." 보안관이 말하였다. "당신은 이것을 갖고 도망갈 수 있다고 생각했겠지요? 주피터 다이아몬드는 좋은 증거물입니다. 당신을 현행범으로 체포하겠습니다. 당신이 다이아몬드를 여러 조각으로 잘라 그것을 광택을 냈지만, 그것을 단지 당신의 유죄를 키울 뿐입니다."

"너무 빠르지 않습니까? 보안관 나리" 범인 중의 한명이 어깨를 으쓱하였다. "그래서 주피터 다이아몬드가 없어졌습니까? 죄송합니다만 우리는 그것을 갖고 있지 않았습니다. 우리는 5개의 다이아몬드만을 갖고 있습니다. 이것은 할머니의 유산입니다."

"맞습니다." 두 번째 범인이 말했다. "주의 깊게 이것을 살펴보세요. 무게가 다르고, 모양도 다릅니다. 밝기가 같습니까? 많은 백 다이아몬드와 번쩍번쩍 빛나는 다이아몬드가 있습니다. 화학 조성은요? 당신은 탄소를 갖고 있나요? 우리는 탄소를 갖고 있습니다. 모든 다이아몬드는 탄소로 구성되어 있지요. 아마도 당신은 우리를 풀어주어야 할 것 같습니다. 어떻게 생각하세요?"

당신은 이 상황을 완전히 이해한다. 당신은 어떤 제안을 하겠는가?

문제 55

이것은 고든(Gordon)의 책 시네틱스(Synetics)에 있는 회전 변속기에 관한 문제의 해결책 주석에서 얻은 문구이다. 이 주석은 역시 올로브(V. Orlov)의 기사 발견의 불꽃[기술과 젊음, 1973, No 3, 4쪽]에서 다시 그려졌다. 변속기 축은 400~4000rpm을 내지만, 구동축은 400rpm으로 일정하게 회전해야 한다. 어떻게 이것을 유지할 수 있는가? 고든의 쓴 주석에서는 감정이입을 사용하였다. 이러한 문제를 다루는 감정이입 법 중에 하나는 정신적으로 스스로 <블랙박스>(조사 중인 장치)안에 들어가는 것이다. 그는 손으로 변속기 축을 잡고, 발로 구동축을 잡는다; 이 과정에서 그의 발은 구동축을 400 rpm으로 회전시키지만, 그의 손이 변속기 축을 더 빨리 회전시키도록 <감정이입자>는 노력을 기울인다. 답은 제시되지 않았다.

당신은 어떤 제안을 할 수 있는가? 당신의 제안은 어떤 규칙에 근거를 두고 있는가?

7

<발명 전략>

발명의 생성과 사멸

7.1 기술 시스템의 일생

기술 시스템의 일생(부가적으로 생물학을 포함한 다른 시스템에서와 같이)은 시스템의 특성이 시간(힘, 생산성, 속도, 생성되는 시스템의 수 등)에 따라 어떻게 변하는 가를 보여주는 S 곡선(그림 7.1) 형태로 표현될 수 있다.

다양한 기술 시스템에서 이 곡선은 자연히 그 자신의 개별 특성을 갖고 있지만, 이 곡선은 항상 특정한 부분들을 갖고 있다. 이 부분들을 그림 7.2에 개략적인 표현으로 나타내었다.

〈유년기〉(부분 1)에 기술 시스템은 천천히 발전한다. 그러고 나서 〈성장〉과 〈성숙〉시기(부분 2)가 온다.기술 시스템은 빠르게 개선되며, 대량 응용이 시작된다. 시스템 발전 속도가 떨어지기 시작하는 시점(부분 3)에서, 〈노년기〉가 시작한다. 그 후에 두 가지 변형이 가능하다(γ 점 이후). 기술 시스템 A는 퇴화하고, 원리가 다른 시스템인 B로 바뀐다 : 현대 범선은 백 년 전 유명했던 쾌속 범선이 달성한 속도를 내지 못하고 있다. 또는 오랜 시간동안 성취한 값을 유지한다 : 자전거는 지난 반세기 동안에 본질적 변화를 겪지 않았고, 오토바이로 대체되지 않았다.

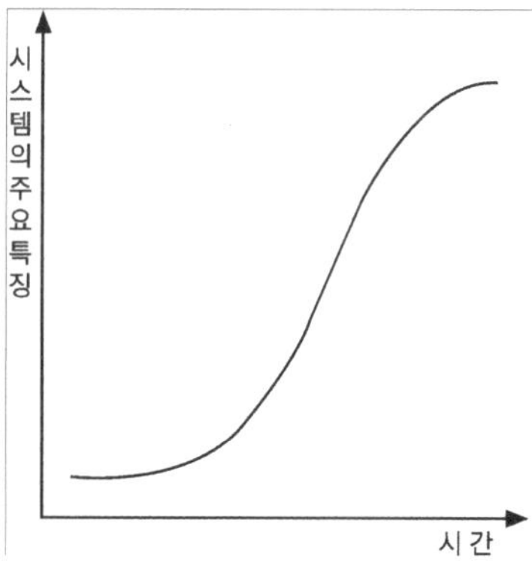

그림 7.1

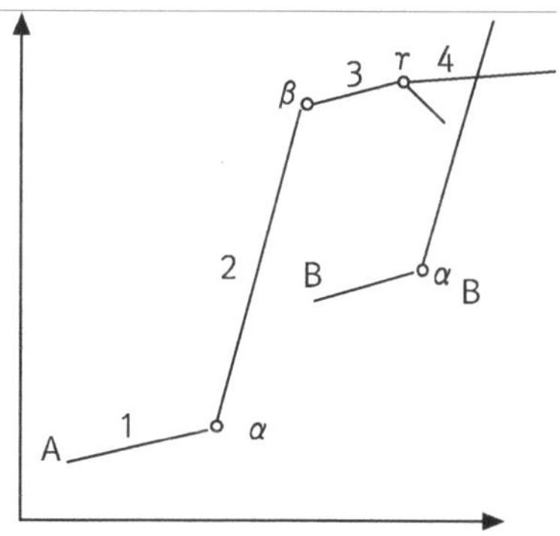

그림 7.2

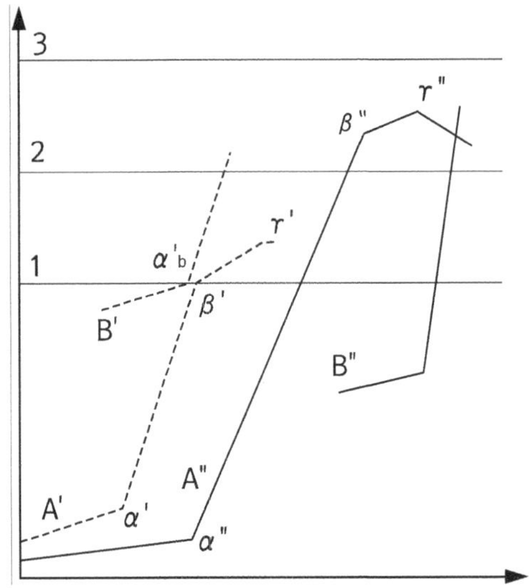

그림 7.3

각 부분 사이에 관계는 무엇에 의존하는가? 바꾸어 말하면, 기술 시스템의 일생 곡선 상에서 점 α, β, γ를 결정하는 것은 무엇인가?

다양한 기술 시스템 파라미터(비행기와 배의 이동 속도, 드릴 작업 속도, 가속기 에너지의 성장 속도 등)의 발전 곡선을 연구하면 즉시 다음과 같은 사실을 알 수 있다 : 실제 곡선은 예상되는 이론 곡선과는 분명히 다르다. 그 차이의 특성을 그림 7.3로 나타내었다. 여기서 점선은 이론 곡선이고, 실선은 실제 값이다.

기술 시스템은 출현한 다음 매우 빠르지는 않지만 대량 응용으로 전이하는 순간인 α점까지 꾸준히 발전한다. 사실 대량 적용(A")으로 전이는 지연 시간 이후에, 낮 그림 7.3은 기술 수준에서 시작한다.

기술 시스템의 빠른 발전은 시스템의 활용 가능성이 소진되고, 기존 시스템의 장래 발전에 대한 경제적 생존 능력이 없는 β'에서 끝나야 한다(수준 1). 그러나 이와 같은 것은 아무것도 일어나지 않는다; 실제 β"는 이론 β"보다 항상 높다. 곡선 A"가 수준 1에 노날했을 때 낡은 사람들은 시스템의 장래 발전에 흥미를 갖기 시작한다.

흥미의 모멘트는 계속 진행된다. 사업가, 과학자, 전문가 그리고 단순 사용자들은 익숙해진 오래된 시스템을 버리는 것을 두려워한다. 누군가가 다음과 같이 질문을 할 수 있다 : 이것은 흥미의 모멘트가 경제적 인자보다 강하다는 의미인가? 그렇다. 하지만 경제적 인자가 스스로 흥미의 모멘트에 순응 할 수 있다. 수준 2까지 시스템은 파괴의 대가(환경오염과 화학적 개발)로 이익을 계속 유지한다. 전형적인 예로 자본주의 국가에서 대형 유조선의 빠른 건조 속도를 들 수 있다. 12만 톤의 석유가 바다에 유출된, 유명한 토레이 케년(Torrey Canyon) 참사[17]는 영국과 프랑스 해안선에 심각한 결과를 가져왔다. 이때 이후 대양은 더 조용하지 않았고, 항해가 안전해지지 않았다. 하지만 이미 50만 톤의 유조선은 건조 중에 있고, 100만 톤 배수량의 유조선이 계획 중에 있다. 곡선 A"는 수준 2에 도달하고 있다. 경제적 이익(즉 배 주인의 이익)은 환경에 대한 손실을 희생하면서 보장받고 있다. 더욱 큰 유조선이 많아지고 있고, 그들의 속도 역시 증가하고 있다(지금까지 비록 파괴 문제에 대한 효과적인 해결책을 찾지는 못하고 있지만). 결과적으로 대 재앙의 위험은 냉혹하게도 커지고 있다.

“이것이 오늘 나에게 좋고, 나는 그밖에는 저주를 주지 않고 있다.”가 곡선 A"를 수준 2까지 위쪽으로 끌어 올리는 공식이다 : 환경에 대한 해로움을 주는 대가로 경제성을 얻는다. 그러고 나서 최고 한계 수준인 3에 도달한다. 이 한계는 물리적 한계로 정해진다. 예를 들어 차가 이미 도로에 꽉 차있을 때, 도로가 수용할 수 있는 차보다 더 많은 차를 도로에 끼워 넣을 수는 없다.

이론적으로 곡선 A'가 수준 1까지 올라가는 동안 누군가가 기술 시스템 B'를 개발하여야 한다. 즉 α'_b점이 곡선 A'의 β''와 일치하여 계속적인 상승을 보장하는 방식으로 말이다. 사실 실제 곡선 B"은 곡선 A'가 수준 2 위로 올라가, 수준 3에 접근할 때만이 성장하기 시작한다. 하지만 곡선 B"의 빠른 성장은 곡선 A"가 γ점을 지나 떨어지기 시작한 후에만 시작된다.

그림 7.4(a)는 기술 시스템의 〈수명 곡선〉이다. 이 그림을 여러 가지 발명 지표들과 단순히 비교하는 것은 흥미롭다.

17) 유조선에 의한 해양오염 사고의 대표적인 사례연구 대상으로 다음 사이트에서 자세히 설명하고 있다: http://www.lboro.ac.uk/departments/hu/ergsinhu/aboutergs/lasttrip.html

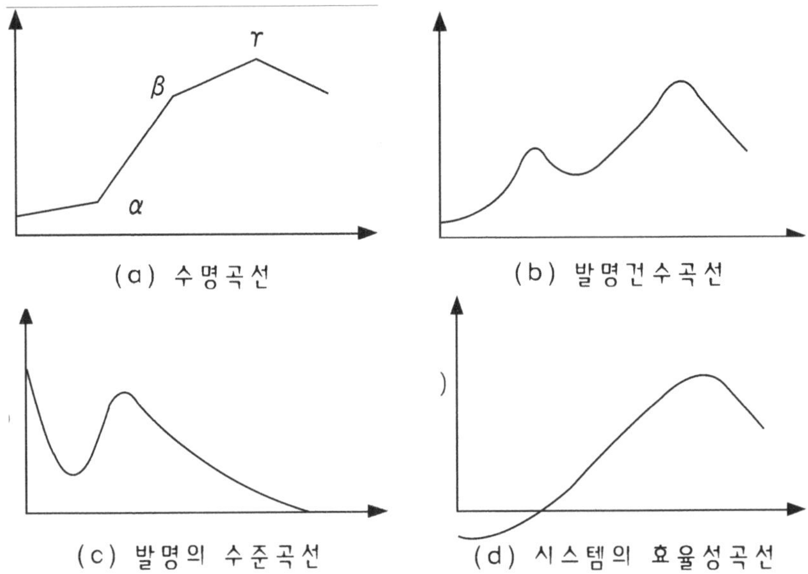

그림 7.4

그림 7.4(b)는 기존의 기술 시스템과 관련된 발명수의 변화를 나타내는 전형적인 곡선이다. 첫 번째 피크는 α점에 해당한다(그림 7.4(a)): 발명의 수는 시스템이 대량 적용으로 전이되는 기간에 증가한다. 그림 7.4(b)에서 두 번째 피크는 시스템이 자신의 일생을 연장하려고 하면서 생긴다.

그림 7.4(c)는 발명 수준의 변화를 나타낸다. 기술 시스템의 기본을 정하는 첫 번째 발명은 항상 수준이 높지만, 점차 그 수준이 낮아진다. 이 그림의 피크는 시스템의 대량 적용 가능성을 보장하는 발명들에 해당한다. 그 다음 피크(발명수준)는 떨어진다. : 발명의 수준은 피할 수 없이 제로까지 떨어진다. 한편 높은 수준의 새로운 발명이 시스템 B와 관련해서 나타난다.

마지막으로 그림 7.4(d)는 기술 시스템의 발전 기간 동안 발명에 대한 평균 효율(실제적인 경제적 이득)의 변화를 나타낸다. 첫 번째 발명은 매우 높은 수준에도 불구하고 이익을 가져오지 못한다. ; 기술 시스템은 서류상으로 존재하거나, 격리된 모형으로 존재하며, 많은 단점과 불완전성을 가지고 있다. 이익은 시스템이 대량 적용으로 전이 한

다음에 나타나기 시작한다. 이 기간에 작은 개선 조차 큰 〈경제〉적 이득을 가져오고, 따라서 발명가에게 매우 큰 보상을 가져다준다.

발명가는 기술 시스템의 일생에 대한 특징을 알 필요가 있다. 이것은 발명 실행을 위해, 즉 매우 중요한 문제에 대한 올바른 답을 위해 필요하다: "기존 문제를 풀고 그 안에서 분명해진 기술 시스템을 개선해야 하는가? 아니면 새로운 문제를 제시하고 기본적으로 새로운 어떤 것을 성취해야 하는가?"이 질문에 답하기 위해서는(아리즈 1.3단계) 기존 기술 시스템의 발전 가능성이 어떤지 알아야 한다.

항상 시스템의 발전 과정에 대한 정보를 미리 수집하고, 시스템의 주요 지표(속도, 생산성, 힘, 정밀도 등)에 대한 변화를 그래프로 그려보아야 한다. 여기서 3가지 경우가 가능하다.

(1) 기술 시스템이 아직 α점에 도달하지 않았다. 문제는 이 점을 발견하는데 있다. 전형적인 실수는 기존 기술 시스템의 발전 가능성으로부터 외삽하여 이 점을 예견하려고 시도하는 데에 있다. 사실 기술 시스템에 대한 α점은 이전 기술 시스템이 죽기 전까지 도달하지 않는다. 즉 기존 시스템의 존재가 젊은 〈생명〉의 성장을 억제한다. 예를 들어 〈자동차 다음〉(즉 차를 대체하는 기술 시스템)은 차의 발전이 그 물리적 한계(그림 7.3, 수준 3)에 도달할 때에 강력하게 발전할 것이다. 현대 차의 개발 이전에 썼던 수많은 자원과 노력을 전기 차의 개발에 쏟아 붙는다면, 전기 차는 빠르게 α점에 도달할 것이다. 하지만 이런 일은 일어나지 않을 것이다. 차는 아직도 첫 번째와 두 번째 단계 사이에서 발전하고 있고, 차의 사용이 비록 대기를 오염시키고 있지만 발전할 것이다. 그래서 초기 단계에서(α점까지) 기술 시스템 발전을 예견할 때, 이전 기술 시스템의 상태로부터 기술 시스템의 방향을 잡아야 한다.

(2) 기술 시스템이 α점을 지났지만, 아직 β점에 도달하지 않았다. 이 경우에 예견이란 두 번 째(수준 2)와 세 번째(수준 3) 단계를 정의하는 것이다. 극단적인 경우에 세 번째 단계만을 정의하면 충분하다. 왜냐하면 두 번째와

세 번째 수준 사이의 거리를 줄이는, 분명하게 두드러진 경향(바람직하지는 않지만)이 있기 때문이다. 보통 물리적 한계의 정의는 특별히 어려움이 없다; 물리적 한계는 재료 특성의 지속성, 연료의 열량, 소리와 열의 한계 등과 같이 최고치에 놓인 객관적인 인자와 연결되어 있다.

(3) 기술 시스템이 β점을 지났다(혹은 γ). 이 경우에 예견은 바통을 넘겨받을 새로운 기술 시스템을 찾는 데에 달려있다.

각각 이러한 경우에 발명가는 두 가지 방식으로 일을 해야 한다. 기술 시스템이 α점에 도달하지 않았다고 가정하자. 발명가는 〈새롭게 태어난〉 기술 시스템을 개선 하고자 할 수 있다. 이것은 중요한 발명을 약속한다. : 새로운 아이디어로부터 발명가는 새로운 것을 만들 것이다. 그리고 이 발명에 이어서(5수준의 발명), 4수준과 3수준의 발명을 쌓아 나가야 한다. 하지만 α점까지의 여정이 매우 길지도 모른다. : 이것은 이전 기술 시스템의 귀중한 자원에 달려있다. 기다리는 기간이 일생보다 길 수 있다는 것을 고려해야 한다. 한편 가능한 이득은 대단하다. 발명가의 명성은 주로 실제적인 이익을 주는 새로운 어떤 것을 해낸 사람에게로 간다. 새로운 아이디어를 말했던 사람(특허를 취득한 사람)이 나중에 더 많이 언급된다.

어느 길을 선택할 것인가? 새로운 것을 창조할 것인가, 아니면 이미 알려 진 기술 시스템에 대한 작은 개선을 할 것인가(α점 이전에), 즉 어느 것이 더 나은가?

하늘에 있는 학인가 손에 있는 작은 새인가? 이 의문은 발명문제 해결 이론의 한계 너머에 있다. 이론은 단지 발명가가 두 가지 가능성을 보고, 의식적으로 하나를 고르는 것만 요구한다. 그러나 선택은 세상에 대한 태도와 개개인이 스스로 가장 가치 있다고 생각하는 것에 달려있을 것이다.

선택의 문제는 기술 시스템이 α에서 β로 발전의 폭풍 기간을 지날 때는 언제나 존재한다. 이 부분의 발전에서 시스템은 평범하지만 많은 2수준의 발명을 필요로 한다. 이러한 특허 대부분은 성공을 보장하고, 수십 개의 특허 인증서를 받을 수 있으며, 상대적으로 실행하기 쉽다. 이러한 모든 것을 포기하고 알려지지 않은 다음 번 기술 시스템을 선호하는 것은 쉬운 일이 아니다. 하지만 여기서 사람들은 종종 〈상식〉을 역행한다. 증기 터빈의 전문가가 갑자기 그것을 버리고, 모호한 아이디어의 형태였던 가스

터빈으로 관심을 바꾸었다.

가장 놀라운 일은 기술 시스템이 오래되어 늙어 빠진 것으로 알려진 경우조차도 선택의 문제가 남아 있다는 것이다. 여기서 확실한 창의적 성공에 대한 어떤 희망도 없다: 쓸모없는 시스템이 1수준의 발명만을 받아들인다. 하지만 결국 사람들은 수백 개의 특허를 쌓으며, 창조의 고통과 다른 경험도 없이 조용히 그것을 실행할 것이다.

백 년 전에 드럼 형태의 노(爐)가 나타났다. 이것은 몇 미터의 작은 실린더였다; 원료가 한쪽 끝에서 안으로 들어가고, 다른 쪽으로 석유 버너를 통해 뜨거운 기체가 들어 간다. : 노는 천천히 회전하면서 원료를 혼합하였다. 현대 시멘트 노는 거대한 구조물이다: 길이가 200~250미터에 이르며, 직경은 5~7미터에 달한다. 그리고 매우 거대한 설계에서는 그 길이가 350~400미터, 직경은 8~9미터에 달할 수 있다.

이 어마 어마한 회전 터널을 따라 연소되는 원료는 작은 시내물이 되어 흐른다. 연소열을 기체의 흐름으로부터 이 시냇물로 이동시키기 위해서 100, 150, 200 톤 무게의 많은 사슬을 노에 매달았다. 사슬이 커질수록 열전달은 좋아진다. 하지만 노가 무거워 질수록 원료를 분쇄하는 사슬 때문에 먼지가 더 많이 생긴다. 그래서 발명의 방향은 "다른 방식으로 사슬을 걸어보자."라는 주제였다: 발명가 인증서 번호 226,453(일부 사슬을 다른 사슬 아래에 건다), 발명가 인증서 번호 187,606(사슬을 거미줄 망처럼 매단다), 발명가 인증서 번호 260,483(역시 거미줄 망이지만 다른 구성으로), 발명가 인증서 번호 266,484(거미줄 망의 다른 모양), 발명가 인증서 번호 310,095(아직도 또 다른 거미줄 망), 발명가 인증서 번호 339,743(사슬의 연결을 두 개의 〈철〉이 아니라 세 개의 널찍한 비스킷 모양으로).

나는 이런 발명을 따라간 전문가들의 심리에 관심이 있었다. 그들 중에 한명이 나의 의문에 다음과 같이 대답을 하였다: "당신이 알다시피, 나는 연구소에서 일하고 있고, 이것은 계획입니다. 부서 또한 계획이 있고요, 나의 그룹도 계획이 있습니다.

계획에는 이러 이러한 날까지 기본적으로 새로운 시멘트 제조 방법을 발명해야 한다고 쓰여 있지 않습니다. 계획에는 어느 날까지 이러 이러한 얽힌 문제에 대해서 이러 이러한 개선 작업을 하라고 쓰여 있습니다…." 나는 대답했다. "우리는 계획을 수행해야 합니다. 무엇이 당신에게 그 계획과는 떨어져 있는, 기본적으로 새로운 어떤 것을 찾지 못하게 하나요? 예를 들어 아무도 프레슨야코프(A.G. Presnyakov)에게 MGD 구동 배를 발명하라고 강요하지 않았습니다." 그는 어깨를 흔들었다: "당신은 위험을 무릅쓰고, 승리한 사람에 대해서 이야기 하고 있군요. 하지만 결국 높게 목표를 잡은 사람 모두가 성공을 거둘 수는 없습니다. 그리고 몇 년 동안이나 그 성공을 기다려야 합니까?"

이 책에서 나는 내 자신의 발명에서 예제를 가져오지 않기로 결정했었다: 발명 이론은 한정된 화제가 아니라 객관적인 데이터 위에 세워져야 한다. 하지만 그럼에도 불구하고 나의 발명을 한 가지 사례로 인용하고자 한다.

1949년 탄광 구조 팀을 위한 방화복에 대해서 전 연방 대회가 발표되었다. 방화복은 100℃의 외기 온도와 100% 상대습도에서 2시간 동안 사람을 보호해야 하고, 방화복의 전체 무게가 8~10킬로그램을 초과하지 않아야 한다는 설계조건이 주어졌다. 과제는 원칙적으로 해결할 수 없을 것처럼 보였다. 가장 최신 냉매를 사용해도 방화복의 무게는 20킬로그램을 넘을 것이다. 탄광 구조원은 이미 호흡 장치(12킬로그램)와 장비(7킬로그램)를 운반해야 하므로 28~30킬로그램을 그에게 지우는 것은 불가능하였다.

대회 주최 측에서 제시한 바와 같이 문제를 받아들일 수 있다. 최종 분석에서 만약 당신이 작은 얼음 층과 반사 표면이 있는 의복을 만든다면 8킬로그램을 초과하지 않는 것은 어렵지 않을 것이다. 물론 이 옷은 약 15~20분 동안 작업자를 보호할 수 있지만 그 이상은 아니다. 하지만 그래도 이것은 없는 것보다 낫다. 다른 길이 있다: 문제를 바꾸어, 냉각 옷이 아니라 다른 기술 시스템을 만들어 보자. 출구 측으로 가보자. 이것이 우리(나는 사피로(R. B. Shapiro)와 일하고 있었다)가 선택한 길이다.

다음과 같은 방식으로 문제를 해결하였다: 호흡 장치를 떼어내어 12킬로그램을 얻었고, 냉각 옷으로 설정된 무게 10킬로그램을 여기에 더했다. 단일 냉매로 작동되는 가스-열 방화복을 생각하였다: 액체 산소는 증발하고 데워져, 열을 흡수한다. 그러고 나서 이것이 호흡을 위해 사용된다. 500℃ 노에서 한 시간 동안 일할 수 있는 냉각 능력이 탁월하고 호흡이 용이한 방화복을 얻었다.

3종류의 변형 방화복을 얻었다. 대회에서 3개의 상을 탔다. 20년 후에 잡지 소비에트스키 소유스(Sovetskiy Soyuz)는 가스-열 방화복을 입은 실험 모델이 반사 불꽃 속에서 번쩍이고 있는, 화려한 색상의 그림을 표지에 실었다. 이것은 예전에 바로 그것이었고, 나는 20년 전에 좀 더 단순한 길을 따라 갈 수도 있었는데 라는 어떤 후회 없이 이 사진을 살펴보았다.

7.2 기술시스템의 변화의 끝

호흡 장치는 100년 동안 존재했었다. 매우 재능 있는 설계사조차 다른 품질을 깎아 내리지 않고서는 그 무게를 0.5~1킬로그램도 줄일 수 없었다. 하지만 다른 기술 시스템으로 전이하고, 호흡 장치를 단지 하위시스템으로 만들어, 12킬로그램을 얻었다; 호흡은 이제 새로운 주기능인 열 보호에 의해 부가적으로 보장받는다. 이것이 극복해야 하는 심리적 장벽이었다.

비슷한 장벽이 기술 시스템이 β점을 지날 때 일어난다. 시스템의 변화가 피할 수 없다는 것이 분명해 지지만, 기존 시스템의 발전 한계를 일반적인 발전의 한계로 인식한다. 재래식 기술 시스템을 포기하는 것은 불가능하다고 누군가가 예견한다.

예를 들어 1930년대에 선진국에서 인구수 대비 영화관 수가 빠르게 증가하였다. 하지만 거의 분명하게 하락이 올 것처럼 보였지만, 상당한 시간이 지나자 인구 1인당 하나의 영화관이 생겼다. 사실 하락은 일어나지 않았다: 인구 1인당 하나의 영화관인 텔레비전이 나왔다.

한 가지 중요한 특징에 특별히 주의를 기울여야 한다. : 텔레비전이 영화관은 아니지만, 사건을 설명하고, 연설을 위한 연단이며, 〈그림 신문〉이다. 영화관이 스스로 하위시스템으로 받아들여진 다음, TV가 다음 〈단계〉가 되었다. 단순한 가정 영화(영화 프로젝터를 사용한)는 진짜로 대량 확산을 얻지 못했고, 결코 α점에 도달 하지 못했다.

시스템 B는 그 하위시스템 중 하나로 시스템 A를 포함하면서 시스템 A를 대체하기 때문에 생긴다. 이것이 답답한 시스템 A의 영향을 극복하고, 관심의 타성에 대한 영향을 막기 위해서 시스템 B를 사용하는 방법이다. 모순을 극복하는 재치 있는 방법: 시스템을 계속 사용하면서, 동시에 사용하지 않는다. 차는 아마도 전기 차에 의해 대체되지 않고, 그 하위시스템 중 하나로써 차를 포함하는 시스템(그와 같은 운송 수단)으로 대체될지 모른다.

이상하게도 예측할 때 아직 이 법칙이 인정되지 않는다. 예를 들어 통상의 냉장고 생산의 성장을 조사할 때, 예측자들은 "포화점은 오기로 되어 있고", "한 사람 당 10대의 냉장고는 있을 수 없다"는 개념을 토의할 것이다. 사실 냉장고는 있으면서, 동시에 없을 것이다. 냉장고는 보다 일반적인 기술 시스템의 하위시스템으로 들어 갈 것이다. 예를 들어 에어컨, 냉장고, 스토브의 통합을 들 수 있다 : 전통적인 활용으로 평가한다면, 이것은 1 인당 10대의 냉장고에 해당한다.

"기술 시스템이 보다 일반적인 수준의 하위시스템이 되면서 질적으로 새로운 수준으로 올라간다."라는 법칙은 기술 시스템 발전의 구조를 이해하기 위해서 특별히 중요한 것이다. 기술 시스템의 발전을 예측할 때, 이 법칙을 올바르게 적용하기 위해서 발전은 피할 수 없다는 사실을 확실하게 염두에 둘 필요가 있다: 기술 시스템은 어떤 불가능한 일이 생기더라도 발전할 것이다. 하지만 인식할 수 없는 다른 형태로, 다른 시스템의 하위시스템이 되면서 발전할 것이다.

여기서 강력한 심리적 장애를 만난다. 발명문제 해결 이론에 대한 세미나에서 나는 학생들에게 다음과 같은 간단한 숙제를 내 주었다: 시스템의 발전 곡선(전체적인 용적 돈수의 성장)이 현재 β와 γ점 사이 어디에 있는 유조선 선대의 계속적인 발전을 예측(자연스럽게 가장 폭넓은 외형으로만)해 보아라. 미리 그들에게 "위쪽으로 가는 것은 하위시스템이 된다는 것을 의미한다." 라는 법칙에 대해서 지나치게 강조하지는 않았지만, 말해주었다. 그러나 그들의 숙제에서 어느 누구도 이 법칙을 사용하지 않았다. 이 〈명백한〉 최면 효과는 너무 강력하였다. 그들의 모든 숙제는 현재 전체적인 유조선 선대의 빠른 성장 속도가 계속해서 유지될 수 없다는 사실에서 출발하였다. 이러한 속도를 유지한다면 20, 30년 안에 유조선을 포함한 모든 종류의 배를 하나로 묶어 놓는 것보다 더 큰 유조선이 생길 것이다. 부분이 전체보다 클 수 없기 때문에 이것은 분명히 불가능하다.

이 분명한 사실로부터 출발해서 예측이 이루어졌다. "몇 안 되는 보다 빠른 유조선" 또는 "석유 수요가 줄어들 것이다.", "석유 파이프가 유조선을 대체할 것이다." 등 과 같은 아이디어가 제시되었다. 유조선의 주 이점은 그것이 값싼 화물 수송선이라는 것이다. 그러므로 유조선은 운송비용을 올리는 결과를 가져오는 빠른 속도는 필요하지 않다. 다음 수십 년 안에 석유 수요의 감소를 기대할 수 없다. 오랫동안 석유는 연료로 사용되고 있을 뿐 아니라 화학 산업의 기본 원료로 사용되고 있다. 대양을 가로지르는 석유 파이프라인(이것이 성공적으로 세워지더라도)이 유조선보다 더 믿을 수 있거나 안전할 것이라는 믿음은 그 근거가 없다. 지금까지 경험은 그 반대로 나타났다.

예를 들어 1974년에 쉘(Shell)사 소유의 해저 파이프라인이 파열되었다. 며칠 동안 계속해서 약 140킬로미터 길이에 걸쳐 바다 표면이 석유로 덮였다. 사고 지점에 90킬로미터 떨어 진 바닷새 무리가 석유로 인해 죽은 채 발견되었다. "유조선은 많아야 하지만 적어야 한다". 여기서 모순을 다루고 있고, 그 반쪽(유조선이 적어야 한다. 그러므로 석유 파이프라인이 유조선을 대체할 것이다)만을 볼 수는 없다. 올바른 해결책은 항상 모순 쌍 양쪽을 만족시킨다.

그 최종 결론에 이른다면, 〈많은 것〉은 〈전체 선대(船隊)〉를 의미하고, 〈적은 것〉은 〈단 한척의 배도 없다.〉는 의미이다. 전체 선대와 한 척의 배도 없다! 필요가 생긴 다면 전체 선대는 석유를 운반하는 유조선으로 바뀌어야 하고, 다시 유조선은 없어져야 한다. 발전하는 시스템은 모순을 제거하며 "발전하면서 시스템은 하위시스템의 부분이 된다."라는 법칙을 만족한다.

기술적으로 〈다목적〉 선대를 만드는 방법은 많이 있다. 이런 것들 중에서 하나는 분할된 배를 만드는 것이고, 여기서 작은 엔진 부분(기관차)이 큰 화물 부분과 연결된다(객차). 화물 부분이 엔진 부분보다 클 수 있다(철도 객차는 기관차보다 크다): 그러므로 외견상 불가능해 보이는 상황을 실행한다. 즉 "전체 선대보다 유조선이 더 많이 있다."

다른 길 역시 가능하다. 표준 컨테이너로 화물을 운송할 수 있도록 배를 만들 수 있다. 많은 특허들 중에 다음과 같은 한 예가 있다. : 노르웨이 엔지니어 폰랜드(V. Foneland)는 큰 용량(5000입방미터)의 실린더 형 컨테이너에 액체 화물을 넣어 운송하는 새로운 수송선 설계에 대한 특허를 출원하였다. 이 방식으로 설계된 배의 구성이 유조선에 대해서 다시 생각하게 하였고, 이 배는 뒷부분에 컨테이너를 싣기 위한 큰 방수문을 갖고 있다.[18] 컨테이너에 어떤 액체나 퍼 붓을 수 있는 화물을 담을 수 있다: 이것은 (석유) 유조선이 아니면서 여전히 유조선이다.

문제가 주어지면, 발명가는 문제를 그대로 풀 것인가 아니면 돌아갈 것인가를 결정해야 한다(아리즈-77의 단계 1.1~1.3). 여기서 적용할 수 있는 두 가지 기준이 있다. : 객관(시스템의 〈일생 그래프〉를 연구하는 것)과 주관(〈크거나〉〈작은〉발명에 대한 개인적인 성향). 실질적으로 돌아가는 길을 탐색할 때는 시스템 연산자를 이용하는 것이 편리하다(1.2단계).

시스템 연산자를 사용한다는 것은 시스템을 상위시스템이나 하위시스템으로 전이하거나, 또는 각 수준에서 기존 문제를 반대 문제(anti-problem)로 전이함으로써 문제를 바꾼다는 의미이다.

예를 들어 문제 29(만화 영화를 위한 그림을 그릴 때 생산성 향상에 대해서)를 살펴보자. 문제의 상세설명에 따르면 시스템은 그림(또는 일련의 그림들)으로 이루어져 있다. 시스템 수준에서 문제가 나타난다. : 얼마나 빠르게 그림 A를 그림 B로 움직일 수 있을까? 시스템을 하위시스템 수준으로 보면 문제가 갑자기 바뀐다. : 연필로 그은 〈몇 줄〉의 물질 입자(페인트 방울)가 있다. 요컨대 그림을 형성하는 작은 양의 물질이 있다. : 어떻게 이 물질의 움직임을 제어할 수 있는가? 이런 방식으로 제시된 문제는 매우 쉽다. 이미 나무껍질 조각의 분리에 관한 문제 3을 다루었다. 물질에 강자성 물질을 첨가하고, 자기장을 사용해서 물질의 움직임을 제어한다. 매번 새로운 선을 다시 그릴 필요 없이, 같은 선을 움직여 새로운 형태를 얻는다. "만화 영화의 영상 작업을 위해 실루엣을 재생산하는 방법; 공정에 필요한 작업 시간을 줄이기 위해서 강자성 분말을 입힌 끈이 들어있는 자석 틀에 자기장을 걸어서 물체의 윤곽선을 만들고, 실루엣의 변화는 틀 상에서 자기장으로 끈을 움직여, 보는 시각에 따라 물체를 재배치함으로써 얻는다(특허 인증서 번호 234,862)."

18) Morskoy flot, 1974, No 12, p. 52

전체 그림의 위치와 모양을 바꾸는 것은 어렵다. : 이와 같은 과제에서 마음은 사실상 뒷걸음친다. 물질 입자의 위치를 바꾸는 것은 특별히 다른 문제에서 이미 마주쳤던 것이기 때문에 쉽다. 장애물은 순전히 심리적이지만, 만약 시스템 연산자를 사용하지 않는다면 장애물은 대단히 높다.

문제 29에서 시스템을 상위시스템 수준으로 전이할 때, 매우 흥미로운 변형이 나타난다(그림이 영화 카메라와 조명 수단을 포함하는 보다 복잡한 시스템의 한 부분이다; 예를 들어 움직이지 않는 작은 인형으로 영상 작업하거나, 카메라와 빛의 동적인 움직임만으로 움직임을 얻어 애니메이션 영화를 만들 수 있지 않을까?). 문제를 반대 문제(anti-problem)로 변형하면 좀 더 흥미롭다. 문제 29에서(시스템 수준에서) 흰 바탕에 검은색 선을 사용해야 하지만, 반대 문제에서는 단지 필요한 선을 남겨둔 채 완전하게 검은 바탕으로부터 필요하지 않은 것을 제거해야 한다.

종종 문제의 변형이 자동적으로 그 해결책으로 안내하더라도 시스템 연산자는 문제 해결을 위해 고안된 것이 아니다. 시스템 연산자는 우회 문제의 선택을 돕기 위해 고안된 것이고, 이때 선택된 문제는 아리즈, 1.4단계가 해결할 것이다. STC 연산자와 같이 시스템 연산자는 상상력을 훈련하기 위한 강력한 도구이다.

7.3 시스템의 발전 법칙 8가지

"하위시스템이 되면서 발전한다."는 법칙은 기술에서 뿐 아니라 객체의 발전(기본 입자에서 은하수까지)에 있어서 분명하게 기본적으로 중요한 것이다. 그러나 이것만이 발명가가 알아야 하는 유일한 법칙이 아니다. 기술 시스템의 발전 법칙을 세 그룹으로 나눌 수 있다; 〈정적(statics)〉, 〈운동성(kinematics)〉, 〈역동성(dynamics)〉.

A

〈정적(statics)〉 법칙은 기술 시스템이 어떻게 생성되는가에 관한 것으로 시스템의 성립조건에 관한 것인 법칙 1,2,3이 해당된다.

B

법칙 4, 5, 6은 시스템이 어떻게 진화·발전해 나가는가에 대한 것으로 〈운동성(Kinematics)〉 법치과 연관이 있다. 이상성을 증가시켜 나가지만 시스템 부분들의 진하 속도가 서로 달라서 모순되어지는 상황에 놓이기도 하고 결국에는 상위 시스템에 흡수되는 진화의 큰 경향을 나타낸다.

C

〈역동성(dynamics)〉의 분류로는 법칙 7, 8이 속하는데 시스템이 부분적으로 어떻게 발전해 나갈 것인지에 대한 설명이다.

◈ 기술 진화의 법칙

법칙 1. 시스템 부분들의 완전성의 법칙
법칙 2. 시스템의 에너지 전도성의 법칙
법칙 3. 시스템 부분들의 리듬조화의 법칙
법칙 4. 시스템의 이상성 증가의 법칙
법칙 5. 시스템 부분들의 불균일 발전의 법칙
법칙 6. 상이 시스템으로 전이의 법칙
법칙 7. 거시에서 미시수준으로 전이의 법칙
법칙 8. 물질-장의 상호작용 증가의 법칙

법칙 1. 시스템 부분들의 완전성의 법칙

기술 시스템이 생명을 유지하기 위해서는 원칙적으로 시스템 기본요소의 존재와 최소한의 기능이 필요하다. 모든 기술 시스템은 네 가지 기본요소를 포함해야 한다. : 엔진, 전달장치, 작동 기관, 그리고 제어 기관. 법칙 1은 기술 시스템의 합성을 위해서 네 가지 부분이 존재해 야 하고, 이것이 시스템의 기능위해서 최소한의 적합성이라는 의미이다. 그것 때문에 스스로 기능을 수행할 수 있는 시스템이 특별한 기술 시스템에서는 작동할 수 없는 것으로 증명될 수 있다. 예를 들어 스스로 기능을 수행 할 수 있는 내연 엔진이 잠수함의 수중 엔진으로 사용된다면 기능을 수행하지 못한다.

법칙 1은 다음과 같이 설명될 수 있다: 기술 시스템은 그 모든 부분들이 〈나쁜 특징〉을 가지고 있지 않다면 생명을 유지할 수 있다. 동시에 〈전반적인 특징〉은 전체 시스템 내에 있는 부분들이 작동하는 특성에 따라 정해진다. 만약 최소한도 한 부분에 〈나쁜 특징〉이 있다면, 다른 모든 부분이 〈최고의 특징〉을 가질지라도 그 시스템은 생명을 유지할 수 없다. 비슷한 법칙을 19세기 중반에 리비치(Liebich)가 생물 시스템에 적용하여 정형화 하였다(최소의 법칙).

법칙 1로부터 실질적으로 매우 중요한 추론이 나온다. : 기술 시스템을 제어하기 위해서 최소한도 부분 중에 하나는 제어 가능할 필요가 있다. 〈제어 가능하다〉는 의미는 제어기가 요구하는 방식으로 그 특징이 바뀐다는 의미이다.

이 추론 지식은 많은 문제의 본질을 보다 잘 이해하게 해주며, 얻은 해결책을 보다 잘 평가하게 해준다. 예를 들어 문제 27(앰풀 밀봉하기)을 보자. 두 개의 제어할 수 없는 부분으로 구성되어 있는 시스템이 주어졌다: 앰풀은 일반적으로 제어할 수 없다. 그 특성을 바꾸는 것이 불가능(불편)하다. 문제의 상세 설명에 따르면 버너의 제어 능력이 좋지 못하다. 이 문제의 분명한 해결책은 시스템에 한 부분을 추가로 도입하는 것이다(물질-장 분석은 즉시 다음을 제안한다. : 예를 들어 실린더의 페인트칠에 관한 문제 34에서와 같이 이것은 장이 아니라 물질이어야 한다).

불꽃이 그 부분에 닿지 않도록 막아주면서 동시에 앰풀 장치를 방해하지 않는 물체(기체, 액체, 고체)는 어느 것일까? 기체와 고체는 제외할 수 있다. 액체만이 남는다. 물-모세관 끝 부분만 수면 위에 나타나도록 물속에 앰풀을 배열해 보자(발명가 인증

번호 264,619). 시스템이 제어 능력을 얻었다. : 물의 수위를 바꿀 수 있다. 그러면 뜨겁고 차가운 영역 사이의 경계를 바꿀 수 있다. 물의 온도를 바꿀 수 있다. 이것은 작업 공정 중에 시스템의 안정성을 보장한다.

법칙 2. 시스템의 에너지 전도성의 법칙

기술 시스템이 생명을 유지하기 위해서는 원칙적으로 시스템 모든 부분으로 에너지의 원활한 이동이 필요하다. 모든 기술 시스템은 에너지 변환기이다. 그래서 엔진에서 전달장치를 지나 작동기관까지 에너지가 확실하게 전달되어야 한다. 시스템의 한 부분에서 다른 부분으로 에너지의 전달은 물질(예를 들어 축, 기어, 레버 등), 장(예를 들어 자기장), 그리고 물질-장(예를 들어 하전 입자 흐름으로써 에너지 전달)일 수 있다. 많은 발명 과제는 결국 주어진 환경에서 보다 더 효과적인 이런 저런 전달 형태를 고르는 것이다. 회전하는 원심 분리기 안에 있는 물질의 가열에 관한 문제 53이 그렇다.

이 문제의 본질은 〈에너지 다리〉를 만드는 데 있다. 그러한 다리는 균일 또는 비균일 시스템일 수 있다. 만약 에너지가 시스템의 한 부분에서 다른 부분으로 전달될 때 전달장치에서 에너지의 형태가 바뀐다면, 이것은 비균일 다리이다. 발명문제에서 대부분 이런 종류의 다리를 다루어야 한다. 그래서 원심 분리기 안에 있는 물질의 가열에 관한 문제 53에서는 원심 분리기의 회전을 방해하지 않는 전달장치로 전자기 에너지를 사용하는 것이 좋다.

하지만 원심 분리기 안에서 열에너지가 필요하다. 특별히 중요한 것은 시스템의 한 부분 출구 또는 다른 부분 입구에서 그 부분의 다른 쪽으로 에너지를 제어할 수 있는 효과와 현상이다. 문제 53에서 만약 원심 분리기를 자기장에 두고, 원심 분리기 안에 예를 들어 강자성 디스크를 넣는다면 가열은 보장된다. 그러나 문제의 조건은 원심 분리기 안에 있는 물질의 가열할 뿐 아니라 약 250℃로 일정한 온도의 유지를 요구한다. 그러나 디스크의 온도를 일정하게 유지하기 위해서 아마도 선택한 에너지를 바꾸어야 한다.

이것은 〈잉여〉장을 설치함으로써 보장받는다. 즉 이 장으로 충분한 에너지를 얻어 디스크를 250℃까지 가열한 다음, 디스크 물질이 스스로 스위치를 끈다(큐리온도를 이용한 스위치). 온도가 낮아질 때 디스크는 스스로 스위치를 다시 켠다.

법칙 2의 추론은 역시 중요하다: 기술 시스템의 부분들을 제어하기 위해서는 그 부분과 제어 기관 사이에 에너지 전도성이 보장되어야 한다. 측정과 검출의 문제에서는 이것을 정보의 전도성이라 말할 수 있다. 그러나 이것은 종종 약할지는 모르나 에너지 전도에 해당한다. 한 예로써 실리더 안에서 작동하는 연마 디스크의 직경 측정에 관한 문제 8의 해결책을 들 수 있다. 이 문제의 해결책은 만약 그것을 정보가 아니라 에너지 전도성으로 간주한다면 쉬워진다. 그러면 문제 해결을 위해 우선적으로 두 가지 질문에 답할 필요가 있다: 원에 에너지를 전달하기 위해 가장 간단한 에너지 형태는 무엇인가? 그리고 원의 벽을 따라(축을 따라) 에너지를 끌어내기 위한 가장 간단한 에너지 형태는 무엇인가? 답은 매우 분명하다: 전기 전류 형태. 이것이 아직 최종 해결책은 아니지만 올바른 답을 향해 한 걸음 더 다가선 것이다.

법칙 3. 시스템 부분들의 리듬 조화의 법칙

기술 시스템이 생명을 유지하기 위해서는 원칙적으로 시스템의 모든 부분들이 리듬(진동 주파수, 주기) 조화를 이루어야 한다. 이 법칙의 예제들을 1장에서 제시하였다.

〈운동성〉 법칙은 이 발전 법칙을 좌우하는 구체적인 기술과 물리 인자와는 별도로 기술 시스템 발전을 주관하는 법칙에 속한다. **B**

법칙 4. 시스템의 이상성 증가의 법칙

모든 시스템은 이상성이 증가하는 방향으로 발전한다.

이상적인 기술 시스템은 기능을 수행하는 능력이 줄어들지 않으면서 시스템의 무게, 피, 면적이 제로에 가까운 시스템이다. 다른 말로 하면 이상 시스템은 시스템이 없지만, 그 기능을 유지하고 수행하는 시스템이다.

〈이상적인 기술 시스템〉이라는 개념은 분명하지만 어떤 역설이 존재한다. ; 실제 시스템은 점점 더 크기와 무게가 증가한다. 비행기, 유조선, 차의 크기와 무게는 증가하고 있다. 시스템 개선의 결과물들은 크기가 증가하는 쪽으로, 가장 중요하게는 작업 파라미터가 증가하는 쪽으로 방향을 잡는다는 사실이 이 역설을 설명한다. 자동차는 처음에 시속 15~20킬로미터에 이르렀다. 이 속도가 더 이상 증가하지 않았다면 차는 점차 신뢰성과 안락감은 비슷하지만 좀 더 가벼운 차, 소형차로 바뀌었을 것이다. 그러나 매번 차는 속도가 증가하는 (보다 신뢰할 수 있는 재료를 쓰고, 엔진 효율 계수를 올리는) 방향으로 개선되었고, 강력한 브레이크 시스템, 단단한 축, 강화된 외장이 이 속도를 뒷받침해 주었다. 차의 이상성 성장을 한번 살펴보기 위해서 신형 차를 같은 속도로 같은 거리를 갈 수 있는 구형 기록 경신 차와 비교해 볼 필요가 있다.

눈에 보이는 이차적인 효과(속도 증가, 마력, 톤수 등)가 기술 시스템의 이상성 증가의 첫 번째 진행을 방해한다. 하지만 발명문제의 해결책을 위해서는 이상성을 증가시키는 쪽으로 정확하게 방향을 잡아야한다. 얻은 답의 표현과 평가에 수정을 가하기 위해서 이것이 믿을 수 있는 기준이다.

법칙 5. 시스템 부분들의 불균일 발전의 법칙

시스템 부분들은 발전정도, 발전속도가 조화를 이루지 못하기 때문에 불균일하게 발전한다. ; 시스템이 복잡해질수록 그 부분들은 더욱 불균일하게 발전한다. 시스템 부분들의 불균일 발전이 시스템의 기술적, 물리적 모순을 일으키고, 이 때문에 발명문제가 발생한다. 예를 들어 화물선의 톤수가 빠르게 증가하기 시작했을 때 엔진의 힘이 빠르게 증가하였지만, 브레이크 방식이 변화되지 않은 채 그대로 있다. 결과적으로 예를 들어 20만 톤의 배수량을 가진 유조선의 경우 브레이크 방법이 문제가 된다. 이 문제는 오늘날까지 효과적인 해결책이 없다. 브레이크를 걸어 완전 히 정지할 때까지 배는 아마 수 마일을 이동할 것이다.

법칙 6. 상위시스템으로 전이의 법칙

시스템이 발전 가능성을 전부 소진하면 시스템은 상위시스템의 한 부분으로 포함된다; 그렇게 함으로써 계속적인 발전은 상위시스템에서 일어난다. 이 법칙을 모노-바이-폴리(Mono-Bi-Poly)라고 이미 언급하였다.

〈역동성〉 법칙으로 이동해 보자. C

이것은 특별한 기술적, 물리적 요소에 대한 효과를 사용하고 있는 동시대의 기술 시스템의 발전을 반영하는 법칙들을 담고 있다.

〈정적〉 법칙과 〈운동성〉 법칙은 보편적이어서, 기술 시스템뿐 아니라 일반 시스템(생물학 등)에도 적용된다. 〈역동성〉 법칙은 정확히 이시대의 기술 시스템 발전에 대한 주요 경향을 반영한다.

법칙 7. 거시에서 미시수준으로 전이의 법칙

작동 기관은 먼저 거시수준에서 발전하다가, 다음엔 점점 더 작은 크기의 물질을 기술시스템이 사용하게 되는 미시수준으로 발전한다. 대부분의 현대 기술 시스템에서 작동 기관은 〈철〉이다. 예를 들어 비행기 프로펠러, 차의 휠, 선반 절단기, 굴착기 블레이드 등이 있다. 그러한 기관은 처음에 거시수준의 한계 내에서 발전하다; 〈철〉은 〈철〉로 남아 있지만, 점점 더 정제된다. 그러나 거시수준에서 더 이상의 발전이 불가능할 때 피할 수 없는 순간이 다가온다. 시스템은 자신의 기능을 유지하면서 원리상으로 재구성된다. : 그 작동 기관이 미시수준에서 작용하기 시작한다. 〈철〉대신에 분자, 원자, 전자 등이 일을 수행한다.

거시에서 미시수준으로 전이는 현대 기술 시스템의 주요 경향 중에 하나이다. 물질을 미세하게 나누는 방법, 빈공간을 이용하는 방법, 물질을 장으로 바꾸는 방법등을 활용해서 발명문제 해결책을 연구할 때 〈거시-미시 전이〉와 이 전이를 일으키는 물리 효과를 특별히 주의를 기울여 검토하여야 한다.

법칙 8. 물질-장의 상호작용 증가의 법칙

기술 시스템은 물질-장의 상호작용이 조정성이 증가하는 방향으로 발전한다. 이 법칙의 의미는 물질-장이 아닌 시스템은 물질-장이 되려고 하고, 물질-장 시스템에서 기계장이 전자기장으로 전이하는 방향으로 발전하여 간다는 것이다; 물질의 분산도, 요소 간의 연결 수, 그리고 시스템의 반응성이 증가한다.

7.4 강한발명을 위한 10가지 표준

6장에서 방법[19]들로 다 수준 피라미드를 구성하기 시작하였다: 단일 방법, 방법 쌍, 복합 방법. 구조가 더 복잡해지면서, 방법들의 강도가 증가하고, 전문화되기 시작하면서 이런 저런 문제의 분류가 생기기 시작하였다. 4수준의 문제, 즉 분명한 전문 분야에 이 방법들이 특별한 힘을 갖고 활용되기 위해서 훨씬 더 복잡한 방법이 있어야 한다. 그러한 방법들은 발견되어, 발명문제의 해결을 위한 표준 창고의 구성요소가 되었다.

그 이름에 대한 몇 개의 단어가 있다. 이것은 분명한 표현 가치를 가지고 있다. 물론, 〈표준〉이라는 단어를 〈전형적인 문제 해결책〉이나, 〈문제의 어떤 특성 분류와 그것의 전형적인 해결책〉으로 바꿀 수 있다. 하지만 〈표준〉이라는 단어는 다소간 정확한 형태로 기본 아이디어를 담고 있다. 표준은 문제의 분류에 따라 높은 수준의 해결책을 보장하기 때문에 영향력에 의해서 적용되어야 하는 복잡한 아이디어를 담고 있다.

그래서 표준의 기본 특징은 다음과 같다:

- 그것은 방법뿐 아니라 물리효과를 포함한다.
- 표준에 포함된 방법과 효과는 명확한 시스템을 구성한다(즉〈그것이 있는 대 로〉가

---

19) 여기서 방법이란 트리즈의 다양한 기법들(발명원리, STC 연산자 등)을 의미하는데, 대표적인 방법으로 발명원리를 생각하면 본문을 이해하기가 쉽다.

아니라 분명한 순서로 연결되어 있다).

- 방법과 효과 시스템은 전형적인 기존 문제에 대한 물리적 모순을 제거하는 쪽으로 분명하게 방향이 잡혀 있다.
- 표준과 기술 시스템의 발전 법칙 사이에 있는 연관성이 확실하게 눈에 띈다.

해결책과 효과 사이의 폭, 일반적인 주체성-이러한 것들은 어떤 〈후보〉표준에 대해서 절대적으로 없어서는 안 되는 필요 사항이다. 예를 들어 톰스(Toms) 효과의 응용을 다루어 보자. 이 물리효과의 적용은 항상 높은 수준의 해결책을 제공한다. 하지만 그 적용 분야는 매우 좁다: 본질적으로 이것은 액체와 고체가 상대적인 운동 상태에 있을 때 그것들의 마찰을 어떻게 줄일 것인가라는 단일 문제에 해당한다. 발명가 인증서 번호 412,382는 〈고체 재료에 대한 분출 작용〉을 위해 액체에 긴 사슬 고분자의 첨가를 제안하고 있다. 발명가 인증서 번호 424,468에서 압축기와 같은 액체? 고리 기계를 작동하는 수단으로 같은 효과를 특허화 하였다. 발명가 인증서 번호 427,982에서 파이프를 넓히기 위한 윤활제에 긴 사슬 고분자를 첨가하였다.

발명가 인증서 번호 464,042도 앞과 같지만, 여기서는 〈물로 채운 전기 기계〉에 관한 것이 다. 수많은 그러한 기계가 있지만, 모든 곳에서 과제는 같다. 즉 과제는 고체 표면에 대한 액체의 마찰을 줄이는 것이다. 한 가지 물리효과를 사용하는 발명 해결책은 빠르게 사소한 해결책이 된다. 1940년대 말에 전기 유압(electrohydraulic) 효과의 사용은 강력한 해결책을 주었지만, 10년도 안되어 이 방법은 사소해졌다. 표준은 구체적인 물리효과를 언급하지 않고, 효과의 종류를 언급한다. 이런 이유 때문에 표준은 상당히 긴 일생을 가진다. 그것들 중에 일부는 물리효과의 이름을 얻고, 미래에 발견될 것이다.

하나의 표준은 적용의 뉘앙스를 반영하면서, 표준의 정당성을 상세히 증명해주는 수많은 예제를 설명한다. 간단하게 처음 열 개의 표준의 핵심만을 검토할 것이다(약 50개의 표준이 이미 만들어졌지만, 그것들의 대부분은 아직 그 〈실험 기간〉이 끝나지 않았다).[20]

20) 현재 물질-장과 표준은 76가지 표준 해결책으로 통합되었다.

◈ 표준 1

정해진 어느 시점에 물체를 찾기가 어렵고, 물체에 미리 첨가제를 첨가할 수 있다면, 문제는 검출이 쉬운(종종 전자기장) 장이나 외부 환경과 쉽게 반응할 수 있는 첨가제를 물체에 미리 첨가함으로써 해결될 수 있다. 유사하게 측정 문제도 검출 문제의 형태로 제시된다면 해결될 수 있다. 이런 예제로 문제 9(액체에 현광 추적자의 첨가), 문제 10(고분자에 강자성 물질의 첨가)의 해결책이 있다. 발명가 인증번호 415,516에 따르면 접근하기 어려운 장소의 온도를 측정하기 위해 다이아몬드 칩을 도입한다. : 온도의 변화에 따라 다이아몬드를 통과하는 단속적인 빛의 기록치도 변화 한다. 물질-장의 의미로 볼 때 이런 모든 경우에 본질은 같다: 한 개의 물질이 주어져 있고, 외부 전자기장과 매우 잘 반응할 수 있는 두 번째 물질이 도입된다.

◈ 표준 2

편차를 발견하기 위해서 물체를 모형과 비교해야 한다면, 모형이나 모형의 이미지로 물체의 이미지를 비교함으로써 문제를 해결할 수 있다. 이 때 물체의 이미지는 표준 또는 그 이미지 색상과 반대이어야 한다. 만약 표준 또는 그 이미지를 갖고 있다면 측정 문제도 비슷한 방식으로 해결할 수 있다.

문제 28의 해결책이 한 예이다. 발명가 인증서 번호 350,219는 또 다른 예이다 : 미세 다공이 있는 디스크를 파란색 표준 이미지와 디스크의 노란색 이미지를 비교함으로써 제어한다. 화면에 노란 불빛이 나타나면, 그것은 제어 디스크가 다공을 막지 못하고 있다는 의미이다. 파란 불빛이 보이면, 그것은 디스크가 너무 많은 구멍이 갖고 있다는 의미이다.

◈ 표준 3

서로 상대적으로 움직이는 두 개의 물질이 접촉하고 있어야 하고, 이 때 해로운 효과가 생긴다면, 문제의 조건으로 제시된 물질 중에서 어느 하나의 변형 물질인 제 3의 물질을 물질 사이에 도입하여 문제를 해결한다.

문제 14의 해결책이 한 예이다.

문제 17의 해결책 또한 표준 3을 입증한다. : 파이프라인의 굽은 곳 바깥쪽에 영구자석을 설치한다. 공들이 벽 안쪽에 달라붙는다. 이동하는 공들이 벽과 충돌하지 않고, 고정된 공과 충돌한다. 고정된 공의 일부가 그 위치에서 떨어져 나가면, 다른 공이 그 위치를 차지한다(발명가 인증서 번호 304,356).

문제 36도 비슷한 방법으로 해결된다. 문제 21에서 해로운 현상(부식)이 물과 금속 사이에서 일어난다. : 물의 변형인 얼음 층을 도입한다. 보호가 필요한 물밑 돌출부가 냉각되고, 그 위에 지속적으로 균일한 새로운 얼음 층이 생긴다(발명가 인증서 번호 412,062).

◆ 표준 4

물체의 움직임을 제어할 필요가 있다면, 물체에 강자성 물질을 도입하고, 자기장을 사용해야 한다. 물질의 표면 처리, 분해, 혼합, 점도 변화, 투과성과 같은 물질의 변형에 관한 문제는 비슷한 방법으로 해결된다.

시험 땅의 흙 특성을 바꾸는 문제 6의 해결책, 그리고 그림 선을 움직이는 문제 29의 해결책이 표준 4의 예들이다. 발명가 인증서 번호 147,225에서 잉크에 강자성 입자를 넣고, 자기장의 도움으로 그러한 잉크를 제어한다. 발명가 인증서 번호 261,371에 따르면 강자성 분말을 촉매에 넣고, 자기장의 도움으로 그 움직임을 제어 한다. 발명가 인증서 번호 4,333,829는 자기장으로 단단해지는 강자성 액체를 사용하는 소음기를 설명한다. 발명가 인증서 번호 469,059에서 자기장 안에 있는 강자성 액체의 밀도 변화가 소음 장치의 제어를 위해 사용된다. 높은 수준의 해결책과 관련된 매우 많은 유사한 발명들이 있다.

◆ 표준 5

시스템의 기술적 파라미터(질량, 체적, 속도 등)를 높일 필요가 있지만, 이것이 기본적인 이유(자연 법칙이 강요하는 금지, 현재의 기술 상태에서 필요한 물질, 재료, 동력의 부재) 때문에 장애에 부딪친다면, 시스템을 보다 더 복합한 다른 시스템의 하위 시스템으로 넣어야 한다. 원래 시스템은 발전을 멈추고, 보다 복잡한 시스템의 강력한 발전이 그 자리를 차지한다.

표준 6

섬세하고, 깨지고, 쉽게 변형되는 물체를 다루기가 어렵다면, 작업하는 동안에 이 물체를 단단하게 안정시켜주는 물체에 연결해야 한다. : 작업 후에 이 물체는 용해하거나 증발시켜 제거할 수 있다.

발명가 인증서 번호 182,661에 따르면, 얇은 니크롬 관은 알루미늄 막대에 니크롬을 입힌 다음, 알루미늄 막대를 알칼리로 제거하여 만든다.

표준 7

두 개의 상호 배타적인 작용(또는 두 개의 상호 배타적인 물체 상태)을 결합해야 한다면, 그들 각각을 불연속적으로 만들고, 다른 작용이 쉬고 있을 때 한 작용이 실행 될 수 있도록 연결한다. 그렇게 할 때 한 작용에서 다른 작용으로 전환은 물체 스스로가 수행해야 한다. 예를 들어 외부 조건의 변화에 따라 나타나는 위상 전환을 사용 한다.

예로써 번개 막대에 대한 문제 25의 해결책과 결빙 예방에 대한 문제 48이 있다.

표준 8

기계 시스템의 상태(질량, 체적 등)를 직접적으로 측정할 수 없다면, 시스템에 공명 진동을 일으킴으로써 문제를 해결할 수 있다. 진동 변화로부터 발생하는 변화를 측정할 수 있다.

고유 진동 주파수는 기술 시스템(또는 부분)의 맥박이다. 이상적인 측정 방법은 센서를 사용하지 않고 시스템 스스로가 자신의 조건에 대해서 말하는 것이다. 발명가 인증서 번호 244,690에 따르면 고유 진동 주파수로부터 움직이는 실의 무게를 측정할 수 있다(이전에는 실의 일부를 잘라내, 그 무게를 측정하였다).

◆ 표준 9

시스템의 기술 지표(정확성, 속도 등)를 개선할 필요가 있지만, 이것이 기본적인 장애(자연 법칙이 강요하는 금지, 다른 시스템 특성의 빠른 악화)에 부딪친다면, 거시수준에서 미시수준으로 전이함으로써 문제를 해결한다. : 장과 연계해서 필요한 작용을 수행할 수 있는 물질로 시스템(또는 그 부분)을 바꾼다.

표준 5는 시스템을 상위시스템으로 전이하는 것이다 ; 표준 9의 핵심은 시스템을 하위시스템으로 전이하는 것이다. 독자는 이미 그런 예제들에 익숙하다. 특별하게 문제 52는 표준 9에 해당한다(초정밀 밸브를 만들기 위해서 열팽창, 자기변형, 역압전 효과를 사용한다).

표준을 적용하기 위해서 표준 1, 3, 4, 6의 요구조건에 따라, 첨가제의 도입이 가능한지 또는 불가능한지가 매우 중요하다. 지금까지 "물체를 바꿀 수 있다", "물체를 바꿀 수 없다"하는 표현을 사용하였다. 이제 특별한 물리적 의미가 있는 다음과 같은 표현이 있는데, 이것이 좀 더 정확한 정의를 사용하게 해준다. : "첨가제를 도입할 수 있다.", "첨가제를 도입할 수 없다." 많은 경우에 문제의 난이도는 이 "할 수 있다."와 "할 수 없다."에 달려있다. 그러므로 표준 10은 특별하게 "할 수 없다."와 "할 수 있다."라는 해석과 관련이 있다.

◆ 표준 10

첨가제를 도입해야 하지만, 이것이 문제의 조건에 의해 제한되어 진다면, 다음과 같은 방법을 고려해 본다.

(1) 물질 대신에 장을 도입한다.

(2) 〈내부 첨가제〉대신에 〈외부 첨가제〉를 사용한다.

(3) 매우 작은 양으로 첨가제를 도입한다.
(4) 첨가제를 일시적으로 도입한다.
(5) 특별한 조건 또는 이미 있는 조건에서 변형된, 이미 존재하는 물질의 부분을 첨가제로 사용한다.
(6) 물체 대신에 복사본(모형)을 사용한다. 여기에서는 첨가제의 도입이 가능하다.
(7) 나중에 분리할 수 있는 화학 조성물 형태로 첨가제를 도입한다.

예를 들어 표준 10의 2와 4는 문제 20의 해결에 사용된다. 다이아몬드 위에 얇은 금 속 층을 만들고, 자기장의 도움으로 다이아몬드 알갱이를 배치한다. 연마 공정에서 필요 없는 금속 층은 즉시 벗겨진다.

시행착오 방법으로 문제를 해결할 때, 당신은 예기치 않게 우연히 해결책과 마주친다. 1분에 답이 없고, 다음 1분에 답이 있다. 이 예기치 않은 특성을 〈계몽〉, 〈여명 효과〉, 〈유레카〉, 〈통찰〉과 같은 많은 표현으로 설명한다. 단어는 다르지만, 의미는 같다 : 해결책은 갑자기 나타났고, 안개가 즉시 걷혔다.

실제로 시행착오 방법으로 작업할 때, 안개에서 빛으로의 전환이 알 수 없을 만큼 짧은 시간 안에 일어난다. 시행착오 수준으로 발명가의 창의성을 연구하고 있는 심리학자에게 〈계몽〉은 기본 현상 중의 하나이다. 만약 심리학자가 아리즈 수준으로 실행된 발명 창의성을 연구한다면, 이것이 달라진다. 이 경우에 꼭 분명한 원인이 있고, 안개는 점차적으로 빛으로 바뀌기 때문에 〈계몽〉은 없다. 다음은 잃어버린 다이아몬드에 대한 문제 54의 해결책 기록이다(발명 창의성 공공 연구소를 졸업한 수학자가 이 문제를 풀었다) : “이 문제는 발견 문제이군요. 그래서 표준 1을 적용 할 필요가 있습니다.”: 다이아몬드에 어떤 종류의 첨가제를 도입해야 합니다.

“맞습니다만, 첨가제를 도입할 수 없군요! 여기에 모순이 있군요. 이 경우에 표준 10을 검토할 수 있지요.일시적으로 또는 매우 작은 양으로 첨가제를 도입한다. 하지만 이것 역시 효과가 없고, 첨가제를 도입할 방법이 없습니다. 다음 우회로로 가봅시다. 물질에 이미 존재하는 무언가를 첨가제로 사용합시다. 하지만 무엇이 있습니까? 다이아몬드는 결정상 조직, 즉 결정입니다. 여기서 결정 조직을 깨야 할까요? 그렇게 해야 합니다! 바꾸어 말하면, 결정 조직을 표시자로 사용해야 합니다. 사람의 모반(母斑)처럼 말입니다. 잃어버린 다이아몬드로는 아무것도 할 수 없지만, 다른 모든 다이아몬드에 대해서는 미리 엑스레이 사진을 찍어야합니다. 밝혀지는 것은 다이아몬드 지문과 같은 어떤 것일 겁니다."

변형을 제거하면서 어려운 문제를 풀을 때, 발명가는 몇 년 동안 자기 위치에서 움직이지 않을 것이다. 이것은 50,000개의 변형 중에 이미 그는 아마도 3,000개를 검토했다는 의미이다. 아리즈 방법으로 문제를 푸는 것은 완전히 다른 것이다. 발명가는 의식적으로 이런 저런 특별한 법칙, 방법, 접근법 등에 대한 지식에 의지하면서 해결 과정을 따라간다. 각 작업이 해결책을 가까이 가져오고, 안개를 걷히게 한다. 해결책 윤곽이 점차적으로 형태를 취한다. 물론 그것이 시행착오 방법보다 훨씬 빠르다.

전통에서는 〈계몽〉을 통상적으로 피할 수 없는 창의성 특징으로 여겼다. 〈계몽〉이 있다면, 창의성이 있고, 계몽이 없다면, 창의성은 없다. 이제 〈계몽〉 또는 〈여명효과〉대신에 새로운 수준의 창의성 체제로 창의성의 심리적 속성이 밝혀지고 있다. 그 속성이란 불빛을 향한 점차적인 전환이다.

이 과정에서(여기에 일종의 역설이 있다), 문제가 제시되기 전에도 부분적으로 문제의 해결책을 알 수 있다. 문제를 알지 못하더라도, 먼저 법칙, 즉 일반적인 형태의 답을 안다. 해결 과정은 일반적인 법칙으로부터 주어진 경우의 특별한 설명으로 전환을 포함한다. 문제를 분석하기 전에 발명문제의 해결책에 대한 표준을 사용할 수 있다(1.7 단계에서). 하지만 표준을 분석한 후에, 어떤 경우에는 문제의 모델을 세운 후에 표준을 사용하는 것이 보다 효과적이다. 이런 이유 때문에 표준이 전형적인 모델 문제와 물질-장 변환표에 들어있다.

때로는 과제의 해결을 위해서, 일관되게 여러 개의 표준을 활용할 필요가 있다.

문제 56

판지 상자에 과일을 포장하는 장치는 상자를 올려놓는 진동 테이블을 포함한다(이 진동이 포장 밀도를 상당히 향상시켜 준다). 과일은 위쪽에서 낙하장치를 따라 들어간다. 불행하게도 약한 과일들이 떨어지면서 충돌한다(과일들이 0.5미터를 떨어진다고 하자). 낙하장치를 상자 밑으로 낮춘 다음, 어떤 장치로 그것을 조금씩 올리는 것은 너무 복잡해서, 좋지 않다. 어떻게 해야 하는가?

한 복숭아가 다른 복숭아를 때리고, 이것이 복숭아에 상처를 입힌다. 이것은 전 형적인 표준 3의 문제이다. 두 개의 충돌하는 복숭아 사이에 〈부드러운 복숭아〉(예를 들어 폴리스티렌으로 만든 탄성공)를 도입할 필요가 있다. 이와 같은 공은 진동의 도움으로 과일의 위층에 항상 있을 것이다. 상자를 다 채운 후에 공을 제거해야 한다. 이것은 표준 4의 경우이다. 공 안에 강자성 디스크를 넣는다. 상자를 다 채운 후에 상자 위쪽에 있는 전자석을 켜면, 공들이 상자 밖으로 튀어 나가고, 빈 상자가 따라 들어온다. 이때 전자석을 끄면, 공들이 빈 상자로 떨어진다. 두 개의 표준을 함께 적용함으로써 이 해결책(발명가 인증서 번호 552,245)의 효과를 얻었다 : 충격 흡수제로 공을 사용하고, 공들을 제어하는 방법을 확보하였다.

7.5 나무에 대해서 숲은

문제 해결을 위한 가장 강력한 수단(물질-장, 표준)은 동시에 새로운 문제를 밝혀내는 도구이다. 예측 기능은 또한 6.3 단계에서 사용하는 방법들에 대한 고유 특성이다. 구체적인 사례를 들어 이것을 검토해 보자.

처음으로 전기 전도성 액체의 흐름을 측정하는 전자석 계량기(소비 계량기)를 만들었다고 가정하자. 그러한 소비 계량기의 구성 원리는 극히 간단하다(그림 7.5(a)) : 측정하고자 하는 흐름(S) 속에 전극(E)을 삽입하고, 자석 시스템(M)을 외부에 두어, 자기장을 만든다. 흐름이 자기력선을 가로지르고, 전극에서 전동력이 발생한다.

다음과 같은 질문을 던진다면 : "전자석 소비 계량기의 새로운 구성을 제안하라", 시행착오 방법을 사용하는 탐색은 빠른 결과를 가져오지 못할 것이다. 왜냐하면 그 이유는 기존의 형태를 어떻게 바꾸어야 하는지 알지 못하기 때문이다. 가장 간단한 방법을 사용해 보자 : 부분들의 재배치. 원래 구성의 구조를 MESEM으로 나타낼 수 있다. 중심에 흐름이 있고, 그 흐름의 양측을 따라 전극이 있으며, 외부에 자석 시스템이 있다. 확실하게 부분들을 재배열함으로써 다섯 종류의 다른 구성을 얻을 수 있다 : EMSME(그림 7.5(b)); SMEMS(그림 7.5(c)); MSESM(그림 17.5(d)); ESMSE(그림 7.5(e)); SEMES(그림 7.5(f)).

이와 같은 형태학적 분석이 처음으로 이루어지는 순간, SEMES 형 측정기(속도 게이지)와 함께 MESEM 형 소비 계량기가 밝혀진다. 네 종류의 새로운 계량기가 밝혀졌고, 그것들은 각각 고유 특성과 이점을 갖고 있었다. 예를 들어 MSESM 형은 흐름의 폭에 따라 국부적 소비를 측정할 수 있는 계량기이다. SMEMS 형 측정기는 내부 솔레노이드 자기장으로 작동되는데, 이런 이유 때문에 분산 장에 의해 작동되는 SEMES 측정기 보다 더 민감하다.

이와 같은 매우 간단한 방법(부분들의 재배치)은 문제의 해결뿐 아니라 얻은 원리의 응용 분야를 찾기 위해, 즉 예측 목적을 위해 사용될 수 있다. 예를 들어 문제 13, 자기 필터를 검토해 보자. 이것은 자기 시스템(M), 강자성체 분말(F), 거기에 흐르는 먼지 공기의 흐름으로 구성되어 있다(이 흐름을 A라 표시하자-객체). 필터의 구조는 MFAFM이다.

분명하게 다른 다섯 종류의 구조가 가능하다 : FMAMF AMFMA, MAFAM, AFMFA, FAMAF. 예를 들어 "전자기 필터 ; 에너지 평균 소비를 줄이고, 생산성을 올리기 위해서 알갱이 자성 재료로 만든 여과 요소를 자기장 원의 외측에 두고, 바깥쪽으로 밀폐된 자기 윤곽을 만든다."(발명가 인증서 번호 319,325). 이 발명(내부 자석)은 보통의 필터(외부 자석)가 발명된 지 7년이 지나서야 나타났다.

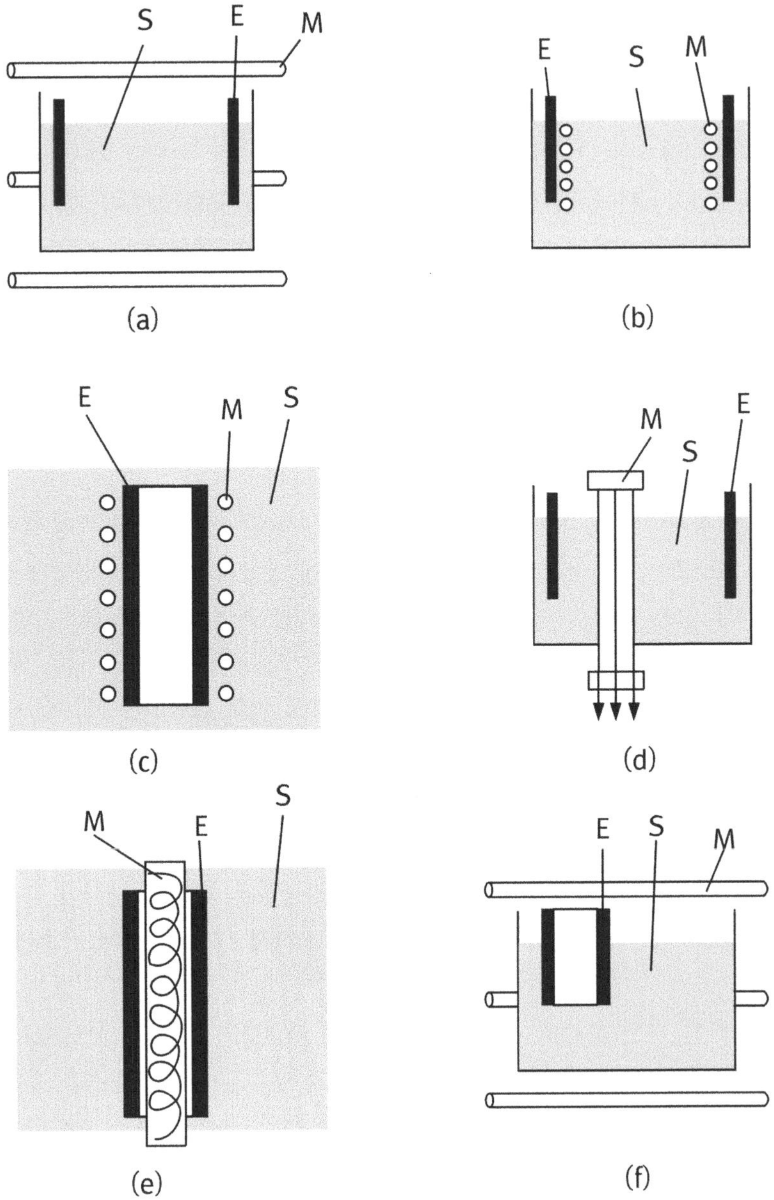

그림 7.5

여섯 가지 가능한 구조를 표의 길이 방향으로 두고, 다른 축에 5가지 가능한 객체의 상태 : 기체, 액체, 고체(예를 들어 강철 막대), 탄성체(고무), 분말을 두어 표를 만들어 보자. 30개의 셀이 있는 표를 얻는다. 이 표는 필터의 형태 뿐 아니라 기능이 다른 기술 시스템의 형태를 포함한다. 예를 들어 세로축에 있는 MFAFM과 가로축 고체가 교차하는 셀에 발명가 인증서 번호 499,912를 놓을 수 있다. 이 특허는 신장 변형을 포함한 강철선의 비여과 연신 방법이다.: 일정한 직경의 철사를 얻기 위해서 자기장 안에 있는 강자성체로 철사를 늘려서 필요한 변형을 얻는다. 체코(CSSR) 특허 번호 105,766에서는 석유로부터 금속입자를 빼내기 위해서 엔진 기름통에 설치된 자기 마개를 설명한다.: 그 구조는 IFMFI이고, 객체(석유)의 응집 상태는 액체이다.

이 표에서는 오직 두 가지 방법이 사용되었다 :부분들의 재배치와 객체의 응집상태 변화. 제 3의 방법을 사용할 수 있다. : 객체, 분말, 또는 장의 직선 운동을 회전 운동으로 변환하거나, 두 종류의 운동에 대해서 30개의 셀이 있는 두개의 표를 만든다. 이런 방식으로 계획에 따라 60개의 형태가 재생산된다.

상세하게 처리하면, 형태의 수가 매우 많아질 수 있다. 이런 이유 때문에 시스템의 부분이 움직이는지, 고정되어 있는지를 고려할 필요가 있다. “1962년에 그 당시 수산업을 위한 칼리닌그라드(Kaliningrad) 연구소의 대학원생이었던 게나디이 슐레브(Gennadiy Shulev)는 금속 가공을 위한 새로운 자기 마모 기법을 제안하였다. 같은 해 5월에 그는 이것으로 발명가 인증서 번호 165,651을 받았다. 그는 자신의 나라에서 1938년에 제안되었던 금속 가공 아이디어를 영리하게 현대화하였다.

이 아이디어가 1938년에 제안되었지만, 결과가 없었다. 왜냐하면 처음 제안은 원통형 표면을 회전하는 자기장으로 가공하는 것이었다. 슐레브는 자기장을 고정하고, 부품이 회전해야 한다는 아이디어를 개발하였다. 그는 그것을 선반으로 작업하여 해결하였다.[21] 체계적이 못했던 사고 때문에 “장을 돌리지 않고 객체를 돌린다.”는 아이디어로 전환하기 위해서 25년이라는 대가를 지불하였다. 이 아이디어의 개발과 전환은 아리즈-77에 따라 〈물리효과와 현상의 활용〉이라는 제 3의 축을 도입함으로써 얻을 수 있다 : 시스템의 온도를 바꾸어 큐리온도를 지나가게 하거나 홉킨스 및 바크하우젠 효과에

21) Tekhnika I nauka, 1976, No 7, p. 15

의한 자기 특성의 제어. 예를 들어 강자성체 분말의 접촉식 용접에 관한 발명가 인증서 번호 397,289에서는 부품의 작업 표면에 공급되는 분말의 균일한 분포를 보장하기 위해서 부품을 큐리온도까지 가열한다. 두 개의 3차원 표-이러한 표는 이미 200개 이상 있다. 이러한 표의 도움으로 아이디어라는 나무 뒤편에 있는 아이디어의 숲 전체를 분명하게 볼 수 있다.

이와 같은 표를 만들고 채우는 것은 〈아리즈 형〉사고를 개발하기 위한 훌륭한 연습이다. 그리고 1976년 이후 발명 창의성 공공 연구소의 학습 과정에서 이런 표들은 체계적으로 사용되고 있다. 자주는 아니지만 이러한 과정은 흥미로운 발명을 찾아내, 연구개발을 위한 새로운 방향을 제시하였다.

7.6 학습문제 : 문제 57~60

표준을 아직 모르는 사람들에게 이러한 문제들은 매우 어렵겠지만, 당신은 문제 57에서 59까지는 쉽게 풀 수 있을 것이다. 하지만 문제 60은 천천히 인내를 갖고 풀어야 한다. 이 문제의 해결책은 흥미로운 연구의 한 부분이 될 수 있다.

문제 57

발명가 인증서 번호 206,207은 나사를 만드는 선반을 설명한다 : 도구의 과도한 긴장을 줄이기 위해 액체로 채운 방과 스핀들에 연결된 부양(浮揚) 장치를 선반에 설치하였다. 발명가 인증서 번호 354,297에서는 회전모멘트를 측정하는 장치에 있는 베어링의 무게를 줄이기 위해서 비슷한 부양 배열을 사용한다. 부양 장치가 클수록 액체의 정압이 커진다. 하지만 부양 방의 크기를 키우는 것은 불편하다. 물 대신에 비중이 큰 액체를 사용하는 것은 비쌀 뿐 아니라 불편하고 위험 하다. 이와 같은 부양 방의 발전 방향을 예측하라. 주의 : 어려움이 생기면, 문제 50으로 되돌아가라.

문제 58

작은 구형 고분자를 만드는 장치가 있다. 이 장치에는 용융 고분자를 담고 있는 탱크가 있다. 탱크 외부로 압축 공기를 운반하는 파이프가 있고, 압축공기가 고분자를 붙잡아, 분쇄한다. 파이프를 따라 압축공기가 고분자 방울을 나른다 : 구형 고분자는 고화되어, 파이프 벽면 아래쪽으로 떨어져, 별도의 용기로 굴러간

다. 불행하게도 이 장치는 크기가 큰 구형 고분자를 너무 많이 만든다. 공기를 도입하는 다양한 방법을 시도하였지만, 이것을 개선할지 못했다. 파이프에 격자 세공 망을 설치하였지만, 생산성이 떨어지는 결과를 가져왔다. 여기에 어떤 표준을 적용해야 하는가? 이 표준에 따라 문제의 해결책은 무엇인가?

문제 59

금속 뚜껑이 있는 항아리에 과일 잼을 넣었다. 이 뚜껑이 항아리에 잘 맞아 항아리의 열린 구멍을 충분하게 잘 밀봉하고 있는지 확인할 필요가 있다. 이것을 하기 위해서 항아리를 물이 든 큰 통에 넣고, 공기 방울이 나타나는지 관찰한다(물이 틈새로 들어가고, 공기를 내보낸다). 이 방법은 느리고, 신뢰할 수 없다. 어떤 표준을 사용해야 하는가? 이 표준에 따라 어떤 해결책을 얻을 수 있는가?

주의 : 이 문제는 항아리로 들어가는 물방울을 찾는 것이다. 이 문제의 모델은 하나의 물질이 주어진 클래스 1에 해당한다. 항아리 내용물, 항아리, 그리고 뚜껑은 문제의 모델에 넣지 않아야 한다.

문제 60

<부분들의 배치-객체의 전반적인 상태>를 보여주는 표로 문제 59의 답을 바꾸어라. 본 책에서 인용한 발명 사례를 사용해서 이 표의 칸을 채워라. 빈칸을 시스템의 유형으로 채워보아라. 이러한 유형은 어떤 응용이 가능한가? 그것들 중에 새로운 발명은 없는가?

8

발명 과학
발명 공식

8.1 "스산한 분위기에서 방황하면서..."

요컨대, 이론 없이 발명할 수 있는가? 물질-장 분석, 아리즈의 세심한 적용, 그리고 이 모든 어려운 과학 없이 말이다. 당신은 그렇게 할 수 있다. 여기에 전형적인 사례가 있다.

내열성 벽돌로 만든 내부 라이닝을 갖춘 거대한 금속 도가니인 전환로에 철을 붓는다. 7~10일마다 라이닝이 타서 없어져, 작업을 멈추어야 한다. 계속해서 전환로를 냉각하고, 라이닝을 깨부수어, 새로 라이닝을 설치해야 한다. 전환로 전체를 교환하는 아이디어가 제안되었다. 하지만 전환로는 8층 건물 만큼이나 높다 : 롤러로 도가니를 굴려 꺼낸 다음, 새로운 도가니를 넣는 것은 너무 복잡하다. 어떻게 해야 하는가? 기술 과학자 후보인 발명가 고레로프(V. Gorelov)는 이 문제를 오랫동안 곰곰이 생각하였다. 그는 이 문제를 풀 수 없었고, 수많은 〈공허한〉 시도를 하였다. 어느 날 까지….

"나는 내 딸을 위해 장난감을 사야했습니다."그가 말하였다. "가게에 흐르는 스산한 분위기에서 방황하면서 나는 겹쳐진 러시아 인형에 눈이 끌렸습니다. 이 인형들은 〈엄마〉 뒤쪽에 예쁘게 줄지어 서있었고, 엄마 인형에 그들 모두를 넣을 수 있었습니다. 이 인형들이 나에게 무언가를 생각나게 했습니다. 하지만 무엇이 생각났겠습니까? 나는 지나쳤다가 되돌아 왔습니다. 나는 생각해 냈죠! 만약 당신이 인형의 윗부분을 제거하고, 그것의 위아래를 뒤집어 놓는다면, 그것은 약간 작은 몸체를 라이닝으로 채워 넣은 전환로였습니다."[22] 하지만, 골레로프가 장난감 가게에 가지 않았다면 어떤 일이 생겼을까? 혹은 그날 만약 그 러시아 인형이 전시장에 없었다면? 이 문제는 물론 다른 방법으로 풀렸을지는 모르지만, 그것은 많은 시간이 낭비된 다음이었을 것이다.

이제 모순 행렬표를 사용해 보자[13]. 〈수선의 용이성〉을 개선할 필요가 있다(34행). 만약 알려진 길을 택한다면(전체 도가니를 제거함으로써), 수선 된 도가니를 설치하기 위해서 많은 시간이 필요하다. 행렬표 25열(시간의 낭비) 또는 32열(제조의 용이성)을 선택할 수 있다.: 첫 번째 박스에 발명원리 32, 1, 10, 25, 두 번째 박스에 1, 35, 11,

22) Izobretatel'i ratsionalizator, 1976, No 9, p 20

10이 있다. 발명원리 1은 물체를 부분으로 나누는 것이다. 이것은 정확하게 골레로프가 〈스산한 분위기에서 방황하면서〉 우연히 발견한 방법이다. 라이닝이 몸체 안쪽에 있기 때문에 겹쳐진 인형 원리는 도가니 구조에 이미 적용되어 있었다. 이 발명의 핵심은 라이닝을 제거하는 데 있다. 그러므로 〈스산한 분위기〉가 분해된 인형에 주의를 끌게 했음이 틀림없다.

다른 과제와 발명가가 있다 : 기술 과학자 후보인 벨로트세르토브스키(A. Belotserkovsky). "…유압 사출을 위한 이상 액체는 상호 배타적인 두 가지 요구조건을 가져야 한다. : 준비작용의 영역에 있는 액체는 점성이 없어야 하고, 정수압을 잘 전달해야 한다. 하지만 밀폐와 마찰 영역(플런저가 용기에 들어가는 곳)에서 액체가 좋은 윤활 특성을 갖기 위해서는 점성이 높아야 한다. 이러한 여러 액체 성분을 조합한 수많은 시도를 하였다. 또한 화학 연구소에 문의하였고, 인내심을 갖고 문헌과 특허를 조사하였지만, 적절한 액체를 찾는데 실패하였다. 해결책은 기대치 않게도 과학 창의성과는 전혀 어울리지 않는 칵테일 바에서 얻었다. 어느 토요일 저녁 여러 층의 술을 능숙하게 붓고 있는 여성 바텐더의 손놀림을 집중하지 않고 보고 있었다. 그 순간 어리석게도 간단한 생각이 떠올랐다. 마찬가지로 만약 유압 사출 용기 안에서 〈칵테일〉을 만든다면 어떨까(발명가 인증서 번호 249,906). 우리는 그것을 해보았고, 실제로 그것이 최고였다."[23)]

이 문제의 물리적 모순은 분명하고, 그 해결책도 매우 쉽다. 모순 특성을 공간으로 분리해야 한다는 것을 곧바로 알 수 있다. 결과적으로 단지 두 가지의 가능성이 있을 수 있다 : 1) 단일 액체를 취하고, 기계의 다른 부분에 다른 조건을 만드는 것 2)두 개의 액체를 취하고, 두 개의 액체가 섞이지 않도록 공간으로 액체를 분리하는 것.

발명가는 오랫동안 첫 번째 길을 생각하였고, 그것은 부분적일 뿐 이었다.: 발명가는 기계의 다른 부분에서 다르게 거동하는 액체를 찾았다. 발명 창의성 공립학교에 다니는 어떤 학생이라도 전기장 또는 자기장에서 점도가 바뀌는 액체가 있는 것을 알고 있다. 온도에 따라, 층간 속도 차이에 따라 점도가 바뀌는 액체들이 있다. 하지만 두 번째 길을 선택하는 것이 보다 간단하다: 기계의 다른 부분에서 다른 액체가 작동한다. 이것을 위해서 점성이 있는 액체와 점성이 없는 액체로 구성된 서로 섞이지 않는 액체 쌍(칵

23) Izobretatel'i ratsionalizator, 1970, No 12, p 21

테일)을 선택할 필요가 있다. 이 학습문제에 대해서 오래 전에 출판된 주석과 발명가의 설명을 대비해 보는 것은 재미있다[12, 176쪽] :

"유압 사출을 위한 용기에 단순하게 비점성 액체인 물을 부었다. 용기의 대부분에는 고점도 액체를 부었고, 그 밀도는 물의 밀도보다 낮았다. 이것은 SU 형광물성 기름이었다."

"주된 조건은 그것이 기름과 섞이지 않아야 한다는 것이다. 모든 물질은 유기 물질이 아니면 무기 물질이다. 〈같은 종류는 같은 종류에서 용해된다.〉는 것은 연금술사들에게 이미 알려진 사실이다. 기름은 유기 물질이다. 그러므로 칸막이는 무기물 이어야 한다는 의미이다. 가장 일반적인 무기 액체는 물이다." 최종 답이 동시에 생긴다. : 물과 야채 기름, 물과 석유. 두 경우에 〈칵테일〉의 조성은 같다.

발명문제 해결 이론의 책에 있는 첫 번째 사례에서 왜 때때로 아이디어가 모든 탐색 방향으로 방황하는지 이해할 수 없다. 결국 우단순하게 40가지 발명원리를 선택할 수 있고, 당신은 이것을 배울 필요도 없는데…

엔지니어 포트야긴(Yu. Portnyagin)은 골레로프가 풀었던 문제와 매우 유사한 문제에 직면했었다: 유리를 불어서 제조하는 경우에 노(爐)의 수리 속도를 올릴 필요가 있었다. 노의 바닥을 방염 점토 막대로 깔았는데, 이것이 노 수리 시간의 90%를 차지했다. 점토 막대를 나란히 옆으로 놓아야 한다는 것이 문제였다. 그러므로 손으로 막대를 뒤집어야 했다. 포트야긴은 트리즈 강의에 몇 번 참석하였고, 40가지 원리가 있다는 것을 알게 되었다. 따라서 그는 문제 해결 과정을 다르게 하였다.

"발명 문제 해결의 원리를 선택하면서", 점토 막대 사이의 간격을 최소로 줄이는 방법을 계속해서 곰곰이 생각하고 있었다.[24]) 한 가지 방법은 해로운 인자를 강화하고 그것을 유용한 것으로 바꾸는 것이었다. 그는 상상 속에서 폭을 계속해서 넓게 만들면서 막대의 크기를 키웠다. 그 다음은? 이것이 그 다음이다. : 불균일한 곡면의 모든 공간을 높은 방화성 콘크리트로 덮어야 했다. 경제학자들은 이것이 일을 쉽게 만들어 외장재의 1 평방미터 당 103.33루블의 경제적 효과가 있다고 계산하였다! 발명 위원회는 이 방법에 대해서 발명가 인증서 번호 270,209를 그에게 수여하였다.

24) Izobretatel'i ratsionalizator, 1973, No 4, p 28

이것은 간단해서 발명원리 목록을 살펴보는 것으로 충분했지만, 그렇게 거의 하지 않는다! 과제 설계 책임자인 치트론(D. Tsitron)은 〈공기쿠션〉의 응용을 기초로 한 이 발명에 대해서 다음과 같은 이야기를 하였다 : 이것은 극히 널리 사용하는 방법이고, 트리즈 문헌에서 그 사용 사례를 찾기란 어렵지 않다. 하지만 치트론은 그것을 책에서 발견한 게 아니라 자신의 아들 장난감 중에서 발견하였다 : "어느 날 아들과 나는 아들의 오래된 장난감을 정리하면서 나는 팽창할 수 있는 고무 광대를 보았다. 그것이 바로 내가 찾고 있었던 것이었다."[25)]

여기에 흥미로운 사례가 있다. 문제의 형태로 이것을 제시해 보자.

문제 61

소위 말해서 금속 윤활제가 있다. 윤활제는 보통 기름 90%와 곱게 가루를 낸 금속 분말 10%로 구성되어 있다. 운전 중에 이 분말이 이접하고 있는 표면에 작용해서 미세한 금속 보호층을 만들어 준다. 윤활제의 제조는 기계적인 혼합으로 매우 간단하다.

하지만 그러한 윤활제는 인접하고 있는 표면 사이의 간격이 분말 알갱이보다 작다면 적절하지 못하다. 물론 분말을 더 곱게 갈아, 콜로이드 용액으로 만들 수 있다. 그러나 이 경우에도 너무 큰 입자가 생긴다. 분말을 더 가는 것은 콜로이드 용액을 진짜 용액으로 변환하다는 것을 의미한다. 진짜 용액에서 금속은 분자, 원자, 이온 형태로 존재할 것이다. 하지만 금속은 기름에 녹지 않는다. 어떻게 해야 하는가?

25) Izobretatel'i ratsionalizator, 1972, No 5, p 12

분명한 물리적 모순이 있다. : 금속은 도금이 일어나기 위해서 윤활제 안에 있어야 하고, 큰 입자를 포함하고 있지 않아야 하기 때문에 금속은 윤활제 안에 없어야 한다. 이것은 표준 10의 응용에 해당하는 매우 전형적인 문제이다. 이 표준은 첨가제를 도입할 수 없을 때 물질을 도입하는 일곱 가지 방법을 포함하고 있다. 문제의 설명에 따라 여섯 가지 방법은 즉시 제외된다(물질 대신에 장의 도입, 외부 첨가제의 도입 등). 한 가지 방법만 남는데, 그것은 나중에 분리할 수 있는 화합물의 형태로 첨가제를 도입하는 것이다.

그것은 어떤 종류의 화합물이어야 하는가? 분명하게 이 화합물은 세 가지 특성을 가져야한다 : 그것은 금속을 포함하고, 기름에 용해되어야 하며(진짜 용액을 얻기 위해서), 마찰력이 가해질 때 금속을 주위에 내놓아야 한다.

첫 번째 요구조건을 충족시키기는 쉽다. 예를 들어 일반 소금과 같이 당신이 원하는 금속을 포함하고 있는 많은 물질이 있다. 소금은 금속을 가지고 있고 금속이 결합되어 있지만, 금속 특성을 나타내지 않는다. 세 번째 요구조건 역시 충족시키기 쉽다. : 금속을 포함하고 있는 물질이 예를 들어 전기장 또는 열장의 영향에서 분해된다. 열장이 더 좋다. 왜냐하면 전류는 가해야 하지만, 열은 마찰에 의해서 스스로 생기기 때문이다. 이제 윤활제에 잘 녹는 물질을 결정해야 한다. 하지만 어려움은 없다. 윤활제는 유기 물질이고, 유기 물질은 유기 물질에 잘 녹는다(같은 종류는 같은 종류에서 용해된다.). 이것은 마찰 온도에서 용해하는 유기 금속 물질(어떤 금속 화합물과 유기산)이 필요하다는 의미이다. 이제 유기 화학 핸드북을 가져와 적절한 유기금속 화합물을 고르는 일이 남아있다.

이 과제는 트리즈 학습 과정에서 많은 경우에 풀렸다. 해결책에 대한 일반 아이디어를 얻는 시간은 평균 30~40분 걸렸다(이러 이러한 유기 금속 화합물이 필요하다); 트리즈 학습과정 1년차 학생들이 제출한 답의 약 40%는 정확했다. 2년 차 학생들은 약 70%가 정확했다. 특별한 물질을 고르는 것은 보통 숙제로 내주었다. 평균 약 60%가 숙제를 제출했고(화학 핸드북이 필수였지만, 모든 학생이 핸드북을 갖고 있지 못했다), 실질적으로 제출된 숙제 모두는 올바른 답을 담고 있었다(때때로 학생들은 필요한 물질뿐 아니라 2~3개의 다른 물질도 제시하였다).

이제 현장에서 이 문제가 어떻게 풀렸는지 살펴보자. 다음은 발명가이자 기술 과학자 후보인 시만스키(V. Shimansky)의 논문에서 발췌한 것이다 : "간단하게 기름에 녹는 피복물이 필요하다. 다양한 화합물을 대부분 조사하였다. 거론하기에 너무 많다. 다시 한 번 기회가 필요했다. 언젠가 내가 서점에 서 있었는데, 누군가가 판매원에게 다음과 같이 말하는 것을 들었다: 〈기초 유기화학 방법〉을 주세요. 좋은 생각이다! 유기금속 화합물을 시도해본다면 어떨까? 나도 그 책을 요구하였다. 그것은 틀림없는 금광이었다. 아세트산 카드늄 염은 250℃에서 용해를 보여주었다. 실험이 답을 내 주었다 : 이 물질은 기름에 녹으며, 마찰 면이 카드늄으로 코팅된다."[26]

아마도 이러한 이야기에 관해서 가장 비극적인 일은 미래에 대한 교훈을 이것으로부터 배우지 못한다는 것이다. 다른 문제를 풀 때에 동일한 발명가들이 트리즈 원리를 모르고서 한 번 더 세월을 낭비하면서 오래된 동일한 시행착오 방법을 사용한다. "3년을 낭비하였다." 기술 과학자 후보인 벨로트세르토브스키가 다른 문제에 대해서 언급하였다. "그 때 나는 공정 형태를 바꾸는 여러 가지 방법을 시도하였지만, 성공하지 못했다."[27] 기술 과학자 후보가 지도하는 공학팀이 〈공정 형태를 바꾸는 여러 가지 방법〉을 시도하면서 〈스산한 분위기에서 방황하면서〉 3년을 소비했다면, 국가는 5만 루블 이상의 비용을 지출했을 것이다. 비교해보면, 100명의 학생이 있는 발명 창의성 공립 연구소의 1년 예산은 겨우 3천 루블에 불과하다.

혼자 또는 작은 그룹으로 문제를 다루는 발명가들에 대해서 이야기하고 있다. 아마도 매우 큰 그룹에서는 일이 달라질까? 아마 그들은 보다 효율적인 창의성 기술을 갖고 있지 않을까?

다음은 총괄 설계자 안토노프(O. K. Antonov)가 한 이야기이다[28]:

"러시아 대형 항공기 〈안테이(Antey)〉가 설계될 때, 특별하게 꼬리 부분 설계에 어려움이 있었다. 위쪽에 수평 꼬리를 갖는 단순하고 큰 수직 안전판은 항공역학 전문가들이 추천한 매우 분명하고 매력적인 설계임에도 불구하고 불가능하였다. 큰 수직 안전판은 4미터 폭과 17미터 길이의 화물칸과 거대한 배기장치가 있는 비행기의 동체 외판

26) Izobretatel'i ratsionalizator, 1972, No 2, p 6
27) Izobretatel'i ratsionalizator, 1972, No 8, p. 6
28) Literaturnaya gazeta, 14 August, 1968, p. 2

을 비틀 것이다. 수평 꼬리를 나누고 안정판 양쪽 끝에 〈디스크〉를 매다는 것 역시 불가능하였다. 왜냐하면 이것은 수평꼬리 날개의 임계 진동 속도를 크게 줄였기 때문이다. 시간이 흘렀지만, 적당한 꼬리 부분의 설계는 나타나지 않았다."

현대 항공 설계회사는 전반적인 프로그램 계획에 따라 일하는 팀으로 구성되어 있다. 총괄 설계자는 혼자서 문제를 고민하지 않는다. 모든 전문 분야에 대해서 가장 최신 정보를 갖고 있는 재능 있는 설계사 집단이 비행기의 모든 것을 연구한다. 하지만 한 집단이 멈추면, 그것이 전체 팀의 리듬을 깬다. "시간이 흘렀지만, 꼬리 부분의 설계는 나타나지 않았다"라는 간단한 문구가 나오기까지 얼마나 많은 비용이 들었는지 상상하는 것은 그리 어렵지 않다.

안토노프는 계속한다.

"어느 날 밤에 일어나서 나는 습관대로 나를 괴롭히고 있던 핵심 문제를 곰곰이 생각하기 시작하였다. 수평 고리 부분에 있는 꼬리 날개의 반쪽 디스크들이 자신의 무게 때문에 진동을 일으킨다면, 이 부정적인 효과를 긍정적인 효과로 바꾸기 위해 그것들의 위치를 바꾸어야 한다. 이것은 그것들을 크게 움직여야 한다는 의미이고, 수평 장치의 중심축 앞쪽으로 옮겨야 한다는 의미이다.

이렇게 간단할 수가! 그 순간 나는 스탠드로 손을 뻗어 연필과 노트를 찾았다. 나는 내가 발견한 설계를 매우 빠르게 그렸다. 매우 큰 안도감을 느끼며 나는 곧바로 깊은 잠에 빠져들었다."

안토노프의 논문이 발표되기 3년 전에 에코노미체스카야 가제타(Ekonomicheskaya gazeta) 지는 〈알림 : 발명의 알고리즘!〉 이라는 제목으로 16쪽짜리 자료를 실었다[25]. 이 자료는 특별히 기술적 모순의 제거를 위한 작은 표를 포함하였다. 꼬리 부분의 면적을 올릴 필요가 있다. 이것은 이 표의 세 번째 행에 있다. 만약 당신이 어떤 길을 택한다면, 해로운 인자가 생긴다 : 이것은 표의 14번째 열에 있다. 표의 교차점에 세 개의 발명원리가 나타나있는데, 그 중 첫 번째는 안토노프가 발견한 것과 정확히 일치한다 : "해로운 인자는 긍정적인 효과를 얻기 위해서 활용될 수 있다"(포트야긴이 해결한 문제를 기억해 보자). 이러한 표들은 훨씬 이전에 발표 되었고, 많은 변형을 다루고, 시간을 낭비하거나, 날밤을 세우면서 해결책을 찾는 수고를 없애주었다.

〈스산한 분위기에서 방황하는 방법〉으로 발명문제를 해결하는 것은 시간 낭비를 가져올 뿐 아니라, 실제로 실행할 수 없는 다수의 약하고, 불운한 발명만을 불가피하게 만들어 낸다.

여기에 전형적인 사례가 있다

소련에서는 매달 약 3억 개의 도자기가 생산된다. 1차로 구운 다음, 제품을 세 그룹으로 분리하고, 그들의 기술에 따라 각 그룹을 2차로 굽는다. 소리로 분류 작업을 한다: 여자들이 접시를 잡고, 그것을 작은 금속 망치로 두드린다. 음색에 따라 세 개의 더미 중 하나에 그것을 올려놓는다. 이런 종류의 분류는 극히 단조롭고, 어렵다. 자연스럽게 수작업을 제거하는 방법에 관한 발명 과제가 생겼다. 그래서 한 발명가 집단이 〈팔이 달린 로봇〉을 만들어 냈다. 이 자동기계 장치의 한쪽 팔이 접시를 잡고, 다른 쪽 팔이 그것을 망치로 두드린다: 소리 진동을 마이크로 받아 분석한다: 요컨대 이것은 인간의 행동을 상세히 모방한 것이다.

트리즈 책들은 이와 같은 많은 사례를 담고 있다. 증기가 추진하는 노 달린 배, 다리 달린 기관차, 팔 달린 재봉틀. 이 모든 것은 단순하게 인간의 행동을 모방하는 것은 불가능하다는 규칙을 설명하고 있다. 〈팔 달린〉기계를 만들어, 작업에 도입하고자 하였다. 그리고 많은 결점을 발견하였다. 이 기계는 파손율을 크게 증가시켰다 : 기계의 조잡한 조작 장치는 사실 〈뇌-팔〉시스템의 부분인 인간 팔의 외형만 모방하였다. 이 기계는 실제로 설치되지 못했다; 그것을 만드는데 든 비용은 완전한 낭비인 것으로 밝혀졌다.

트리즈의 관점에서 볼 때, 이것은 잘못 체계화된 창의성의 전형적인 사례이다. 접시의 구운 품질을 검사하는 것은 해결되지 않은 문제이다. 하지만, 기술의 다른 분야에서 아마도 생산성 및 정밀성과 관련해서 훨씬 엄격한 규격을 갖는 유사한 문제가 풀리지 않았을까? 아리즈의 초기 버전에서도 그러한 검토방법을 제시한다(아리즈-77 1.8단계, b에서). 라디오 기술을 검토해 보자. 저항기는 라디오에 넓게 쓰인다.

그것들 역시 세라믹으로 만든다. 또한 굽고, 검사해야 한다. 하지만 저항기는 작은 〈접시〉여서 망치로 검사할 수 없다. ACS-1(Automobile Compression Station)을 살펴보자 : 두 개의 단색광이 세라믹 플러그를 비추고, 시료를 지나는 빛의 강도에 따라 구어내기의 상태를 판단한다.

다른 곳에서 훨씬 더 미세한 제품의 구운 상태를 검사하는 방법이 있을 수 있는가? 사실 있다. 태양이 씨를 〈굽는다.〉 그러므로 농업과 식량 산업에서도 이 〈구어내기〉가 어떻게 진행되었는지 검사해야 한다. 발명가 인증서 번호 431,431이 그 사례 이다 : "광학 성질을 이용해서 밀알의 구조를 분석하는 방법; 분석의 정밀도를 올리기 위해서 밀알의 반투명과 굴절성질을 측정하고, 그것의 상관관계로부터 밀알의 구조에 대해서 판단한다."

예전에는 〈스산한 분위기에서 방황하면서〉발명을 하였고, 수십만 건의 특허 중에서 해결책 방향에 이르는 힌트를 제공하는 바로 그 특허로 자신의 관점을 돌릴 기회가 거의 없었다. 모든 사람들에게 분명하게 보이는 것에 자신의 관점이 사로잡힌다. 그래서 〈팔달린〉기계를 만든다.

발명이 시대를 상당히 앞서간다면 실제 실행의 어려움은 피할 수 없다. 보수주의, 위험을 피하려는 특성 때문에 어려움이 생긴다. 그럼에도 불구하고 많은 경우에 이러한 어려움의 첫 번째 원인은 문제를 잘못 풀기 때문이다.

8.2 발명 창의성 문헌에 실린 몇 가지 설명

앞에서 인용한 안토노프의 글에서 그는 정확하게 "터무니없는 생각을 포함해서 창의성 과정에 대해 많은 것을〉기록하였다. 참으로 너무나도 사실이다. 〈계몽〉, 〈여명효과〉, 〈우연한 발견〉 - 이 모든 것은 겉으로 나타나는 가벼운 표현들이다. 〈스산한 분위기에서 방황하는〉 많은 이야기가 있다. 5, 10, 50개의 그러한 이야기가 있고, 이것이 정확하게 발명하는 방향이라고 학생들과 젊은 엔지니어들이 확신에 찬다.

명백하게 최근에 분명한 진보가 있었다. 존스(G. Jones)가 쓴 훌륭한 책을 포함해서 탐색을 활성화하는 방법에 대해서 책과 문헌들이 나타나기 시작하였다[26]. 앞에서 말한 것처럼, 탐색을 활성화하는 방법에 대해서 너무 많은 기대를 하지 않아야 한다. 그런 방법들은 단지 변형의 평범한 분류방법만을 개선할 수 있다. 하지만 그러한 방법들에 관한 문헌은 기존 기술의 불완전한 상태에 대해서 주의를 기울이게 한다. - 그리고 이것은 그 자체로써 좋은 일이다.

때때로 창의적 문제를 해결하는 새로운 방법에 대한 고조된 관심은 순수하고도 기발한 정신적 방법들의 출현을 가져왔다. 예를 들어 부시(G. Bush)는 〈일곱 가지 탐색 전략〉 방법을 제시하였다. 그는 이렇게 기록하고 있다. “인간은 효과적인 조사, 개념 그리고 연구를 위해서 동시에 일곱 가지 주제, 요소 또는 아이디어까지는 감당 할 수 있다는 것이 알려져 있다.” 이런 의미로 매직 숫자 7에 기초를 둔 이 시스템은 10진법 체계로 볼 때 상당한 이점이 있다[27, 90쪽]. 계속 이어서 일곱 단계가 있고, 각 단계에는 일곱 개의 주요 과정이 있다.

그러나 발명가가 일곱 단계 모두를 한 번에 살펴볼 필요는 없다. 왜냐하면 단계들은 과정의 연속적인 단계를 나타내기 때문 이다. 숫자 7의 〈매직〉은 이러한 단계와 아무런 관계가 없다. 이것을 기초로 해서 다음과 같이 주장할 수 있다 : 모든 도시는 일곱 구역이 있고, 각 구역은 일곱 골목이 있으며, 각 골목은 일곱 집, 각 집은 칠층, 각 층은 일곱 구획이 있다. 〈매직〉형태의 〈일곱 가지 탐색 전략〉의 이면에는 절망적으로 구식의 개념이 숨어있다.

예를 들어 로마 웅변가 퀸틸리안(Quintillian, 1. A. D)은 발명문제의 설명과 정형화를 위해 일곱 개의 질문을 던지라고 제안하였다: 누가? 무엇을? 어디서? 등.

이러한 〈비법〉(매직 또는 초현대적 인공두뇌학 이면에 숨겨져 있는 것이 무엇이든 간에)은 기술 시스템 진화에 대한 객관적인 법칙의 연구, 특허 정보의 연구, 그리고 특별한 발명문제의 해결책과는 완전히 다른 것이다.

발명 창의성에 대한 새로운 연구를 평가하기 위해서 다음과 같은 믿을 만한 기준이 존재한다.:

(1) 그것이 충분히 많은 특허 정보의 연구에 기반을 두고 있는가?

중대한 연구가 몇 개의 우연한 사실에 기반을 둘 수는 없다. 발명 이론에 있어서 훌륭한 연구는 최소한 10,000~20,000개의 저자권과 특허를 분석함으로써 보통 이루어진다는 사실이 알려졌다.

(2) 연구자는 여러 수준의 발명문제가 있다는 것을 염두에 두고 있는가?

낮은 수준의 수많은 발명들은 뿌리를 내리지 못하는 만면, 상대적으로 높은 수준의 몇몇 발명들이 인기를 얻고, 간단한 문제에 대해서만 들어맞는 결론을 줄 것이다.

(3) 추천 사항을 높은 수준의 많은 새로운 문제에 대해서 시험해 보았는가?

얼마 전에 데리야긴(R. I. Deryagin)[28, 59쪽]은 아리즈의 모델과 형태에 따라서 **발명 의문의 해결을 위한 알고리즘(ASIQ, Algorithm for the Solution of Inventive Questions)**을 제안하였다. 그의 연구에서 그는 과학적 문제의 해결을 위해서 단 하나의 ASIQ의 활용 사례도 인용하지 못했다. 자연히 아무도 ASIQ에 관심을 기울이지 않았다.

창의성은 인간이 생각하는 것보다 훨씬 큰 사회적 가치를 갖는다. 이것은 또한 우리에게 모험적인 짧은 여행을 하게 한다. 〈여명 효과〉, 〈계몽〉 등의 구식 용어가 때로는 현대 〈인공두뇌학〉 용어들로 대체된다. 그 형태가 화살표, 원, 그리고 〈입구〉, 〈출구〉, 〈정보 처리 블록〉, 〈완충 부분〉 등과 같은 표제로 나타난다. 슬프게도 이런 것들의 뒤쪽에 종종 창의성이 숨어, 아아! 슬프게도 현실성이 없다. 발명 창의성은 복잡한 연구주제이다. 매번 지식의 〈약진〉을 위해 그것이 아무리 작더라고 막대한 노동력을 지불해야 한다. 그러나 다른 방법은 없다.

8.3 공식에 따른 명작들

트리즈는 발명문제를 〈공식〉과 〈규칙〉에 따라 해결하라고 가르친다. 인간이 창의적 노력을 기울이지 않고(즉 창조의 과정이 없이) 높은 수준의 발명을 얻는 (즉 높은 수준의 창의성 결과물을 얻는) 역설적인 상황이 생긴다. 동일한 과제(가르치는 것 또는 제조에서)가 여러 도시에서 똑같은 규칙을 사용하는 여러 사람들에 의해서 풀리고, 관련된 사람의 개인 특성과 관계없이 동일한 결과를 얻는다. 이 결과 (발명)를 형식적으로는 창의적이라고 하겠지만, 실제로 이것은 예를 들어 재료의 저항에 대한 공식으로 선폭(船幅)을 계산하는 것과 같은 평범한 발명이다.

이런 역설은 〈창의성〉 개념이 변하지 않고 고정된 어떤 것이 아니라는 사실 때문에 생긴다 : 창의성 개념에 들어있는 내용은 계속해서 바뀌고 있다. 예를 들어 중세에 3차 방정식의 해는 진짜로 창의적이었다. 토너먼트가 개최되어, 수학자들이 다양한 수식 또는 제곱근 문제에 도전하였다. 그러나 이때 카르다노(Cardano)[29] 공식이 나왔고, 3차 방정식의 해는 수학 초년생들에게 공개되었다.

그러면 〈전이 기간〉을 상상해 보자 : 모든 사람들이 가능성을 제거하면서 대수식의 근을 찾고 있다. 그러나 카르다노의 공식을 알고 있다. 그들 모두는 우리를 천재로 여기거나, 최소한 매우 재능이 있다고 생각할 것이다. 하지만 이것이 항상 사용하는 공식임을 알고 있다.

트리즈는 미래의 기준이 될 정신적 활동 체계로 현재의 발명문제를 해결할 수 있게 해준다. 동일한 문제를 두 사람이 해결할 때, 가능성을 제거하면서 문제를 해결하는 사람과 트리즈를 사용하는 사람은 달리는 사람과 차 운전사와 같다. 말하자면 한 사람은 자신의 다리로 달려가지만, 다른 사람은 강력한 엔진의 도움으로 쭉 앞으로 속도를 낸다. 하지만 경주 심판관들은 걸리는 시간에만 흥미가 있다. 오늘날 트리즈는 20 세기 초의 자동차와 같다: 아직 완벽과는 거리가 멀지만, 이 새로운 기계는 분명하게 사람보다는 훨씬 빠르고, 더욱 중요한 점은 미래에 끝없는 개선이 열려있다는 것 이다. 아직은 트리즈가 어떤 종류의 문제(새로운 물질을 얻거나, 최적 작업 속도를 밝히는 문제)에는 적절하지 못하다. 시간이 지남에 따라 이러한 문제들 역시 트리즈의 영향권 내에 들어올 것이다. 왜냐하면 그것에 대한 근본적인 반대 이유가 없기 때문이다.

독자는 다음과 같이 질문할지 모른다. : "이것은 모든 발명이 〈공식에 따라〉 실행되는 순간이 와서, 창의적 활동의 형태로는 발명이 끝났다는 것을 의미하는가?" 그렇다. 그 순간은 올 것이다. 발명 창의성, 즉 시행착오, 〈계몽〉, 〈우연의 일치〉, 이 모든 것은

29) 카르다노(Cardano, Girolama, 1501. 9. 24 ~ 1576. 9. 21): 르네상스 시기의 이탈리아 수학자, 의사, 자연철학자.

끝나기 보다는 기술 시스템의 발전에 한 수단이다. 이 수단들이 완벽하지 못해서 17세기 전에 이미 〈창의성〉을 보다 효과적인 방법, 즉 〈과학〉으로 바꾸어야 한다는 생각이 나타났다. 많은 경우에 이 생각으로 되돌아 가곤했다. 하지만 최근까지 과학으로 발명할 필요는 없었다. 단순하게 발명가의 숫자가 늘어났다. 이제 상황이 바뀌었다. 〈숫자를 고르는 것〉은 훨씬 어려워졌고, 시행착오 방법을 사용하는 데 드는 시간 낭비는 받아들일 수 없게 되었다. 트리즈의 출현, 그리고 그것의 빠른 발전은 우연한 사건이 아니라 동시대의 과학과 기술 혁신이 낳은 필연적인 것이다.

100년 전에 예술이었던 기술 시스템의 설계가 오늘날은 정확한 과학이 되었다. 최근까지 이 과학은 잘 알려진 기술 시스템의 설계만을 포함하였고, 기본적으로 새로운 시스템을 만드는 것은 다루지 못하고 있었다. 이제 시스템 설계가 기술 시스템의 개발과 설계 과학으로 바뀌었다는 사실을 확실하게 말할 수 있다. 새로운 시스템을 만들고 오래된 시스템을 개선하는 방법으로서의 발명은 역사적으로 끝났다. 기계를 사용할 수 있는데 〈손으로 땅을 파는〉 것은 의미가 없고, 합리적이지 못 하다. 〈공식으로〉 일하는 것은 분명하게 〈감으로〉 일하는 것을 몰아낼 것이다. 하지만 인간의 지성이 일없이 놀지는 않을 것이다. 사람들은 계속해서 더욱 복잡한 문제들을 생각할 것이다.

발명을 과학으로 대체하는 것은 복잡한 과정이며, 서두를 일이 아니다. 이것은 트리즈의 발전에 달려있을 있을 뿐만 아니라, 트리즈 이론의 진화와 발명 특허 보호의 실천에 달려있다. 우선 〈발명〉이라는 개념에 포함되어 있는 내용을 점차 바꾸는 것부터 시작해야 한다. 알 수 있는 바와 같이 발명이라고 주장할 기술 해결책에 대한 요구조건은 문턱이 이제 극히 낮아졌다. 매우 사소한 제안조차도 종종 발명으로 특허화 된다. 가까운 장래에 특허에 대한 요구조건이 높아지리라 예상된다. 몇 년 전에 특허 응용에 관한 핸드북이 처음으로 **발명은 기술적 모순**의 제거라는 생각을 포함하였다. :

"그러므로 발명 출현의 필요조건은 기술 문제의 알려진 해결책이 본래 갖고 있는 모순의 존재이다. 특별한 제안에서 발명의 존재 여부를 검토하기 위해서 문제에 있던 모순을 밝히고, 주어진 제안이 이 모순을 부분적으로 또는 완전하게 제거해 주는지를 입증할 필요가 있다."[29, 20쪽].

다음은 지금까지 이 핸드북에 쓰여 있었던 것이다. : 발명에 대한 표준 법령으로 비슷한 정의를 도입한 결과 다음과 같은 결론에 이르렀다. 현재 1, 2수준의 발명은 발명으로 여기지 말아야 한다. 발명 명세서를 규칙적으로 검토하고 모아야 한다.

역시 이것은 또한 트리즈의 교육 시스템에 달려있다. 지금까지 교육 시스템은 대단하지는 않지만, 빠르게 성장하고 있다. 그리고 바로 이 시스템의 존재가 장래에 대중교육으로 전이하기 위한 사전 조건을 만들고 있다 : 교육 경험이 쌓이고, 시청각 교재가 만들어지고 있다. 또한 강사의 훈련이 진행 중이다.

트리즈 교육을 조직하는 곳이 많아지고 있다 : 여러 부처와 부서, 기업의 관리부서, 과학-탐색 연구소, 대학, 공산당 청년연맹 지방/도시 위원회, 전 연방 〈지식〉 협회, 과학 기술 협회, 전 연방 발명가와 혁신가 협회. 연구는 3수준으로 체계화되었다. :

(1) 안내 강의(20시간). 이러한 교육 목표는 트리즈의 기본 원리를 제시하고, 트리즈 이론에 대한 진지한 연구의 필요성을 보여주는 것이다. 이 강의를 통해 발명 창의성 학교는 우수 학생을 선발한다.

(2) 학교(100~200시간). 수업은 보통 1주일에 한번 열린다. 목표는 아리즈의 적용 기법을 가르치는 것이다. 학교 프로그램은 발명 창의성 공립 연구소의 1차년도 프로그램에 해당한다. 일부 학생들은 이 연구소에서 그들의 연구를 계속된다.

(3) 연구소(200~240시간). 목표는 트리즈 전문가(강사, 연구원)를 양성하는 것이다.

최근 트리즈는 일부 연구소에서 관리자의 자질을 높이기 위한 교육 주세가 되었다. 수업은 144시간으로 구성되어 있고, 생산 업무에서 벗어나 한 달 이상 계속한다. 그 다음 학생들은 자습을 계속한다. 5~6개월 안에 그들은 자신의 과제를 마쳐야 한 다. 각 프로젝트는 산업과 직접 관련이 있는 발명수준의 문제를 해결하는 것과 해결 과정의 적절한 방법론적 분석으로 구성되어 있다. 이러한 연구가 얼마나 효과적일까?

공공 학교와 연구소 졸업생들은 자신들의 발명 결과를 신문에 여러 번 발표하였다 [19. 30~33쪽]. 예를 들어 4월 24일과 26일자 마그니토고르스키(Magnitogorskiy) 금속 신문에서 엔지니어 사라포프(M. I. Sharapov)는 한 〈진부한〉문제가 어떻게 아리즈를 사용해서 풀렸는지를 설명하였다. 이 해결책으로부터 나온 발명들은 발명가 인증서 번호 212,672와 239,759를 얻었다. 이들 특허의 도움으로 마그니토고로스크(Magitogorsk)사에서만 매년 42,000루블을 절감하였다. 사라포프는 이제 40개 이상의 특허를 얻었고, 대부분의 특허가 활용되었다. "10년 이상 설계 부서에 있는 연구원들은 간단하면서도 신뢰할 수 있는 프로그램화된 제어 시스템을 만들고자 하였다." 발명가 치노프(Yu. Chinnov)가 잡지 성공의 논리(The Logic of Success)에 썼다[34]. "그리고 나와 나의 많은 동료들은 실패만 맛보았다. 1967년에 발명 창의성 방법론을 확인하기 위해서 특별하게 나는 이 문제를 선택하였다. 왜냐하면 나는 이 문제는 충분히 복잡하다고 여겼고, 이 방법론 이 이 문제를 해결하는데 나를 도울지 확신하지 못했기 때문이다.

하지만 처음 의문은 방법론을 시험하는 것이었다. 기본적으로 새롭고, 신뢰할 수 있으며, 단순한 시스템을 만드는 문제는 해결되었다(발명가 인증서 번호 222,491, 248,819)." 우즈베키스탄의 명예 발명가인 치노프는 이제 약 70개의 특허를 갖고 있고, 그 중 50% 이상은 아리즈로 얻은 것이다.

이러한 사례를 많이 인용할 수 있다. 그러나 나는 공립 연구소의 모든 졸업생들(그리고 최근 몇 년 동안에 공립학교의 졸업생들)이 발명가 수준의 졸업 작품으로 그들의 연구를 마쳤다는 것을 훨씬 중요하게 생각한다. 프라우다지는 1975년 5월 6일에 다음과 같이 썼다: "3년 전에 20여명의 젊은 사람들이 국가 최초의 발명 창의성 연구소의 학생이 되었다. 이 연구소는 아제르바이잔 공산당 청년 연맹 중앙 위원회와 전 연방 발명가/혁신가의 공화당 의회가 세운 창의성 연구소이다.

사전에 학생들은 기술 창의성에 대해서 어떤 특별한 태도를 보여주지 않았지만, 연구소는 조건 없이 학생들을 선발하였고, 응모하는 모든 사람을 등록시켜 주었다. 그들은 훌륭한 발명가로 연구소에서 나왔다. : 그들의 일부는 특허를 갖고, 다른 일부는 번뜩이는 창의적 능력을 갖고 졸업하였는데, 이것은 그들의 졸업 작품에 대해서 대부분 학생들에게 주어진 훌륭한 평가로 판단할 수 있다. 연구소 졸업생들은 지금까지 발명가들을 괴롭혀 왔던 실제 기술 문제를 해결하였다."

발명 창의성 학교와 연구소에서 연구하는 사람들은 엔지니어만이 아니라, 교육자, 물리학자, 수학자, 화학자 등이 있다는 것을 주목해야 한다. 이미 말한 것처럼, 트리즈는 체계적인 사고를 발전시킨다. 그리고 체계화된 형태로 생각하고, 사고 과정을 제어하는 능력은 기술에서만 필요한 게 아니다. 수업은 기술 문제를 다루었지만, 마음은 〈일반적으로〉 발전한다. 그리고 이것은 지극히 자연스러운 것이다. 만약 어떤 사람이 200~300개의 발명문제를 조사하고, 여러 수준(하위시스템, 시스템, 상위시스템)으로 각각의 발명 상황을 바라보도록 스스로 훈련을 했다면, 그리고 만약 그가 발전의 변증법(모순의 원천과 극복, 객체-반 객체로의 정반합)을 느끼며, 집중된 정보로 작업하고, 특수한 문제를 발전의 일반 법칙으로 바라보는 훈련을 스스로 하였다면, 그러한 사고 유형은 기술 시스템의 한계를 뛰어넘을 수 있다. 어떤 사람이 한 가지 분명한 스포츠를 택하지만, 〈파급효과〉는 일반적인 신체 강화로 알 수 있는 스포츠에서처럼 말이다.

트리즈의 특징은 학생들이 기존 지식을 받아들이는 한편, 지식의 생성 과정에 적극적으로 참여한다는 것이다. 연구의 첫날부터 모든 학생들은 개인 색인 카드를 만들어 새로운 방법, 물리효과, 재료 그리고 특별하게 성공적이고 멋있는 기술 해결책에 대한 정보를 모으기 시작한다. 그런 다음 그들의 개인 색인 카드로부터(수천 개의 목록이 있다) 가장 흥미로운 항목을 골라서 전체 색인 카드에 넣고, 모든 학교, 연구소와 연계해서 이것을 유지한다. 이 결과, 가장 흥미로운 것들이 한데 모여서, 그 안에서 가장 다양한 정보의 흐름이 충돌하고 상호 작용한다.

중요한 특징이 하나 더 있다. 시행착오 방법은 그 특성이 개인주의적이다: 각 개인이 변형을 고른다. : 이 방법은 문제를 〈나눌 수〉는 있지만, 노동력을 세분할 수는 없다. 이 개인주의적 특성은 브레인스토밍과 시네틱스에서도 유지된다. : 이것은 아이디어를 가내수공업 방식으로 생산하는 것과 같고, 가내수공업 숙련공들의 모임일 뿐이다. 트리즈는 창의적 노동을 공유하기 위한 전제조건을 만들어주고, 그렇게 함으로써 집단적 창의력으로 전환하기 위한 기초를 제공한다. 연구 과정에서도 이런 저런 학교 이론에 대해서 학생들의 **유대관계**가 나타난다.

시간이 지남에 따라 이러한 **유대관계**는 전문화의 일종으로 바뀐다. 이 가능성은 팀 내에서 다음과 같은 일들을 체계적으로 공유할 때 생긴다. : 발명 주제를 예측하고, 새로운 문제를 밝힐 때, 현재 개별적으로 필요한 정보를 규칙적으로 모을 때, 문제의 분석, STC 연산자와 다른 특별한 심리적 방법들을 활용하고, 자원으로 수용된 아이디어들을 다른 데에 사용할 때(6.3단계). 동시에 이와 같은 전문화에 함께 전체 팀은 문제에 대해서 공통의 언어 (IFR, 기술적 모순, 물리적 모순 등)를 사용하고, 공통의 방법론적 접근을 유지한다.

8.4 지평선 위에 서서

이렇게 함으로써 발명, 매우 높은 수준의 발명조차도 **공식에 따라** 만들 수 있다. 이러한 많은 공식들은 이미 알려져 있고, 성공적으로 그 적용이 연구되었다. 앞으로 수십 년 내에 발명문제의 해결은 기술 시스템의 발전에 따라 정확한 과학으로 바뀔 것이다. 이 점에서 사실 아는 것은 끝난다. 미래를 살펴보기 위해서 가설과 추측의 영역으로 들어갈 필요가 있지만, 나는 위험을 무릅쓰고 몇 가지 생각을 표현할 것이다.

분명하게 독자는 이미 다음과 같은 의문을 가졌을 것이다. "글쎄, 기술 시스템은 **창의성이라는 고통** 없이 **공식에 따라서** 발전한다는 것이 옳다고 하자. 그러나 과학과 발견 은 어떤가?"

기술은 시스템과 기계를 발전시키면서 살아간다. 한편 과학은 시스템과 이론을 발전시킨다. 이론의 일생은 많은 방식으로 기계 발전의 법칙과 일치하는 법칙들을 아래에 두고 있다. 그들은 본질에 있어서 같으나 시행착오 방법으로 두 시스템을 개선하고자 할 때 어려움이 생긴다.

여기 전형적인 한 사례가 있다. 왓슨(G. Watson)의 책, **이중나선(The Double Helix)**에서 왓슨은 DNA의 구조와 복제 기법에 대한 가정에 대해서 이야기하였다. 미래의 노벨상 수상자인 프란시스 크릭(Francis Crick)은 맥주를 마시면서 한 천문학자가 〈**완벽한 우주론적 원리**〉에 대한 어떤 것을 이야기하는 것을 들었다. 크릭은 정확하게 그것의 의미에 주의를 기울이지 않았지만 〈**완벽한 생물학적 원리**〉에 대해서 어떤 논의를 할 수 있을지 고민하기 시작했다. 즉 고민 중인 문제에 대해서 IFS를 정형화할 수 있는가? 그는 DNA 복제 문제에 흥미가 있었고, 따라서 이 경우에 〈**완벽한 생물학적 원리**〉는 〈**DNA의 자기복제**〉였다. 이것이 20세기의 가장 중요한 발견들 중 하나가 첫 발을 내딛기 시작한 방법이다. 우연한 대화를 대학 술집에서 들었다. 하지만 만약 생물학 자체에서만 〈발견을 하기〉위해서 의식적으로 IFS를 채용했다면 어땠을까?

생물학자가 아닌 엔지니어 골로프첸코(G. G. Golovchenko)를 예로 들어보자. 그는 스베르들로프스크 [Sverdlovsk][30] 출신 트리즈 강사로, IFS 개념을 식물의 진화에 적용하였다. 그의 사고 과정은 다음과 같다 옛날의 식물과 비교해서 오늘의 식물들은 IFS에 근접해 있다.

일부 이상적인 식물은 자신의 서식지로부터 물질과 에너지를 완벽하게 흡수한다. 이 과정에서 어떤 모순이 생기는지, 그리고 IFS에 가까이 다가가기 위해서 식물이 모순을 어떻게 극복하는지를 살펴보자. 이 연구에서 골로프첸코는 식물의 바람 에너지 힘, 즉 식물이 직접 바람 에너지를 활용할 수 있는 능력을 발견하였다[35]. 거대한 이중 나선 구조인 DNA 분자는 재생산할 때 먼저 두 개의 분리된 나선으로 나뉜다. 아미노산이 각각의 나선에 붙어서 두 개의 이중 나선을 구성한다.

오랫동안 이중 나선이 꼬임을 어떻게 푸는지 설명하지 못했다. 내장 박테리아 DNA는 1분에 15,000의 회전 속도로 꼬임을 풀어야 한다는 계산이 나왔고, 그렇게 하는 것으로 관찰되었다. 그렇지 않으면 DNA는 정해진 시간 안에 복제를 할 수 없을 것이다. 최근에서야 문제가 어디에 있는지 밝힐 수 있었다. 나선 중 하나가 여러 위치에서 나뉜다; 나선의 각 부분이 스스로 꼬임을 풀어서, 몇 회전만으로 부분들이 풀린다. 그 후에 그들은 전체 사슬로 재결합한다.

그래서 모순은 다음과 같다: 분자가 꼬임을 풀어야 하고, 분자는 꼬임을 풀지 않아야 한다. 이것을 극복하는 방법은 분할하고 재결합하는 것이다. 이 과학적 발견의 아이디어를 치노프(Yu. V. Chinnov)가 했던 발명과 비교하면 흥미롭다[30]. 케이블을 만들기 위해서 전선을 꼬아야 한다. 이것을 위해서 전선들을 꼬는 틀 안쪽으로 공급한다. 틀이 회전함에 따라 전선들이 꼬이고, 전선들이 케이블로 하나가 되어 틀 안쪽에 있는 감는 스풀에 도달한다. 왜 틀 안쪽에 스풀을 놓아야 하는지 의문이 생긴다. 이것 때문에 어려움만 생긴다. : 케이블을 작게 만들어야 하고, 만든 케이블을 연결해서 사용해야 한다. 스풀이 회전함에 따라 상당한 원심력이 생기고, 이것이 장치의 생산성을 제한한다.

그러나 틀 바깥쪽에 스풀을 놓을 수는 없다: 만약 케이블을 입구에서 꼰다면(즉, 틀 바깥쪽에 위치한 스풀에서), 그릇된 꼬임을 얻을 것이다. 틀 앞쪽에서 꼬인 양과 같은 꼬임이 틀을 떠난 후에 풀릴 것이다. 케이블을 꼬는 방법을 발명하는 것은 어느 모로

30) 러시아 연방 북서부에 있는 주

보나 영구기관을 발명하는 것만큼이나 불가능하다고 전문가들은 치노프에게 경고하였다.

치노프는 아리즈-68을 활용하여, 이 문제를 해결하였다. 용융 금속이 회전하는 틀에 들어가, 그 금속이 틀에서 나가기 전에 그것을 고화시키는 것이 해결책 아이디어이다. 용융은 미시수준이지만 역시 분할하는 공정이다. 과학과 발명문제에서 모순은 같다 : 따라서 그 해결책도 같다.

발명을 한다는 것은 이전 시스템에 존재했던 모순을 갖고 있지 않은 새로운 기술 시스템을 생각해 낸다는 것을 의미한다. 이것은 정확하게 발견과 같다. 이것은 이전 이론에 있었던 모순을 갖고 있지 않은 이론(또는 과학 시스템)을 생각해 낸다는 것과 같은 의미한다.

20세기 초에 소위 말해서 러셀 효과(Russell Effect)가 발견되었다. 만약 어떤 금속 표면을 산화시켜 깨끗이 한다면, 그 산화 표면에 입힌 이미지를 어둠 속에서 감광성 필름 상으로 옮길 수 있다는 사실이 밝혀졌다. 많은 연구자들은 이 발견에 흥미가 있었다. 금속과 수증기의 상호작용으로 생긴 수소 원자가 표면에 작용한다는 것이 밝혀졌다. 깨끗한 절단 상자를 생각할 것이다. 그러나 갑자기 이해할 수 없는 무언가가 나타났다. 필름이 금속과 20여 밀리미터 떨어져 놓였을 때 수소원자가 그런 거리를 뛰어 넘을 수 없는데도 불구하고 필름 역시 검게 되었다. 70년 동안 이 역설은 설명할 수 없었다. 엔지니어이자 트리즈 강사인 레닌그라드의 미트로파노프(V. V. Mitropanov)는 이 역설을 설명하기 위해서 물리적 모순의 개념을 사용하였다. 수소 원자가 필름에 작용하기 위해서 긴 거리를 여행해야 한다. : 수소원자는 그렇게 할 때 〈사라지기〉때문에 긴 거리를 여행하지 않아야 한다.

이 모순은 금속 도금에 대한 문제 61에서 마주쳤던 문제와 매우 유사하다(금속은 윤활제에 있어야 하고, 동시에 없어야 한다). 그 해결책 역시 비슷하다(표준 10). 금속 표면을 형성하고 있는 수소 원자는 여기분자에 연결되어 있다: 그러한 분자는 필름으로 〈도약〉을 계속하지 만, 표면 에너지 영향 하에서 그러한 붕괴는 계속된다. 수소 원자는 있지만, 그것들은 없다. 이 역설은 해결되었다[36].

이제 이온의 이동도를 측정하는 발명(문제 35)과 러셀 효과의 발견을 비교해 보자.

물리적 모순이 같고, 그것을 극복하는 방법도 비슷하다. 첫 번째 사례에서는 아이디어가 물체로, 두 번째 사례에서는 아이디어가 이론으로 바뀌었다는 것이 다르다. 실행의 형태는 다르지만, 해결책 기법은 같다.

툰거스 폭발(Tunguss Explosion)[31]의 설명은 전형적인 〈발견의 문제〉이다. 이 때 강력한 국지적 폭발을 일으킬 수 있는 우주 물질을 상상할 필요가 있다(그러나 핵폭발의 흔적이 없기 때문에 특성상 핵은 아니다); 국지적 효과를 얻기 위해서 생각되는 물체의 크기를 줄여야 하지만, 그 때는 폭발의 힘을 설명할 수 없다. 질량은 작고, 속도는 상대적으로 느리다(목격자의 증언에 따르면). 그러면 그 에너지는 어디에서 왔는가? 모순이 없는 모델을 세워야 한다. 그리고 이 수준으로 작업할 때 발견과 발명은 차이가 없다. 필코브스키(G. L. Filkovsky)를 포함하여 일부 연구자들은 기술 시스템의 발전 이론을 세우기 위해서 전체 트리즈 도구를 사용해야 한다고 생각하고 있다. 시간이 말해줄 것이다.

문제 해결의 방법에 있어서 혁신이 기술에서 시작한 것은 당연하다. 많은 특허만 이 거기에 있다. 과학과 예술에 있는 혁신에 대한 정보는 전혀 다른 문헌에서 흩어지고 사라진다. 시스템 발전 법칙은 보다 분명하게 기술에서 나타난다. : 때때로 적절하지 못한 이론이 오랫동안 생명을 유지하지만, 적절하지 못한 기계는 간단하게 작동하지 않을 것이다. 발명가는 문제에 대한 준비된 열쇠를 물리학에서 찾을 수 있지만, 〈발견 문제〉에서 그러한 열쇠는 어디서 찾을 수 있는가?(그것들이 존재하기는 하는가?).

그럼에도 불구하고 창의적 문제에 대한 새로운 해결 기술은 이런 저런 형태로 분명하게 기술의 한계를 넘어서 퍼지고 있다. 헤르츠의 실험, 맥스웰 방정식 그리고 파포프(Popov)의 〈천둥 표식〉으로부터 라디오 기술이 나타나, 이제 어떻게든 해서 지구상 모든 사람들의 삶에 영향을 주리라고 누가 예측할 수 있었겠는가?

분명하게 사고 과정의 제어 가능성은 끝이 없다. 그것들은 소진될 수 없다. 왜냐하면 세상을 배우고, 바꾸는 가장 큰 도구인 지성 역시 스스로 변화할 수 있기 때문이다. 인류의 인간화 과정에 한계가 있다고 누가 말할 수 있는가? 인류가 존재하는 한, 그 힘의 제어는 개선될 것이며 단지 긴 여정의 출발점에 서있다.

31) 참조 : http://ewm.volsu.ru/vasileva+h.pdf

8.5 학습문제 : 문제 62~70

앞에서 인용된 대부분의 문제들은 검토되었다. 독자들에게 스스로 훈련할 수 있는 기회를 주기위해서 나는 몇 가지 더 교육적인 문제들을 제공하고자 한다. 기억해 두어라 : 문제를 푸는 것은 무엇보다도 규칙을 세운다는 의미이고, 그것을 기초로 해서 과제를 해결할 때만이 특별한 답을 얻을 것이다.

문제 62

고무나 탄성 재료로 만든 부품은 선반으로 가공할 수 없다. 절단기가 조금만 힘을 가해도 모양이 바뀌는 물체를 어떻게 가공할 수 있을까? 체코 발명가 파우커(I. Pauker)는 이 문제를 해결하였다.(체코 특허 번호 121,621). 이 발명을 아이디어는 무엇일까? 이런 종류의 과제를 해결하기 위해서 어떤 표준해를 사용해야 하나?[32)]

문제 63

7장에서 톰스 효과(Toms Effect)를 언급하였는데, 이것에 다르면 액체에 긴 사슬 중 합체를 조금만 넣어도 그것이 고체 표면, 예를 들어 파이프 벽을 지나 움직이는 액체의 마찰을 상당히 줄여준다. 그런데 만약 중합체를 고체에 넣으면 어떻게 될가? 어떤 고체가 그러한 첨가제를 받아들일 수 있으며, 그 효과는 어떻게 될까?[33)]

32) 답은 잡지 Izobretatel'I ratsionalizator(1969, No. 2, p.27)에서 확인할 수 있다.
33) 답은 회보 Otkrytiya, Izobreteniya, Promyshlennye obraztsy. Tovarnye znaki, 1974, No.35, p.88, PCN 444,039에서 찾을 수 있다.

문제 64

차의 연료탱크 계기는 부정확하고 변덕스럽다. 연료가 거의 없는데도 불구하고 계기는 연료가 아직 많이 남았다고 표시하는 경우가 있었다 : 차가 고속도로를 달리다가 멈추어 섰다. 연료가 탱크 바닥에 있고, 이때가 연료를 채울 시기라고 운전자에게 알려주는 아주 간단한 방법이 필요하다.

떠 있는 전기 신호 발생기는 이미 있다는 것을 기억하라. 다른 방법이 필요하다.

전형적인 모델과 물질-장 변환 표를 사용해서 이 문제를 풀어라. 만약 모든 운전자가 5분 안에 설비의 어떤 변경도 없이 당신의 해결책을 설치할 수 있고, 그 비용이 20~30코페이카[34]를 넘지 않으며, 그 방법을 완전하게 신뢰할 수 있다면, 그것은 당신이 문제를 올바르게 해결했다는 의미이다.[35]

문제 65

실험실에 분말 형태의 산화베릴륨이 있는데, 그 용융점이 2000도를 넘는다. 그리고 산화베릴륨을 오염시키지 않고 녹여야 한다. 실험실에는 필요한 온도를 견딜 수 있는 도가니가 없다. 산화베릴륨을 산화베릴륨 자체에서 녹이는 아이디어가 제안되었다. 산화베릴륨<덩어리>를 취해, 그 중앙을 고주파로 가열해 보자. 용융된 부분이 산화베릴륨 외에는 어떤 것과도 접촉하지 않기 때문에 산화베릴륨은 오염 되지 않는다. 여기가지는 좋았는데, 어려운 점은 산화베릴륨이 높은 온도에서만 전기 도체가 된다는 곳이다. 어떻게 산화베릴륨을 가열할 수 있을까? 전기방전과 플라즈마 유도 가열을 시도해 보았지만 실패하였다. 산화베릴륨은 가열되지도 않았고 오염되지도 않았다. 분명한 모순이 있다 : 산화베릴륨을 전기도체로 만들기 위해서는 금속을 그 속에 넣어야 하고, 그 순도를 유지하기 위해서는 금속을 넣지 않아야 한다. 표준해를 사용하여 이 문제를 풀어라.[36]

34) 러시아 화폐 : 1루블 = 100코페이카
35) 답은 Pionerskaya 프라우다(1977년 11월 15일사)에서 찾을 수 있다.
36) 답은 잡지 Izobretatel'I ratsionalizator(1977, No. 3, p.23)에서 확인할 수 있다.

문제 65

엔진공장에서 엔진조립이 끝나면 엔진을 시운전한다. 엔진의 구동장치를 전기 동력장치에 연결하여, 상대적으로 낮은 일정한 회전수로 돌린다. 엔진의 피스톤이 실린더 내부에서 운동하여, 점차 표면을 갈아낸다. 울퉁불퉁하거나 돌출하거나 거친 부분들이 매끄러워져, 피스톤이 실린더 벽에 잘 맞게 된다. 사실 이 공정은 정말 로 간단하다 : 모든 거친 표면이 매끄러워질 때까지 거친 표면을 서로 갈아낸다.

피스톤이 더 이상 실린더 벽을 갈아내지 않을 때까지 공정의 운전을 계속한다. 그러나 그 순간이 언제인가? 기름에 형광 추적자를 도입하여, 금속하루가 기름 속으로 들어감에 따라 형광특성이 사라지는 속도를 추적함으로써 공정을 모니터하려는 시도는 너무 비현실적임이 드러났다. 훨씬 더 비현실적인 것은 주기적으로 기계를 멈추고 실린더와 피스톤을 분리하여 연마표면을 검사하는 방법이 있다. 아리즈 2.2단계부터 시작해서 이 문제를 해결하라.[37)]

문제 67

피브(D. Peev)의 소설 <일곱 번째 술잔(The Seventh Goblet)>은 불가사의한 상황에서 일어난 살인사건의 조사를 설명하고 있다.[38)] 일곱 사람이 만찬을 위하여 시골집에 모였다. 브랜디를 술잔에 부었지만 바로 마시지 않고, 그 다음 15분 동안 손님들은 집을 둘러보았다. 그러고 나서 식탁으로 돌아와서 브랜디를 마셨다. 한 사람이 쓰러져 죽었다. 그의 술잔 속에 독이 있었던 것이다. 15분 동안에 일곱 사람 모두가 다른 사람의 시야를 벗어나지 않아도, 아무도 술잔에 독을 넣을 수 없었다. 어떻게 이 범죄를 해결할 수 있을까?

37) 답은 회보 Otkrytiya, Izobreteniya, Promyshlennye obraztsy. Tovarnye znaki, 1972, No.15, p.155, PCN 337,682에서 찾을 수 있다.
38) Iskatel, 1975. No 1, 2

문제 68

오랫동안 다공체는 그 일부를 취해, 현미경으로 살펴봄으로써 검사되었다(예를 들어 구멍의 모양과 배열을 연구하기 위해). 이 방법을 완벽하게 하기 위해 무엇을 해야 할까? 만약 문제가 잘 풀리지 않으면 2장을 다시 읽어 보아라.[39)]

문제 69

모세관 작용은 거의 감지할 수 없는 부품 틈새에 땜납이 침투하도록 도와준다. 그러나 다공성 삽입물을 축 내부 표면에 용접하려고 할 때는 이 같은 작용이 해롭다. 땜납이 구멍에 침투하여 구멍들을 막는다. 어떻게 해야 하는가?[40)]

문제69

중합체는 계속해서 손상되고 노화된다. 이 현상은 중합체 속에 있는 산소의 작용의해 자유기가 생기기 때문이다. 중합체를 보호하기 위해 곱게 간 금속 분말과 같 은, 산소를 가로채는 물질을 중합체에 넣을 필요가 있다. 그러나 금속의 산화 코팅 은 산소를 <가로채는>성질을 빼앗아 가기 때문에, 어떻게 산화 코팅이 생기지 않은 금속을 중합체에 넣을 수 있을까? 곱게 간 금속 분말을 산소와 활발하게 결합하고, 진공이나 불활성 기체 속에서 중합레의 <개선>을 수행하는 것은 너무 복잡하다. 이 문제를 해결하기 위해 어떤 표준해를 사용해야 하나? 이 표준해에 따라 무엇을 해야 하는가?

39) 답은 회보 Otkrytiya, Izobreteniya, Promyshlennye obraztsy, Tovarnye znaki, 1974, No.32, p.103, PCN 441,481에서 찾을 수 있다.
40) 답은 잡지 Izobretatel'I ratsionalizator(1977, No. 3, p.44)에서 확인할 수 있다.

1

부록

발명문제를 해결하기 위한 알고리즘 : 아리즈-77

1부 문제선택

1.1 문제의 해결책에 대한 최종 목표를 결정한다.

a. 대상의 어떤 특성을 바꾸어야 하는가?
b. 문제해결에 있어 대상의 어떤 특성을 바꿀 수 없는가?
c. 문제가 해결된다면 어떤 비용을 줄일 수 있는가?
d. 대략적으로 허용 가능한 비용은 얼마인가?
e. 개선해야 할 주요 기술. 경제적 지표는 무엇인가?

1.2 벗어나는 경로를 검토한다. 근본적으로 문제를 해결할 수 없다고 가정해 보자. 필요한 최종 결과를 얻기 위해서 어떤 다른 문제를 해결해야 하는가?

a. 문제로 주어진 시스템이 속한 상위시스템 수준으로 문제를 변환한다.
b. 문제로 주어진 시스템에 포함된 (물질의) 하위시스템 수준으로 문제를 변환한다.
c. 3개의 수준(상위시스템, 시스템, 하위시스템)에 대해 필요한 작용(또는 특 성)을 반대로 바꿈으로써 문제를 변환한다.

1.3 본래의 문제와 그것의 변형 문제 중에서 목적에 보다 적합한 문제의 해결책을 선택한다.

※ 주의 : 문제를 선택할 때, 객관적 요인(문제로 주어진 시스템의 발전 이면)과 주관적 요인(문제가 최대 또는 최소문제 중에서 어느 문제 지향인지)을 고려해야 한다.

1.4 필요한 정량적 지표를 결정한다.

1.5 발명을 실행하는데 필요한 시간을 고려해서 정량적 지표를 증가시킨다.

1.6 제안된 발명을 현실화하는 데 필요한, 특별한 조건이 수반하는 요구사항을 정확하고 상세하게 기술한다.

a. 실행 특성, 특별히 허용가능한 해결책의 복잡성을 고려한다.
b. 제안된 실행 규모를 고려한다.

1.7 발명문제 해결책에 대한 표준을 직접 적용하여 해결책을 구할 수 있는지를 검토한다. 만일 해결책을 구했다면, 5.1단계로 이동한다. 그렇지 않다면 1.8단계로 이동한다.

1.8 특허정보를 이용하여 문제를 상세히 기술한다.

a. 특허정보로부터 해당 문제와 관련된 문제에 대해서 어떠한 답을 구할 수 있는가.
b. 선도 기술 분야와 관련해서, 해당 문제와 유사한 문제의 답은 무엇인가.
c. 주어진 문제의 반대 문제에 대한 답은 무엇인가.

1.9 연산자 STC를 이용한다.

a. 대상의 크기를 실재크기에서 0으로 바꾼다고 상상한다면, 문제를 어떻게 해결할 수 있을까?
b. 공정 시간(또는 대상의 이동 속도)을 주어진 시간에서 0으로 바꾼다고 상상하면, 문제를 어떻게 해결할 수 있을까?
c. 대상의 공정비용(가능한 지출)을 주어진 값에서 0으로 바꾼다고 상상하면, 문제를 어떻게 해결할 수 있을까?

2부 문제 모델의 구축

2.1 전문용어를 사용하지 않고 문제를 상세하게 기술한다.

문제 24

연마 디스크는 스푼과 같이 들어간 곳과 나온 곳이 있는 복잡한 형상을 갖는 제품을 제대로 가공하지 못한다. 다른 방식으로 연마하는 것은 불편하고, 복잡해진다. 이 경우에 얼음으로 만든 연마 디스크를 이용하는 것 역시 비용이 많이 든다. 연마 표면을 갖는 탄성의 공기 팬창 디스크는 너무 빨리 닳기 때문에 적합하지 않다. 어떻게 해야 하는가?

문제 25

전파망원경의 안테나는 종종 폭풍이 몰아치는 곳에 설치된다. 그것을 번개로부터 보호하기 위해서 그 주위에 금속막대로 된 번개 전도체를 새울 필요가 있다. 그러나 번개막대가 전파를 방해하여, 전파그늘을 만든다. 이 경우에 안테나 자체에 번개 전도체를 세우는 것은 불가능하다. 어떻게 해야 하는가?

2.2 대립하는 요소 쌍을 찾아 쓴다. 만일 문제의 상세설명에서 하나의 요소만 주어져 있다면, 4.2단계로 가라.

규칙 1. 대립하는 요소 쌍에 대상을 도입할 필요가 있다.

규칙 2. 대립 쌍에서 두 번째 요소는 대상(도구 또는 두 번째 대상)이 직접적으로 작용할 수 있는 요소이어야 한다.

규칙 3. 만일 문제의 상세설명에 따라서 하나의 요소(도구)가 두 가지의 상태로 존재할 수 있다면, 주요 기능(문제에 표현된 전체 기술시스템의 기본 기능)을 가장 잘 실행하도록 보장해 주는 상태를 선택해야 한다.

규칙 4. 문제가 서로 상호작용하는 동질적인 요소 쌍(A1, A2… 그리고 B1, B2…)을 갖는다면, 한 개의 쌍(A1과 B1)만을 선택해도 충분하다.

문제 24

대상은 스푼이다. 도구는 대상에 직접 작용하는 연마 디스크이다.

문제 25

이 문세에는 번개와 전파라는 두 개의 〈대상〉과 번개 전도체라는 한 개의 〈도구〉가 있다. 이 문제의 경우 대립은 〈번개 전도체와 번개〉또는〈번개 전도체와 전파〉에서가 아니라, 이들 대립 쌍 사이에서 발생한다. 하나의 대립 쌍을 갖는 표준 형태로 이 문제를 변환하기 위해서 주어진 기술시스템의 기본 작동을 수행하는 데 필요한 특성을 도구에 미리 부여할 필요가 있다. 즉, 번개 전도체는 존재하지 않고, 전파가 자유롭게 안테나를 통과하도록 하는 것을 택할 필요가 있다.

따라서 대립 쌍은 다음과 같다 : 존재하지 않는 번개 전도체와 번개(또는 전도성이 없는 번개 막대와 번개).

2.3 도입할 필요가 있는 것(작용, 특성)을 갖고 있는 대립 쌍 요소들의 두 가지 상호작용(유용한, 해로운)을 적는다.

문제 24

1. 디스크는 연마 능력을 갖고 있다.
2. 디스크는 곡면에 스스로 적응하는 능력을 갖고 있지 않다.

문제 25

1. 존재하지 않는 번개 전도체는 전파간섭을 일으키지 않는다.
2. 존재하지 않는 번개 전도체는 번개를 유인하지 않는다.

2.4 대립 쌍과 기술적 모순을 나타내는 문제모델의 표준 형태를 적는다.

문제 24

디스크와 대상은 주어져 있다. 디스크는 연마 기능을 갖고 있지만, 대상의 곡면에 스스로 적응할 수 없다.

문제 25

존재하지 않는 번개 전도체와 번개는 주어져 있다. 그러한 번개 전도체는 전파간섭을 으키지 않지만, 또한 그것이 번개를 유인하지 않는다.

3부 문제 모델의 분석

3.1 문제모델에 있는 요소들 중에서 쉽게 바꾸고 대체할 수 있는 요소를 선택한다.

규칙 5. 기술적인 대상이 자연적인 대상보다 바꾸기가 쉽다.

규칙 6. 도구가 대상보다 바꾸기가 쉽다.

규칙 7. 시스템에 쉽게 바꿀 수 있는 요소가 없다면, 〈외부환경〉을 선택한다.

문제 24

대상의 모양을 바꿀 수 없다 : 평평한 스푼은 액체를 담을 수 없다. 그러나 디스크는 연마 기능을 유지하면서 바꿀 수 있다 - 이것이 문제의 상세 설명이다.

문제 25

번개 전도체는 번개의 방향을 바꾸기 위한 도구이고, 번개는 대상이다. 번개는 자연적인 대상이고, 번개 전도체는 기술적인 대상이므로, 번개 전도체를 선택한다.

3.2 IFR의 표준형태를 적는다. (3.1에서 선택한) 요소 스스로 원하는 기능(유용한 상호작용)을 수행하면서 해로운 상호작용을 제거한다.

규칙 8. IFR 정형화 문은 항상〈스스로〉라는 단어를 포함해야 한다.

문제 24

디스크는 연마 기능을 유지하면서 스스로 대상의 곡면에 적응한다.

문제 25

존재하지 않는 번개 전도체는 스스로 전파간섭을 일으키지 않으면서 번개를 유인한다.

3.3 IFR에서 요구한 두 개의 상호작용에 대응할 수 없는 요소(3.2에 나타난 것) 영역을 인한다. 이 영역에 존재하는 것은 물질인가, 장인가? 이 영역을 색상, 선등으로 나타내는 개략도로 제시한다.

문제 24

디스크의 바깥층(외부 고리, 틀) ; 물질(연마 분말, 고체)

문제 25

존재하지 않는 번개 전도체가 차지하는 공간; 전파가 자유롭게 통과하는 물질(공기 기둥)

3.4 개략도로 제시된 대립하는 상호작용(작용, 특성) 요소들의 상태가 갖는 모순적인 물리적 요구사항을 정립한다.

a. 보안 조치(유용한 상호작용 또는 유지해야 하는 상호작용을 나타냄)를 위해 가열, 이동, 하전(물리적 상태를 나타냄) 등이 필요하다.

b. 예방(해로운 상호작용 또는 도입해야 하는 상호작용을 나타냄)을 위해 냉각, 고정, 하전 제거(물리적 상태를 나타냄) 등이 필요하다.

규칙 9. a와 b에서 나타낸 물리적 상태는 상호 반대이어야 한다.

문제 24

a. 연마를 위해 디스크의 바깥층은 단단해야 한다(또는 힘의 전달을 위해 디스크 중심부 가 견고하게 고정되어 있어야 한다).

b. 대상의 곡면에 적응하기 위해 디스크의 바깥층은 단단하지 않아야 한다(또는 디스크 중앙부가 단단하게 고정되어 있지 않아야 한다).

문제 25

a. 전파를 통과시키기 위해 공기기둥은 전도체가 아니어야 한다(또는 보다 정확하게 자유전하를 갖고 있지 않아야 한다).

b. 번개를 유인하기 위해 공기기둥은 전도체이어야 한다(또는 보다 정확하게 공기기둥 은 자유전하를 갖고 있어야 한다).

3.5 물리적 모순을 표준으로 정형화한다.

a. 완전한 정형화 문: (표시한 요소의 일부분)은 (유용한 상호작용)을 수행하기 위해 (3.4a에서 나타낸 상태)이어야 하고, (해로운 상호작용)을 예방하기 위해 (3.4b에서 나타낸 상태)이어야 한다.

b. 간단한 정형화 문: (표시한 요소의 일부분)은 존재해야 하면서 동시에 존재하지 않아야 한다.

문제 24

a. 디스크의 바깥층은 대상을 연마하기 위해 단단해야 하고, 동시에 대상의 곡면에 적응하기 위해 단단하지 않아야 한다.

b. 디스크의 바깥층은 존재해야 하면서 존재하지 않아야 한다.

문제 25

a. 공기기둥은 번개를 잡기 위해 자유전하를 가져야 하지만, 전파를 잡지 않기 위해 자유전하를 갖지 않아야 한다.

b. 자유전하를 갖는 공기기둥은 존재해야 하면서 존재하지 않아야 한다.

4부 물리적 모순의 제거

4.1 표시한 요소의 가장 간단한 변환을 검토한다. 즉, 모순 특성을 분리 한다.

a. 공간으로

b. 시간으로

c. 일시적인 상태를 이용함으로써 모순 특성이 공존하거나 교대로 나타나게 한다.

d. 구조를 재구성함으로써: 표시된 영역의 입자상 요소가 한 특징을 갖고, 표시 된 전체 영역에서는 그 특성과 대립된 특성이 나타나게 한다.

만일 물리적인 답을 얻었다면(즉, 물리적인 작용이 필요하다는 것이 밝혀졌다), 4.5 단계로 가라. 물리적인 답이 없다면 4.2로 가라. 문제 24의 경우 표준변환이 명확한 해결책을 제공하지 못한다(나중에 알게 되겠지만, 해결책은 4.1의 c와 d에 가깝다). 문제 25는 4.1의 b와 c에 의해서 해결될 수 있다. 자유전하는 번개 발생 시작 단계에서 스스로 공기기둥에 나타난다. 번개 전도체는 짧은 순간 전도체가 된 다음, 자유전하는 스스로 사라진다.

4.2 문제의 표준모델과 물질-장 변환을 이용한다. 만일 물리효과를 얻었다면, 4.4단계로 가라. 만약 물리효과를 얻지 못했다면, 4.3단계로 가라.

문제 24

문제 24의 모델은 클래스 4에 속한다. 표준해결책에 따라 물질 S2에 장을 도입하고, S3을 추가하거나, S2를 상호작용하는 두 부분으로 나눔으로써 물질 S2가 물질-장 모델에서 발전해야 한다(디스크를 나눈다는 아이디어는 3.3단계에서 구체화되기 시작 하였다. 그러나 디스크를 단순히 나눈다면, 디스크의 바깥층은 원심력에 의해서 날아 갈 것이다. 디스크의 중심부가 바깥층을 강하게 붙잡고 있어야 하고, 동시에 자유롭게 교환할 수 있어야 한다). 표준해결책에 따르면, 자기장과 강자성체 분말을 이용하는 물질-장으로 물질-장을 바꾸는 것이 바람직하다(이것이 디스크의 바깥층을 움직일 수 있게 해주고, 교환할 수 있게 해주며, 디스크의 두 부분 사이에 필요한 연결을 보장해 준다).

문제 25

문제 25는 클래스 16에 속한다. 표준해결책에 따라 물질 S1을 이중화시켜 S1 또는 S2가 되어야 한다. 즉, 공기기둥이 번개가 칠 때 전도성을 띄었다가, 그 다음에 전도 성이 없는 상태로 바뀌어야 한다.

4.3 물리효과와 현상 표를 이용한다. 만일 적절한 물리효과를 찾았다면, 4.5단계로 가라. 만약 물리효과가 없다면, 4.4단계로 가라.

문제 24

부록 3의 17이 적당하다-전자기장를 사용하는 수단으로〈물질〉의 연결을 〈장〉의 연결로 바꾼다.

문제 25

부록 3의 23이 적당하다-강한 자기장 효과(번개)에 의해 이온화되고, 이 장이 사라진 후 재결합(전파는 약한 장에 불과하다)한다. 다른 효과들은 액체 및 고체와 관련이 있 고, 첨가제 도입을 요구하거나 자동 제어를 보장해주지 못한다.

4.4 모순행렬표를 사용해서 기술적 모순을 제거한다. 만일 그 이전에 물리 효과를 얻었다면, 그것을 확인하기 위해서 모순행렬표를 이용한다.

문제 24

문제 24의 상세설명에 따르면, 다양한 형상을 갖는 대상을 연마하기 위해 디스크의 능력을 개선할 필요가 있다. 이것은 적응성이다(35행). 한 가지 방법은 다양한 디스크를 선택하는 것이다. 그 결과 단점으로 디스크를 교환하고 선택하는 과정에서 시간을 소비하고, 생산성이 낮아진다(25열과 39열). 모순행렬표는 발명원리 35, 28; 35, 28, 6, 37을 제안 한다. 두 번 나왔고, 가장 그럴듯한 발명원리는 35: 디스크의 전체 상태를 바꾼다(디스크의 바깥층은 움직이는 입자로 구성된 의사액체이다); 28: 앞에서 설명한 바와 같이 강자 성체를 사용하는 물질-장으로 전환한다.

문제 25

문제 25의 상세설명에 따르면, 해로운 외부 인자(30행)인 번개의 작용을 제거할 필요가 있다. 한 가지 방법은 보통의 금속 번개 전도체를 설치하는 것이다. 그 결과 단점으로 전파 그늘이 생긴다. 즉, 번개 막대 자체가 해로운 효과를 일으킨다(31열). 모순행렬표에서 이 칸은 비어있다. 18열을 고려해 보자(전파 그늘 대신에 광 현상인 밝기 줄이기). 발명원리: 1, 19, 32, 13. 발명원리 19에 따라 하나의 작용을 다른 작용이 멈춘 사이에 수행한다.

4.5 물리적 해결책을 기술적인 것으로 전환한다: 방법을 정형화하고, 이 방법을 실행할 장치를 설계한다.

문제 24

디스크의 중심부를 자석으로 만든다. 디스크 바깥층을 강자성 입자 또는 강자성체 입자로 구워 굳힌 연마 입자로 만든다. 이러한 디스크의 바깥층이 대상의 형상을 갖게 될 것이다. 동시에 연마에 필요한 단단한 특성을 유지한다.

문제 25

대기 중에서 자유전하가 생기도록 하기 위해서, 압력을 낮출 필요가 있다. 공기기둥을 낮아진 압력으로 유지하기 위해 틀이 필요하다. 이 틀을 절연체로 만들어야 한다. 그렇지 않으면 그것 때문에 전파 그늘이 생기 것이다.

발명가 인증서 번호 177,497: "전파의 통과 특성을 얻기 위해서 번개 전도체를 절연물질로 된 밀봉파이프로 만든다. 번개가 일으킨 전기장에 의해서 생긴 하 전 구배에 따라 최소한의 조건으로 밀봉파이프 내의 압력이 결정된다."

5부 얻은 해결책의 예비평가

5.1 얻은 해결책의 예비평가를 실시한다.

◆ **체크리스트:**

1. 얻은 해결책이 IFR의 주요 요구사항의 실행을 보장하는가?(요소 스스로가…)
2. 얻은 해결책이 (만약 있었다면) 어떤 물리적 모순을 제거하였는가?
3. 그렇게 해서 얻은 시스템이 최소한 한 개의 제어 가능한 요소를 포함하고 있는가? 그것은 무엇인가? 이러한 제어는 어떻게 실행되는가?
4. 〈단 한 번〉의 문제 모델로 얻은 해결책이 실제 생산을 계속하기에 적절한가?

만일 해결책이 체크리스트 중에서 최소한 한 개라도 만족시키지 못하면 2.1단계로 되돌라간다.

5.2 얻은 해결책이 특허정보로 볼 때 공식적으로 혁신인지 어떤지를 검토한다.

5.3 그렇게 얻은 아이디어를 기술적으로 실행할 때 어떤 부작용이 생길 수 있는가? 발명, 설계, 회계, 행정 등과 관련된 가능한 부작용을 적는다.

6부 얻은 해결책의 발전

6.1 바뀐 시스템이 속한 상위시스템이 스스로 어떻게 바뀌어야 하는지를 결정한다.

6.2 바뀐 시스템을 어떤 새로운 방식으로 활용할 수 있는지 검토한다.

6.3 그렇게 얻은 해결책을 다른 기술 문제의 해결책에 이용한다.

a. 얻은 해결책의 반대 아이디어를 활용할 수 있는지 검토한다,

b.〈대상의 전반적인 상태에서 부분들의 특성〉 또는〈대상의 전반적인 상태에서 장의 활용〉에 대한 표를 구성하고, 이러한 표에 비추어 해결책의 재구성이 가능한지 검토한다.

7부 문제 해결과정의 분석

7.1 해결책의 실제 과정을 아리즈에 따른 이론과 비교한다. 만일 차이가 있다면, 그것을 기록한다.

7.2 얻은 해결책을 물질-장 변환, 물리효과 목록, 모순행렬표와 비교한다. 만일 차이가 있다면, 그것을 기록한다.

부록 2

발명문제의 전형적인 모델과 그들의 물질 - 장 변환

유형 1. 한 개의 요소가 주어졌다.

1. 물질이 스스로 제어가 잘되지 않는다(검사, 측정, 변경); 효과적인 제어가 보장되어야 한다.
   - a. 이런 종류의 문제를 해결하는 일반적인 방법은 물질-장의 완성이다(제 2의 물질과 장의 도입).
   - b. 검사와 측정의 문제에 대해서는 표준 1을 사용하라. 외부 전자기장과 상호작용하는 제2의 물질(현광 추적자, 강자성체 등)의 도입 :

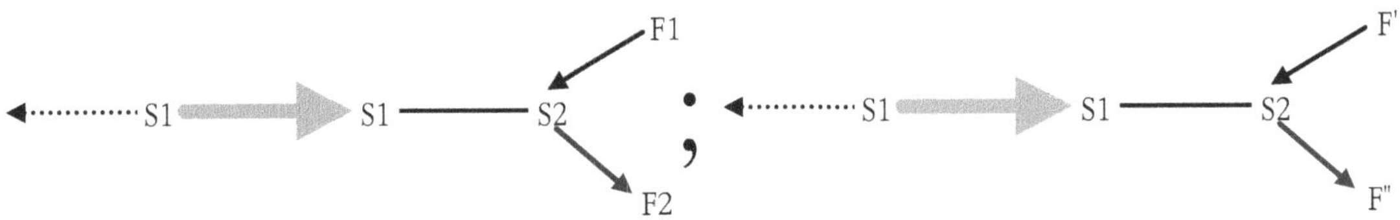

   - c. 위치 변경, 분할, 표면 처리, 변형, 점도 변경, 경화도 등의 문제에 대해서는 표준 4를 적용하라. 강자성체 입자나 자기장의 도입 :

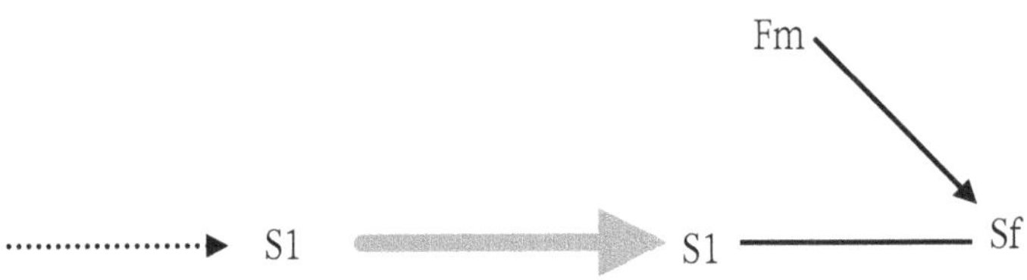

   - d. S2의 도입이 불가능하다면, 표준 8(고유진동 주파수의 측정)과 표준 10(우회 방법 : S2 대신에 장이나〈외부〉물질 S2를 도입한다. 이 때 S2는 일시적이거나 극히 작은 양이다. S1의 일부분을 S2로 사용한다. 물체 대신에 그 복사본을 사용한다. 화학 혼합물의 형태로 S2를 도입한다)을 적용하라.

2. 장을 제어할 수 없다(검사, 측정, 변경, 다른 장으로 변형); 효과적인 제어가 필수 적이다.
   a. 기존 장 F1을 변환 물질 또는 두 개의 상호작용 물질의 도움으로 변환한다:

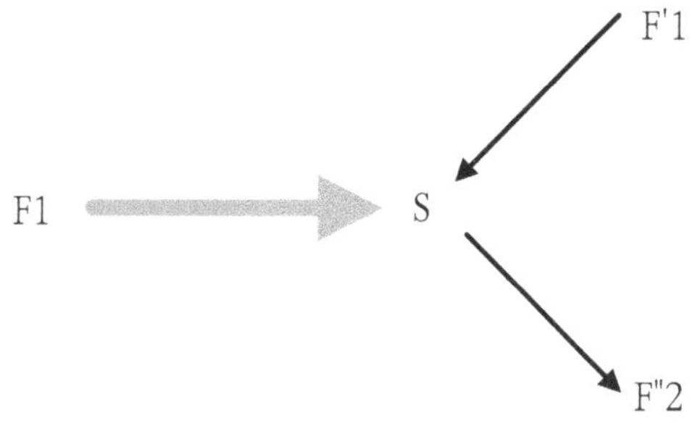

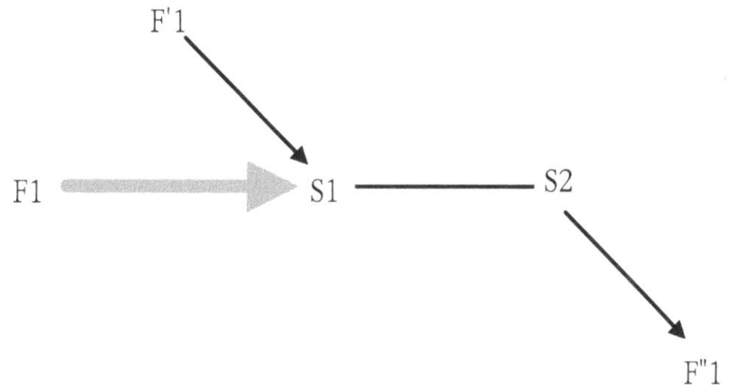

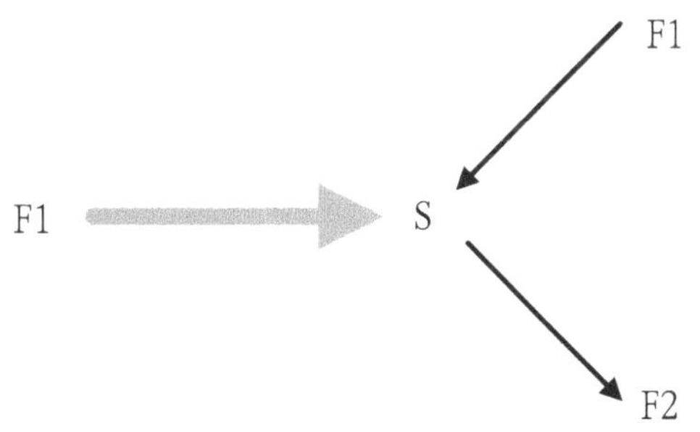

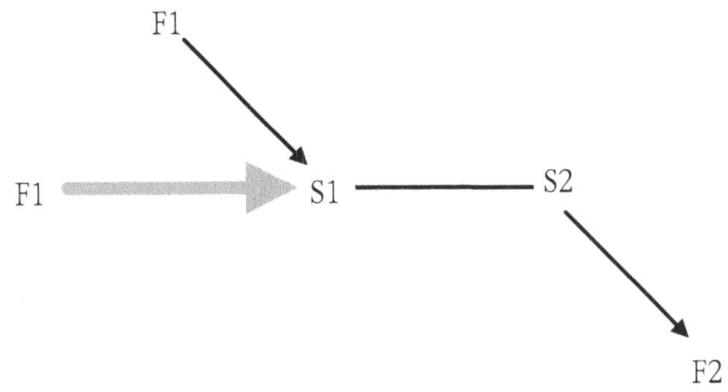

b. 장 F1의 작용으로 특성이 바뀌는 물질 S1의 도입, 그리고 이 과정에서 그 특성 변화는 S에 작용하는 장 F2의 도움으로 쉽게 감지된다:

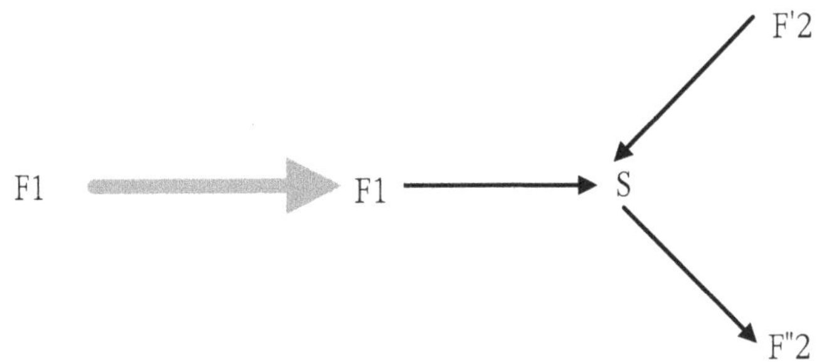

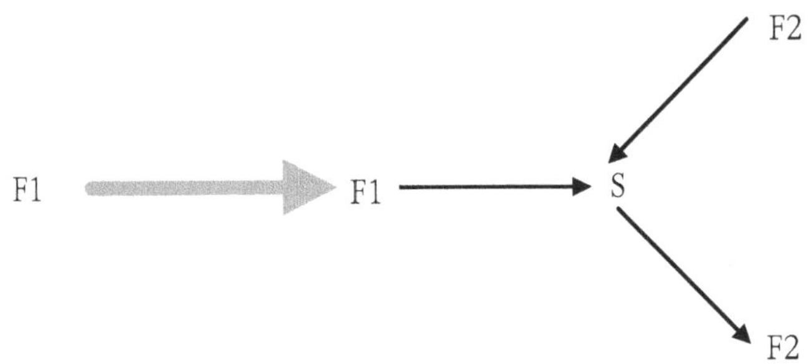

3. 물질(또는 장)이 두 개의 수반하는 갈등 특성을 갖고 있다: 한 특성이 다른 특성을 손상시키지 않고서 개선되어야 한다.

   a. 이런 종류의 문제는 기존 물질 S(또는 장 F)를 물질 S'(또는 장 F')로 대체함으로써 클래스 1의 2번으로 전환된다. 이때 초기에 수반했던 특성 중에 하나는 완전하게 사용된다:

      예를 들어 "안테나의 무게를 증가시키지 않고 그 높이를 증가시켜야 한다"는 문제는 "높은 안테나는 낮은 안테나처럼 가벼워야 한다"로 전환된다. 두 개의 수반하는 특성 중에서 하나는 기본 작용의 최대 효율을 보장하도록 이미 물체에 속한다고 생각해야 한다. 그러므로 낮은 안테나가 아니라 높은 안테나를 택한다.

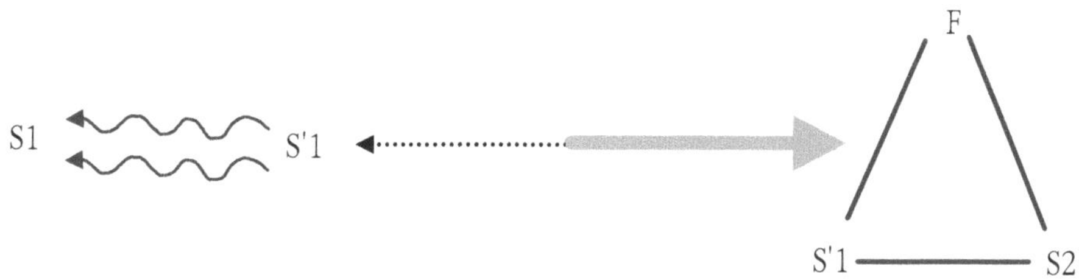

   b. 특성이 그 반대와 충돌한다면(뜨겁다-차갑다, 강하다-약하다, 자성-비자성), 그것을 공간, 시간, 구조로 분리함으로써 극복해야 한다(전체는 한 특성을 갖고, 그 부분은 다른 특성을 갖는다). 만약 시간으로 물질을 분리한다면, 한 상태에서 다른 상태로, 즉 번갈아 가면서 여러 형태를 취하는, 물질 스스로 일으키는 전이를 이용하는 것이 좋다(응집 상태의 변화, 큐리온도 전후로 이동, 분해와 결합 등).

유형 2. 두 개의 요소가 주어졌다.

4. 두 개의 물질이 상호작용하지 못한다(또는 상호작용이 매우 좋지 못하다); 하나의 물질(또는 두 개 다)을 바꿀 수 있다 : 요구사항은 유용한 상호작용을 보장하는 것이다. S1과 사슬을 형성하는 물질-장으로 물질 S2를 변경한다. 이 방법으로 S1과 S2의 상호작용을 보장한다. 이때 가능하다면 자기장 Fm과 강자성체 물질 Sf(작은 입자 형태가 바람직하다)를 갖는 자기-장(F-Field)으로 S2를 전환한다;

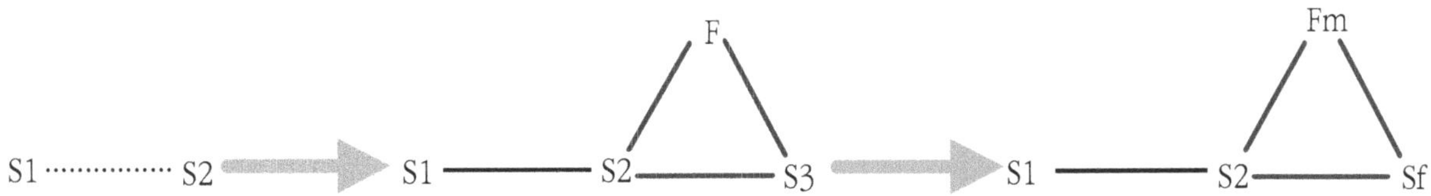

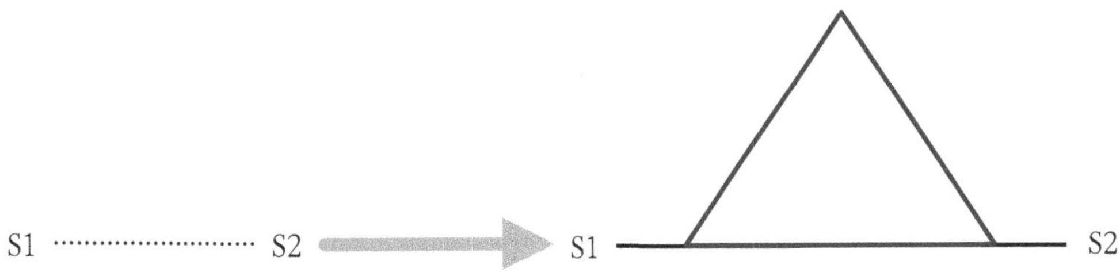

S2를 물질-장으로 전환했음에도 불구하고 S2와 S1 사이에 직접 연결이 성립되지 않는다면 장 F를 경유한 연결을 사용할 수 있다:

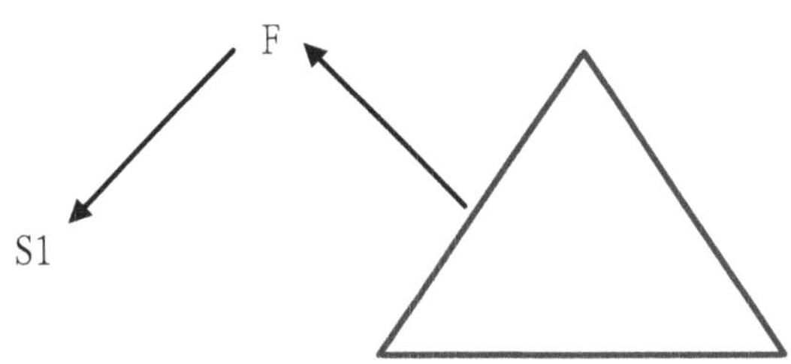

측정 또는 검출의 문제에서는 출구 쪽에 장을 갖는 물질-장으로 S2를 전환한다:

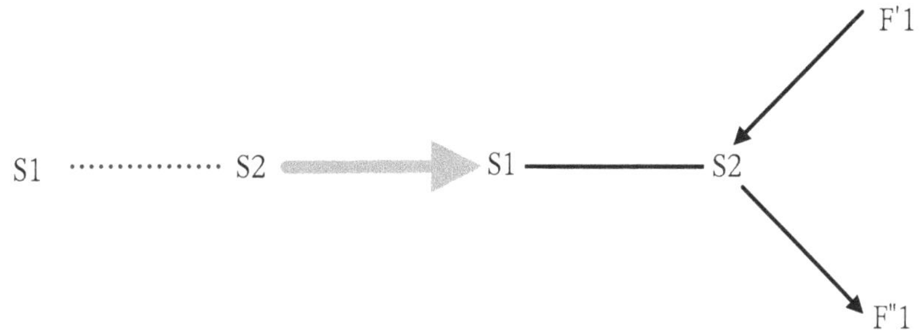

5. 클래스 4와 같지만, 두 개의 물질을 바꿀 수 없다.
    a. 표준 10을 사용하는 클래스 4로 문제를 변환한다.
    b. 물질 대신에 물질의 광학적 복사품을 사용한다.

6. 장 F2가 장 F1을 제어하지 못한다 : 요구조건은 효과적인 제어를 보장하는 것이다.
   물질(또는 두 개의 상호 연결된 물질)의 도입, F2와의 상호 작용 능력은 F1의 작용에 의존한다:

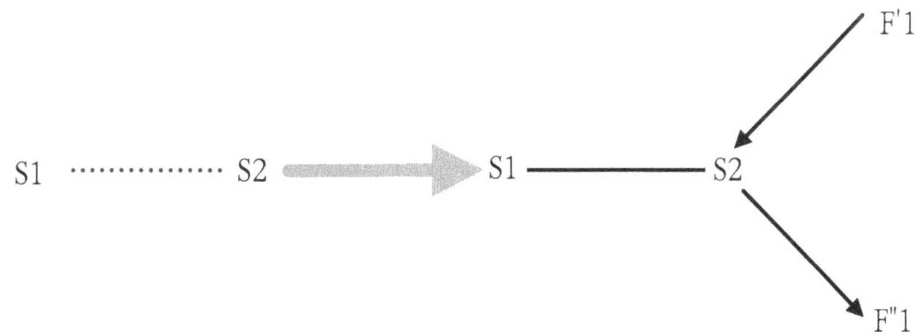

일부 사례에서 제어 능력은 F1의 작용 하에서 상전이(예를 들어 용융, 큐리온도 전후로 이동 등)를 일으키는 물질에 의해서 향상될 수 있다.

7. 장과 물질이 상호작용하지 않는다; 물질과 장의 상호작용이 필요하다. 중개 물질 S2 또는 복합 물질(S2,S3)의 도입, 그것을 통해서 F1이 S1에 작용한다. 만약 제2의 물질을 도입할 수 없다면, 표준 10을 사용하라.

8. 두 개의 물질이 상호작용을 하지만, 그러한 요소들 중에서 한 개나 두 개 또는 그들의 상호작용을 제어(검사, 측정, 변경)할 수 없다.
그것들을 다른 것으로 대체 하는 것은 배제되어 있다; 효과적인 제어가 필요하다.
   a. 시스템을 통과하고, 그 조건에서 정보를〈끌어내는〉, 강력한 전기, 자기, 광학장을 도입한다.
   b. S1과 S2에 다르게 작용하거나, 그러한 물질 중에서 하나에만 작용하는 장 F를 도입한다.
   c. 물질-장을 복합 물질(S2,S3)로 구성한다; 장 F는 S3에 작용한다.

9. 장과 물질이 작용하지만, 그러한 요소들 중 한 개나 두 개 또는 그들의 상호작용을 제어(검사, 측정, 변경)할 수 없다; 요소들을 바꾸는 것은 배제되어 있다; 효과적인 제어가 필요하다.
   a. F, S1과 상호작용하는 S2를 도입한다.
   b. S2를 F'와 F"로 바꾸고, 쉽게 제어할 수 있는 물질-장을 S1, S2, F"로 만든다.

10. 두 개의 물질(또는 물질과 장)이 상호작용 한다; 그들 중에 하나를 바꿀 수 있다; 요구조건은 첫 번째 것(기존 요소)을 악화시키지 않고서 두 번째(보조) 상호작용 (또는 작용)을 만드는(또는 개선하는) 것이다.
   a. 물질-장을 세워서 두 번째 상호작용을 보장한다.
   여기서 추가된 장이 첫 번째 상호작용에 영향을 주지 않아야 한다:

F
S1
S2
S1
S2

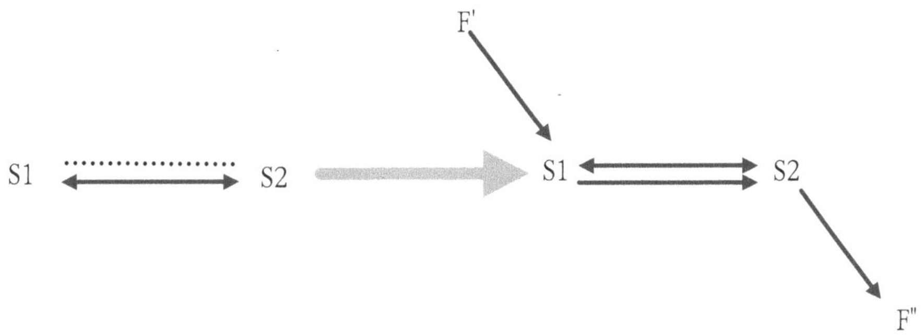
F'
S1
S2
S1
S2
F"

b. 사슬 물질-장을 세운다.

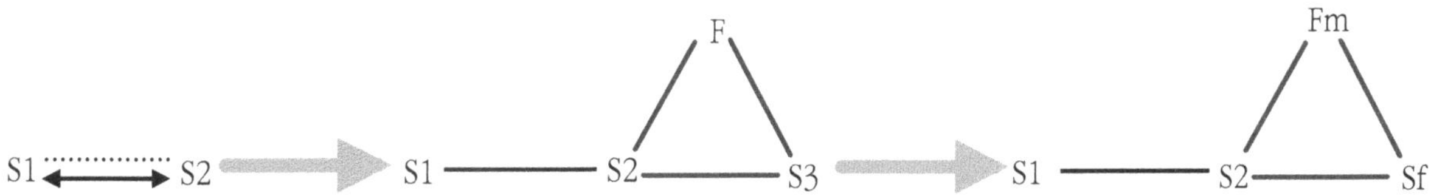
S1
S2
F
S1
S2
S3
Fm
S1
S2
Sf

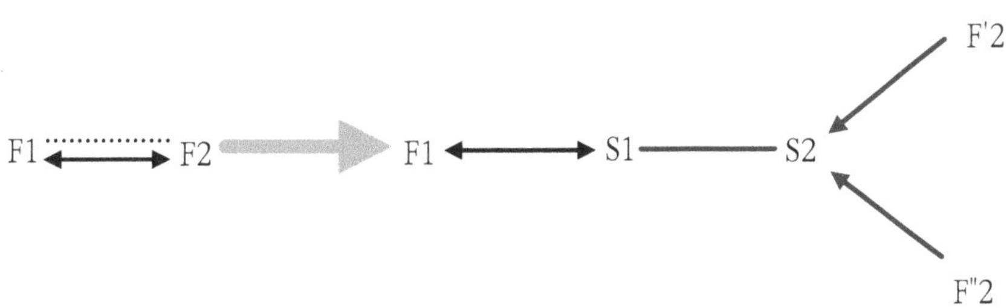
F1
F2
F1
S1
S2
F'2
F"2

11. 장과 물질이 두 개의 갈등하는 상호작용으로 연결되어 있다; 한 상호작용은 제거해야 하고, 동시에 다른 상호작용은 유지해야 한다. S2를 도입하고, 그것을 통해서 장이 S1에 작용한다. 이 두 번째 물질은 S1의 일부분 또는 S1의 변형물이다:

S1은 이 작용을〈허락〉하지만, 다른 작용을 보류한다.

12. 두 개의 물질이 상호 작용한다.; 이 상호작용을 제거해야 한다.

표준 3 : 기존 물질 중에서 어느 하나의 변형물인 제3의 물질을 도입한다.

유형 3. 세 개의 물질이 주어졌다.

13. 물질-장이 주어져 있지만, 검사 또는 측정을 할 수 없다; 주어진 물질-장을 대체하거나 변경하는 것은 배제된다; 요구조건은 효과적인 검사 또는 측정을 보장하는 것이다. 문제의 상세설명으로 주어진 물질-장을 복합 물질 S2로 간주한다 (문제는 실질적으로 클래스 1로 전환된다.) 장을 다음과 같이 도입한다: 만약 강자성 물질을 포함하고 있다면, 자기장을 도입하는 것이 바람직하다.

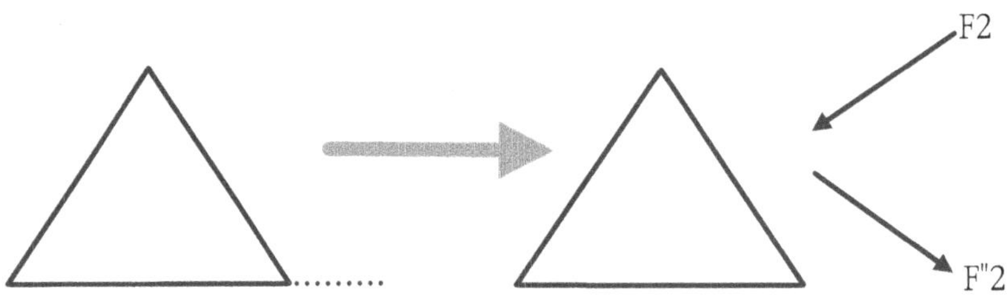

14. 클래스 13과 같지만, 주어진 물질-장의 S2 일부분을 대체하거나 변경할 수 있다. S3과 F를 도입함으로써 물질 S2를 물질-장으로 변환한다. 사슬 물질-장이 형성 된다:

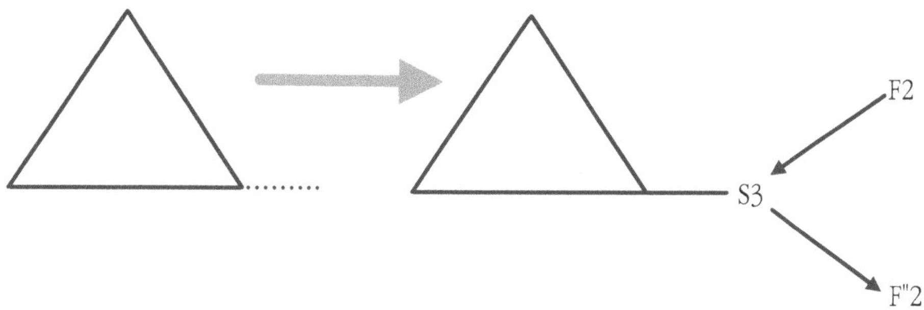

15. 물질-장이 주어져 있지만, 그 제어가 좋지 않다; S2와 장 F를 대체할 수 있다; 효과적인 제어가 필요하다. 문제의 상세설명으로 주어진 물질-장을 자기-장으로 재구성한다. 문제는 실질적으로 클래스 1로 변환된다: S2와 F를 버리고, S1만을 유지한다. 이 S1에 강자성 물질과 자기장을 도입함으로써 완전한 물질-장을 만든다.

16. 물질이 장 F1과 상호작용을 잘하지만, 장 F2와 상호작용이 나쁘다; 새로운 물질 과 장을 도입하는 것은 배제된다; S와 F1의 상호작용을 유지하면서 S와 F2의 좋은 상호작용이 필수적이다.
물질 S1을 S'1과 S"1로 나눈다. 장 F1이 S'1에 작용하고, 장 F2는 S"1에 작용한다. 만약 이러한 작용이 시간으로 양립할 수 없다면, 번갈아 가면서 처음에 S'1이 되고, 다음에 S"1이 되는 방식으로 S1을 다시 나눈다. 그리고 다른 것이 쉴 때 한 작용을 실행한다(표준 7).

17. 장 F1이 물질 S1과 매우 잘 작용하지만, S2와 잘 작용하지 않는다; 새로운 물질과 장의 도입은 불가능하다; F1과 S1의 상호작용을 유지하면서 F1과 S2의

효과적인 상호작용이 필수적이다.

a. 장 F1을 F'1과 F"1로 나눈다. 장 F'1이 S1에 작용하는 한편, F"1은 S2에 작용한다. 이러한 작용이 시간으로 양립할 수 없다면, 번갈아 가면서 처음에 F'1이 되고, 다음에 F"1이 되는 방식으로 F1을 다시 나눈다. 그리고 다른 것이 쉴 때 한 작용을 실행한다.

b. 특성이 F'1과 동일하지만, 방향이 그것과 반대인 장 F"1을 도입한다:

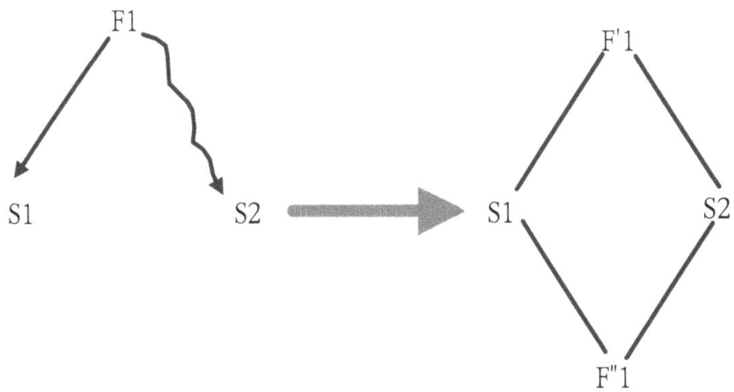

18. 제거해야 하는 물질-장이 주어졌다.

이 문제를 클래스 12로 변환하고, 표준 3에 따라 푼다.

3

부 록

발명문제를 해결하기 위한 물리효과와 현상의 응용

필요한 효과 및 성질	필요한 효과 및 성질을 제공하는 물리현상과 효과
1. 온도 측정	➔ 열팽창과 그것이 자연 진동수에 미치는 영향 ➔ 열전 현상(Thermoelectric phenomena) ➔ 복사 스펙트럼(Radiation spectrum) ➔ 물질의 광학적, 전기적, 자기적 특성 변화 ➔ 퀴리점 전후로 온도의 이동 ➔ 홉킨스 효과, 바크하우젠 효과, 제백 효과 (Hopkins Barkhausen and Seebeck effects)
2. 온도 낮추기	➔ 상전이(Phase transitions) ➔ 줄-톰슨 효과(Joule-Thomson effect) ➔ 랑크 효과(Ranque effect) ➔ 자기 칼로리 효과(Magnetic calorie effect) ➔ 열전 현상(Thermoelectric phenomena)
3. 온도 높이기	➔ 전자기 유도(Electromagnetic induction) ➔ 맴돌이 전류(Eddy current) ➔ 표면 효과(Surface effect) ➔ 유전 가열(Dielectric heating) ➔ 전기 가열(Electronic heating) ➔ 전기 방전(Electrical discharge) ➔ 물질에 의한 복사선 흡수(Absorption of radiation by substances) ➔ 열전 현상(Thermoelectric phenomena)
4. 온도 안정화	➔ 퀴리온도 전후로 온도의 이동을 포함한, 상전이
5. 물체의 위치 찾기	➔ 표식(marker) 물질의 도입, 즉, 외부 장을 바꿀 수 있는 물질 luminophores와 같이) 또는 스스로 장을 만드는 물질(강자성 물질과 같이),그래서 검출하기 쉬운 물질 ➔ 빛의 반사 및 발산 ➔ 사진 효과 ➔ 변형

	→ 방사선 및 X-ray 방사(Radioactive and X-ray radiation) → 발광(Luminescence) → 전기장 또는 자기장에서의 변화 → 전기 방전(Electrical discharge) → 도플러 효과(Doppler effect)
6. 물체의 위치 제어	→ 물체 또는 물체에 연결된 강자성체에 대한 자장의 작용 → 전기적으로 전하를 띤 물체에 대한 전기장의 작용 → 액체 또는 기체에서의 압력 전달 → 기계적 진동 → 원심력(Centrifugal force) → 열팽창(Thermal expansion) → 빛의 압력(Pressure of light)
7. 운동의 제어	→ 모세관 힘(Capillary force) → 삼투 현상(Osmosis) → 톰스 효과(Toms effect) → 파동(Waves) → 베르누이 효과(Bernoulli effect) → 와이젠버그 효과(Weissenberg effect)
8. 에어로졸의 제어 (먼지 입자, 연기, 안개 등)	→ 대전(帶電, Electrization) → 전기장 또는 자기장 걸기 → 빛의 압력(Pressure of light)
9. 혼합물 만들기	→ 초음파(Ultrasonics) → 공동현상(Cavitation) → 확산(Diffusion) → 전기장 걸기 → 자성물질과 조합하여 자기장 걸기 → 전기영동(Electrophoresis) → 가용화(Solubilization)
10. 혼합물의 분리	→ 전기 및 자기를 이용한 분리 → 전자기장의 영향 하에서 분리자 액체의 겉보기 점도를 바꾸기

	→ 원심력(Centrifugal force) → 수착(收着, Sorption) → 확산(Diffusion) → 삼투 현상(Osmosis)
11. 물체의 위치 안정화	→ 전기장, 자기장 → 전기장 또는 자기장의 영향으로 굳혀서 액체 안에서 고정하기 → 자이로스코우프 효과(Gyroscope effect) → 반작용력(Reactive force)
12. 힘의 작용, 제어	→ 높은 압력 만들기 → 강자성체에 의한 자기장 효과 → 상전이(Phase transition) → 열팽창(Thermal expansion) → 원심력(Centrifugal force) → 자기장 안에서 전도체 또는 자성 액체의 의사 점도에 영향을 주어 유체의 정력학적 힘 바꾸기. → 폭약의 사용(Use of explosives) → 전기 유압 효과(Electro-hydraulic effect) → 광 유압 효과(Optical hydraulic effect) → 삼투 현상(Osmosis)
13. 마찰의 변화	→ 존슨\라벡 효과(Johnson\Rabeck effect) → 복사 작용(Radiation Action) → 클라겔스키(Kragelsky) 현상 → 진동
14. 물체의 파괴	→ 전기 방전(Electrical discharge) → 전기-유압 효과(Electro-hydraulic effect) → 공진(Resonance) → 초음파(Ultrasonics) → 공동 현상(Cavitation) → 레이저 사용(Use of lasers)

15. 기계/열에너지 저장	→ 탄성 변형(Elastic Deformation) → 자이로스코우프(Gyroscope) → 상전이(Phase transition)
16. 에너지 전달	→ 변형 → 진동(Oscillation) → 알렉산드로프 효과(Alexandrov effect) → 충격파를 포함한 파동 운동 → 복사(Radiation) → 열전도(Thermal conductivity) → 대류(Convection) → 빛의 반사(Light reflection) 효과 → 유도 복사(Induced radiation) → 레이저(Lasers) → 전자기 유도(Electromagnetic induction) → 초전도(Superconductivity)
17. 움직이는 물체와 고정된 물체의 상호작용 설정	→ 전자기장의 사용(물질에서 장으로 전이)
18. 물체의 치수 측정	→ 고유 진동수 측정 → 전기 또는 자기 표식(Marker)을 적용하고 검출함
19. 치수 변경	→ 열팽창(Thermal expansion) → 변형(Deformation) → 자기 변형(Magneto striction) → 압전 효과(Piezo electric effect)
20. 표면 특성 및 상태의 확인	→ 전기 방전(Electrical discharge) → 빛 반사(Light reflection) → 전자 방출(Electronic emission) → 모아레 효과(Moire effect) → 복사(Radiation)
21. 표면 특성의 측정	→ 마찰(friction)

	→ 흡수(absorption) → 확산(Diffusion) → 바우싱어 효과(Bauschinger effect) → 전기 방전(Electrical discharge) → 기계 진동 / 음향 진동 → 자외선 복사(Ultraviolet radiation)
22. 체적의 특성과 상태 검사	→ 표식(Marker) 도입 즉, 물질의 특성에 따라서 기존의 장을 바꿀 수 있는 물질 (luminophores와 같이), 또는 스스로 장을 만드는 물질(강자성 물질과 같이) → 물체의 구조나 특성에 따라 전기저항의 변경 → 빛과의 상호작용 → 광전기, 광자기 효과(Electro-optic, Magneto-optic effect) → 편광(Polarized light) → 방사선과 X선 복사(Radioactive and X-ray radiation) → 전자 반자성 또는 핵자기 공명(Electronic paramagnetic or nuclear magnetic resonance) → 자기탄성 효과(Magneto elastic effect) → 퀴리온도 전후로 온도의 이동 → 홉킨스 및 바크하우젠 효과(Hopkins and Barkhausen effect) → 뫼스바우어 효과(Moessbauer effect) → 홀 효과(Hall effect)
23. 부피 특성의 변경	→ 전기장 또는 자기장의 작용 하에서 액체의 특성(겉보기 점도, 유동성)의 변경 → 강자성 물질과 자기장의 작용 도입 → 가열 → 상전이(Phase transition) → 전기장에 의한 이온화 → 자외선, X선 또는 방사선 복사 (Ultraviolet, X-ray or radioactive radiation) → 변형(Deformation)

	→ 확산(Diffusion) → 전기장 또는 자기장(Electric or magnetic effect) → 바우싱어 효과(Bauschinger effect) → 열전, 열자기 또는 광자기 효과(Thermo electric, thermomagnetic, magneto-optic effect) → 공동 현상(Cavitation) → 광착색 효과(Photochromatic effect) → 내부광 효과(Internal photo effect)
24. 임의의 구조 전개, 물체의 구조 안정화	→ 간섭(Interference) → 정지파(Standing waves) → 모아레 효과(Moire effect) → 자기파(Magnetic waves) → 상전이(Phase transition) → 기계 진동과 음향 진동(Mechanical and acoustic oscillation) → 공동 현상(Cavitation)
25. 전기장 및 자기장의 검출	→ 삼투현상(Osmosis) → 대전(帶電, Electrization) → 전기 방전(Electrical discharge) → 압전 효과 , 세크네토-전기 효과 (Piezo and segneto-electrical effects) → 일렉트렛(Electrets) → 전자방출(Electronic emission) → 광전기 현상(Electro-optical phenomena) → 홉킨스 및 바크하우젠 효과 (Hopkins and Barkhausen effect) → 홀 효과(Hall Effect) → 핵자기공명(Neclear magnetic resonance) → 자이로 및 광자기 현상 (Gyromagnetic and magneto optical phenomena)

26. 복사의 검출	→ 광-음향 효과(Optical-acoustic effect) → 열팽창(Thermal expansion) → 사진 효과(Photo effect) → 발광현상(Luminescence) → 광 플라스틱 효과(Photoplastic effect)
27. 전자기 복사의 발생	→ 조셉슨 효과(Josephson effect) → 복사 유도(Induction of radiation) → 터널 효과(Tunnel effect) → 발광(Luminescence) → 한 효과(Hann effect) → 체렌코프 효과(Cherenkov effect)
28. 전자기장의 제어	→ 차벽(遮壁)의 사용 → 환경 특성의 변경(예: 환경의 전기 전도성에 변화를 준다) → 장과 작용하고 있는 물체의 표면 형태를 변경한다
29. 빛의 제어. 광변조	→ 빛의 굴절과 반사(Refraction and reflection of light) → 광전기, 광자기 현상 (Electro and magneto optical phenomena) → 광탄성(Photo elasticity) → 키르\패러데이 효과(Kerr and Faraday effect) → 한 효과(Hann effect) → 프란츠 켈디쉬 효과(Franz Keldysh effect)
30. 화학반응의 개시 및 강화	→ 초음파(Ultrasonics) → 공동 현상(Cavitation) → 자외선, X선 및 방사선 복사 (Ultraviolet, X-ray and radioactive radiation) → 전기 방전(Electrical discharge) → 충격파(Shock waves) → Mycellarian 촉매 반응

부록 4

아리즈-85C

ALGORITHM OF INVENTIVE PROBLEM SOLVING ARIZ-85C[42]

PART 1. PROBLEM ANALYSIS
PART 2. PROBLEM MODEL ANALYSIS
PART 3. DEFINING IDEAL FINAL RESULT AND PHYSICAL CONTRADICTION
PART 4. UTILIZATION OF RESOURCES
PART 5. USE OF THE KNOWLEDGE BASE
PART 6. REFORMULATION OR CHANGE PROBLEM
PART 7. ANALYSIS OF THE PRINCIPLE OF PHYSICAL CONTRADICTION ELIMINATION
PART 8. USING OF THE OBTAINED SOLUTION
PART 9. ANALYSIS OF THE PATH OF SOLUTION
Table 1. Diagrams for typical conflicts for problem models
Table 2. Principles for Physical Contradictions elimination

41) RULES OF A GAME WITHOUT RULES, Karelia, Petrozavodsk/ Selutsky A. B., ed.: 1989.Some examples was changed or added to avoid misinterpretation.
42) 트리즈를 계속 공부하고자 하는 독자를 위해 아리즈의 마지막 버전인 아리즈-85c를 영문 번역본 그대로 실었다. 트리즈 각 기법들을 어느 정도 익힌 독자라면 이 부록은 아리즈의 학습을 위해 귀중한 자료가 될 것이다.

ATTENTION!

ARIZ is a complicated instrument. Do not apply it to solve new industrial problems without preliminary learning at least by means of 80-hours program.

ARIZ is an instrument for thinking, not instead of thinking. Do not worry! Consider each step's formulation thoroughly. Besides, note obligatory all considerations (at margins), appearing in process of the problem's solving.

ARIZ is an instrument for non-typical problems'solving. Check, may your problem be solved by the Inventive rules?

PART 1. PROBLEM ANALYSIS

The main goal of first part of ARIZ is the transition from a indefinite inventive situation to the clearly created and extremely simple scheme (model) of the problem.

1.1

Write down the mini-problem's conditions (without any special terms!) accordingly to the following scheme.
The technical system for (to indicate its assignment) includes (to enumerate the basic parts of the system).

The technical contradiction 1 is:

(to indicate it).

The technical contradiction 2 is:

(to indicate it).

It is necessary to obtain (to indicate the needed result) by minimal changes of the system.

Example:

The technical system for receiving of radio waves includes radio telescope's antenna, radio waves, lightning, and lightning rods.

TC-1:

if there are many lightning rods, then they reliably protect the antenna from lightning, but absorb radio waves.

TC-2:

if there are few lightning rods, then there is no remarkable absorption of radio waves, but the antenna is not protected from lightning. It is necessary to protect the antenna from lightning without radio waves' absorption by minimal changes.

(In this formulation it should replace the term "lightning rod" with the words "conducting rod", " conducting column"or simply "conductor".

Comments:

1. The mini-problem is obtained from the inventive situation by introduction the limits: "Everything remains without any changes or becomes more simple, the

required action (property) having appeared or the harmful action (property) having disappeared. The transition from the situation to the mini-problem does not mean solving of a small problem. On the contrary, introduction of additional requirements leads to the conflict' s aggravation and cuts off the ways to compromise solutions.

2. Being writing the step 1.1, it should indicate not only the technical parts of the system, but also the natural ones, which interact with the technical parts. In the problem of protection of radio telescope's antenna these natural parts are lightning and received radio waves (if they have been emitted by natural cosmic objects).

3. **Technical contradictions (TC)** are certain interactions in the system. For example a useful action simultaneously causes a harmful one or introduction (strengthening) of a useful action or elimination (weakening) of a harmful action causes deterioration (in particular inadmissible sophistication) of a system's part or of the whole system. Making up technical contradictions, they describe one state of a system's lement, explaining what is good and what is bad.

   Then they describe the opposite state of the same element in the same way. Sometimes only the product has been given in the problem's conditions: there is no a technical system (a tool) and therefore there is no an obvious TC. In this case they conventionally consider two states of the product to obtain the TC, although one of the states is deliberately inadmissible.

   For example a problem has been given: "How to observe micro-particles in a sample of an optically clean liquid with the naked eye; the particles are so small, that light passes by them?"

TC-1:

if the particles are small, then the liquid is optically clean, but it is impossible to observe the particles by the naked eye.

TC-2:

if the particles are big, then they are well-observed, but the liquid is not optically clean, that is inadmissible.

The TC-2 seems to be deliberately excepted because of problem's conditions: the product must not be changed! Actually further on we will proceed from the TC-1 (in this case), but the TC-2 will give the additional requirements to the product: remaining small, the small particles must be big.

4. Special terms, concerning to the tool or to the environment, are needed to be replaced with common words to take off psychological inert. Terms:
   - impose old conception about technology of the tool's work: "icebreaker breaks ice", although one can move through ice without breaking it;
   - shade features of substances, which are mentioned in the problem: "falsework" is not simple "wall", but "iron wall";
   - narrow the range of possible states of matter: the term "paint" leads to the traditional idea about liquid or solid paint, although paint may be gaseous.

1.2.

Separate and to write down the conflicting pair: the **product** and the **tool.**

Rule 1.

If the tool in the problem may be in two states, it is necessary to indicate the both.

Rule 2.

If there are some pairs of homogeneously interacted elements in the problem, then it is enough to remain only one pair.

Example:

The product is a lightning and radio waves.
The tool is conducting rods (many rods or few rods).

Comments:

5. **The product** is an element, which is needed to be processed (manufactured, moved, changed, improved, protected from a harmful influence, revealed measured etc.) under the problem's conditions. In problems of revealing and measurement an element, which is the tool (according to its main function), may turn out the product, for example grinding wheel.

6. **The tool** is an element, which directly interacts with the product (for example cutter, not machine-tool or fire, not burner). In particular, a part of the environment may be the tool. The standard details for mounting of the product are also the tool. For example, meccano is the tool for creating of various models.

7. One of the elements of the conflicting pair may be doubled.
For example, two different tools must act simultaneously, hindering each other. Or two products must perceive an action of the tool: one product hinders another one.

1.3.

Compose diagram of conflicts for TC-1 and TC-2. (See Table 1.)

Example:

TC-1: there are many conducting rods

TC-2: there are few conducting rods

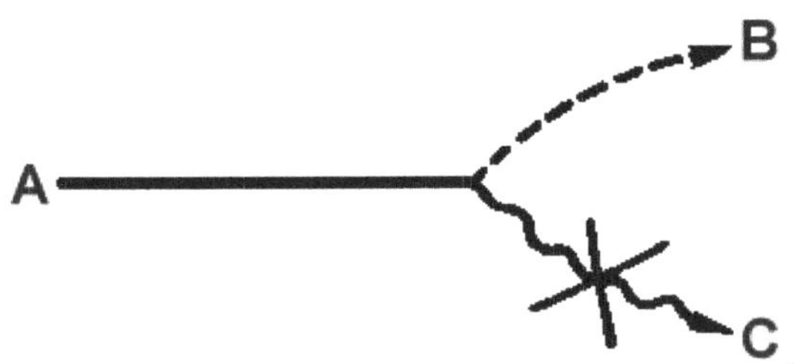

Comments:

8. The table 1 contains schemes of typical conflicts. Non-table schemes are admitted if they show the conflict's essence better.

9. There are multi-linked schemes of conflicts for some problems, for example:

Such schemes are turned into the one-linked ones:

if B is considered as changeable product or the basic feature (or state) of A has been transferred to B.

10. The conflict may be treated in time as well as in space.

11. The steps 1.2 and 1.3 specify the general formulation of the problem. Therefore it is necessary to return to the step 1.1 after the step 1.3 and to check possible discrepancies in the sequence 1.1-1.2-1.3.

If discrepancies have been found, then it is necessary to remove them by correcting of the sequence.

1.4.

Choose from the two conflict's schemes a one, which provides with the best realization of the main process (the latter is the main technical system's function, indicated in the problem's conditions). Indicate what is the main process (MP).

Example:

In the problem of protection of the radio telescope's antenna the main function is receiving of radio waves. Therefore it should choose the

TC-2: in this case conducting rods do not hinder radio waves.

Comments:

12. Choosing one of the two conflict's schemes, we choose also one of the two opposite states of the tool. The following solving must be connected namely to this state. For example, one must not replace "few conducting rods"with any "optimal number of rods". ARIZ requires aggravation of the problem not smoothing. If you have seized one tool's state, further on we have to achieve the following: the positive feature is to appear in the chosen one.

    There are few conductors and we will not increase their number. But in result lightning must be neutralized as if there are plenty of conductors.

13. Sometimes difficulties, concerning to the definition of the MP, arise in problems of measurement. Almost always a measurement is made for the certain change, i.e. for processing of the detail, for production. Therefore the MP in the problems of measurement is the MP of the whole system, not of its measuring part. The certain problems for measurement in science are exceptions.

1.5.

Intensify the conflict, having indicated the extreme state (action) of the elements.

Rule 3.

The most of the problems contain conflicts like "many elements" and "few elements"("strong element"and "weak element" etc.). Aggravating the conflicts like "few elements", one is to take them into the single form "zero elements" (absent element).

Example:

We will consider that "absent conductor" is indicated in the TC-2 instead "few conductors".

1.6.

Write down the formulation of the problem's model, indicating:

(1) the conflicting pair;

(2) the intensified formulation of the conflict;

(3) what is an X-element, introduced for problem's solving, to do (what is it to keep, to eliminate, to improve, to provide with etc.).

Example:

An absent conductor and a lightning are given.
The absent conductor does not distort (for radio waves'receiving by the antenna) and does not provide with protection from lightning.

It is necessary to find such an x-element, which would protect from lightning, keeping the absent conductor's ability not to make disturbances (for the antenna).

Comments:

14. The problem's model is rather conventional. They have artificially separated a few elements of a technical system. The rest elements are just held in mind. For instance, in the model of problem of antenna's protection only two elements from the four ones (the antenna, radio waves, the conductor and a lightning) have been retained.

    The rest two elements are just mentioned - they might have not been mentioned at all.

15. After the step 1.6 it should obligatory return to the step 1.1 to check logic of creating of the problem's model. Often it is possible to specify the chosen conflict's scheme having indicated the X-element in it, for example in this way:

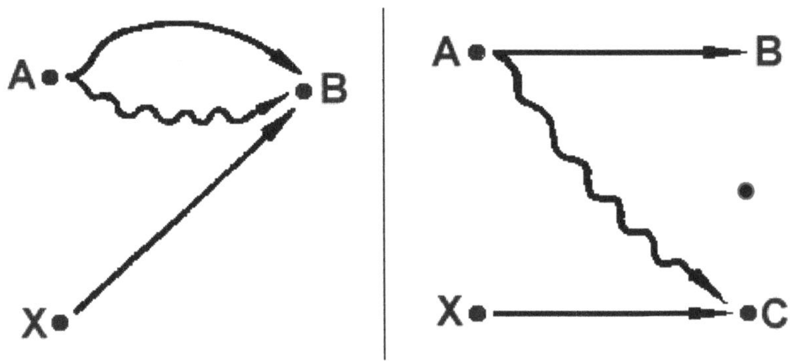

16. The X-element is not any new material part of the system obligatory. For example it may be equal to change of temperature or of state of matter of a part of the system or of the environment.

1.7.

Check is it possible to apply the standards'system to solve the problem's model. If the problem has not been solved, then to pass to the second part of ARIZ. If the problem has been solved, then one may pass to the seventh part of ARIZ. Although in this case, it is also recommended to continue the analysis according to the second part.

Comments:

17. The analysis according to the first part of ARIZ and creating of the model essentially clear up the problem and demonstrate standard features in non-typical problems. It gives an opportunity to use the standards more effectively than in the initial problem's formulation.

PART 2. PROBLEM MODEL ANALYSIS

The goal of second part of ARIZ is inventory of available resources, which may be used for problem's solving. These are the resources of space, of time, of substances and of fields.

2.1.

Define operational zone (OZ).

Comments:

18. In the simplest case the operational zone is the space, where the conflict, having been indicated in problem's model, arises.

Example:

In the antenna's problem the OZ is the space, where the lightning bar, i.e. an "empty" rod, an" empty"column separated mentally, was situated.

2.2.

Define operational time (OT).

Comments:

19. The operational time is available time resources: the conflict's time T1 and the time before the conflict T2. A conflict (especially fast, short) may be sometimes eliminated (prevented) during the T2.

Example:

In the antenna's problem the OT is the sum of T1'(the time of a lightning stroke) and of T1''(the time before the next discharge). The T2 is absent.

2.3.

Define substance-field resources (SFR) of the system, of the environment and of the product. Complete list of SFR.

Comments:

20. Substance-field resources are substances and fields, which already exist or may be obtained under the problem's conditions. SFR are divided into three classes:
    (1) System resources:
        a) SFR of tool;
        b) SFR of product.

    (2) Available resources:
        a) SFR of the environment, which are specific for the problem, for example water in the problems of particles in an optically clean liquid;
        b) common SFR for any environment, "background"fields, for instance gravitational and magnetic fields of the Earth.

    (3) SFR of super-system:
        a) waste of an outside system (if it is available for conditions of problem);
        b) very cheap outside elements, which cost may be disregarded.

Solving certain mini-problem, it is desirable to get the result, spending minimum of the SFR. Therefore it is expediently to use in the first place the system resources.

Developing the got result and solving the problems of forecasting (i.e. the maxiproblems), it is expediently to apply maximum of various SFR.

21. As is known that the product is the unchangeable element. What resources can be used in the product? It is actually impossible to change the product, i.e. it is inadvisable to change it, solving the mini-problem. But sometimes the product may:

    a) change itself;
    b) allow consuming (i.e. change) of any its part, if the product is unlimited (for example the water in a river, wind etc.);
    c) allow the transition to the super-system (brick has not changed, but house has changed);
    d) allow the use of micro-level structures;
    e) allow mixing with "nothing", i.e. with void;
    f) allow a temporal change.

    The product may be in the list of SFR only if it is simple changeable without change.

22. The SFR are the available resources. It is advantageously to use them in the first place. If they will be insufficient then one may draw other substances and fields. The step 2.3's is preliminary analysis of the SFR.

Example:

There is" absent lightning rod"in the problem of the antenna's protection. Therefore the SFR contain only substances and fields of the environment. In this case the SFR are air.

PART 3. DEFINING IDEAL FINAL RESULT AND PHYSICAL CONTRADICTION

An image of ideal final result (IFR) must have been formulated in the process of application of the third part of ARIZ. Physical contradiction (PC) also must have been defined. The PC hinders to reach the IFR. It is not always possible to reach the ideal solution, but the IFR points the way to the strongest one.

3.1.

To write down the IFR-1's formulation:

an x-element, without complication of a system and without harmful side effects, eliminates (to indicate the harmful action) during the (Operational Time)

inside the (Operational Zone), and keeping the tool's ability to make (to indicate the useful action).

Example:

An x-element without complication of a system and without harmful side effects, eliminates
"non-attraction"of lightning by the absent conducting rod
during the (Operational Time)
inside the (Operational Zone),
and keeping the tool's ability to make obstacles for the antenna.

Comments:

23. There are other conflicts besides the conflict "a harmful action is connected with a useful action", for example "a new useful action's introduction causes the system's sophistication"or" one useful action is incompatible with another one". Therefore the formulation of IFR, which has been given in 3.1, is just a pattern for writing down the IFR.
    Common sense of any formulation of the IFR is the following: a useful feature's obtaining (or a harmful feature's eliminating) must be without other features' deterioration (or a harmful feature's appearing).

3.2.

Intensify the formulation of IFR-1 with the additional requirement:
new substances and fields have not been introduced, it is necessary to use the SFR.

Example:

There is no tool in the model of the problem of the antenna's protection ("absent lightning rod"). According to the comment 24 it should introduce the environment in the formulation of IFR-1, i.e. replace an x-element with the word "air"(it may be more exact:" the air column" at the place of absent lightning rod).

Comments:

24. Solving mini-problems, it should consider the use SFR in the following sequence according to comments 20 and 21:
    - SFR of tool;
    - SFR of environment;

- SFR of super-system (accessory);
- SFR of product (if there is no prohibition according to the comment 21).

It is present four directions of analysis through existence four types of SFR. Practically the problem's conditions cut off some ways commonly. Solving the miniproblem, it is enough to analyze to obtaining of the solution's idea; for example if an idea has been obtained in "the tool's way", then other ways may not be checked.

Solving the maxi-problem, it is expedient to check all possible ways. I.e. for example having been obtained the solution in "the tool's way", it should also check the ways of the environment, of the assistant SFR, and of the product.

When one learns the ARIZ, his consistent analysis is gradually being replaced with the parallel one: the skill to transfer the solution's idea from one way to another one is being developed. It is the so called "multi screen scheme of strong thinking": the skill to see changes in the super system, in the system and in the subsystems simultaneously.

ATTENTION!

The problem's solving is accompanied with the old conceptions'breaking. New conceptions appear, which are difficulty put into words. For example, how to indicate a paint's property to dissolve, without dissolving(to paint, without painting)?

Working with the ARIZ, it is necessary to make notes with simple, non- technical, even "childish"words, avoiding special terms in every way (they increase the psychological inert).

3.3.

Write down the physical contradiction at **macro-level**:

the (Operational zone), during the (Operational time), has to… (to indicate physical macro-state, for example "hot") to execute (to indicate one of the conflicting actions) and does not have to (to indicate the opposite physical macro-state, for example "cold") to execute (to indicate another conflicting action or requirement).

Comments:

25. Physical contradiction is opposite requirements for the physical state of operational zone.

26. If it is difficult to compose full formulation of the Physical contradiction, then one may compose the brief PC:
    The element (or a part of the element in the operational zone)
    Has to be in order to (to indicate) and Does not have to be in order to (to indicate).

Example:

the air column,
during the OT
has to be conducting to neutralize a lightning and
does not have to be conducting
to absorb radio waves.

This formulation suggests to the answer: the air column should be conducting during a lightning's discharge and should not be conducting during the rest time. Lightning's discharge is relatively seldom phenomenon and very fast. That is the law of rhythms' concordance: periodicity of the lightning rod's appearing must be the same as the periodicity of lightning's appearing. Of course, it is not the full answer.

For example:

How to make the air column transform into conductor during lightning stroke?

How to make the conductor disappear immediately after the lightning stroke?

ATTENTION!

During the problem's solving according to the ARIZ, the answer is being formulated gradually, as if it is developed. Do not break solving after appearing of a crude answer and do not "fix"it. Solving must be completed according to the ARIZ!

3.4.

To write down the physical contradiction's formulation at **macro-level**:

there should be material particles (to indicate their physical state or action)

in the operational zone to provide with (to indicate the macro-state according to 3.3) and there should not be the particles (or there should be particles in another state or with another action) to provide with (to indicate another macro-state according to 3.3).

Example:

There should be free charges

in the air column (during a lightning stroke)

to provide with electro conductivity (for lightning's neutralization)

and there should not be free charges (during the rest time)
for the electro conductivity
(because of which radio waves are absorbed) is absent.

Comments:

27. When executing 3.4, it is not necessary to specify the idea of "particle" yet. For example, domains, molecules, ions etc. may be viewed as particles.

28. Particles may turn out: a) simply particles of a substances; b) combination of particles of a substance and of a field, and (more seldom); c) "particles of a field".

29. If the problem has solution only at the macro-level, then 3.4 may turn out impracticable. But even in this case an attempt to compose the micro-PC is useful, since it gives an additional information: the problem may be solved only at macrolevel.

ATTENTION!

Three first parts of the ARIZ reformulate the initial problem essentially. The step 3.5 sums up this reformulating. Composing the wording of the IFR-2, we obtain simultaneously the nw problem, which is physical. It is necessary to solve this problem in future!

3.5.

Write down the formulation of the final result IFR-2:
The operational zone (to indicate it)
has to provide with (to indicate the opposite macro- or micro-states)

itself during the operational time (to indicate it).

Example:

Neutral molecules in the air column must transform themselves into free charges during a lightning's charge, and the free charges must transform itself into the neutral molecules after the lightning's discharge.

The sense of the new problem is the following: free charges have to appear themselves in the air column during a lightning stroke, than the column of ionized air works as "a lightning rod"and "attracts"the lightning to itself; after the lightning's discharge the free charges in the air column must become themselves the neutral molecules again. The school physics is sufficient to solve this problem.

3.6.

Examine possibility of application of the Inventive Rules system to solve the physical problem, which has been formulated as the IFR-2. If the problem has not been solved yet, then to pass to the fourth part of the ARIZ. If the problem has been solved, then one may pass to the seventh part of the ARIZ, although in this case it is also recommended to continue the analysis through the fourth part.

PART 4. UTILIZATION OF RESOURCES

The SFR, which may be used freely, have been fixed formerly, at the step 2.3. The fourth part of the ARIZ includes systematic operations for resources' extension. Derivative SFR, which are obtained almost freely by minimal changes of the available SFR, are considered. The steps 3.3-3.5 have begun transition from the problem to the answer, which is based on application of physics; the fourth part of the ARIZ continues following this way.

Rule 4.

Each sort of particles must execute only one function, being in one physical state. If the particles A can not carry out the actions 1 and 2, then the particles B are needed to be introduced; let the particles A carry out the action 1, and the particles B do the action 2.

Rule 5.

The introduced particles B may be divided into two groups B-1 and B-2, that allows to obtain a new action "freely"(at the expanse of interaction between already available particles B).

Rule 6.

Dividing particles into groups may be advantageous even if the system may contain only the particles A: one group of the particles A is retained in the same state, and for another group a parameter, which is principal in the given problem, is changed.

Rule 7.

The divided and introduced particles must have become indistinguishable from each other and from the formerly available ones respectively.

Comments:

30. The rule 4-7 concerns all steps of the fourth part of the ARIZ.

4.1.

Method of Modeling with Miniature Dwarfs

a) to compose the conflict's scheme, using the method of modeling with miniature dwarfs (MMD);

b) to change the scheme" a"so, that" miniature dwarfs"act, not conflicting.

Comments:

31. The method of "Method of Modeling with Miniature Dwarfs" is the following: the conflicting requirements are schematically presented as conventional picture (or sequence of pictures), where plenty of "miniature dwarfs"(group, several groups, "crowd") acts. Only the changeable parts of the problem's model (the tool, an xelement) should be drawn with "miniature dwarfs".

"The conflicting requirements"are the conflict in the problem's model or the opposite physical states, which have been indicated at the step 3.5. The latter ones are better probably, but while there is no strict rules how to pass from the physical problem (3.5) to the MMD. The conflict in the problem's model is simpler drawn.

The point 4.1-b may be often executed if one combines two images in one picture: the bad action and the good one. If events are developing during time, then this is expedient to draw several consequent pictures.

ATTENTION!

Drawing fast and careless pictures are sources of errors.

Good pictures:

a) are expressive and understandable without any comments;

b) give additional information about the physical contradiction by pointing in general the ways of its elimination.

32. The step 4.1 is complementary. It is needed to imagine vividly, what particles of a substance must do in the operational zone and nearby it, before mobilization of the SFR. The method of MMD allows to see distinctly the ideal action ("what is it to do") without the physics ("how to do it"). Thanking that, the psychological inertia is taken off, working of the imagination is forced.

    Thus, the MMD is a psychological method. However, modeling with the help of "miniature dwarfs"is carried out according to the laws of development of physical system. Therefore the MMD often results in the technical solution of the problem. It is not necessary to break solving in this case, mobilization of the SFR must be obligatory made.

Example:

A. The dwarfs inside the mentally separated air column are the same as the air dwarfs outside the column. These and those dwarfs are neutral (that is the following conveniently: the dwarfs hold the hands of each other, their hands are engaged and the dwarfs do not catch a lightning).

B. It is necessary to divide the men into two groups according to the rule 6: let the men outside the column remain unchanged (the neutral pairs), and let the men inside the column release one hand, remaining in pairs (i.e. remaining neutral), that is a symbol of their aspiration to attract a lightning.

(Other schemes are possible, but in any case the necessity to divide the dwarfs into two groups, i.e. to change state of the dwarfs inside the column, is clear.)

C. Staying neutral, an air molecule (into air column) has to be prone to ionization, disintegration more. Decreasing of air pressure into air column is simplest principle to do that.

ATTENTION!

The purpose of resources mobilization during mini-problem solving process is not to use all resources. The purpose is different, it is necessary to take solution through using minimum resources.

4.2.

If through the conditions of problem it is known description of finished system, a problem is to define concept of this system getting. In this case it is possible to use method "Step back from IFR". Finished system is portrayed and after that to insert the minimum disassembled change.

For instance, if through IFR description two parts have contact, the "Step back from IFR"is proposed to make between them gap. New micro-problem is appeared: What should be done for eliminate defect?

As rule, solution of this micro-problem will be easily, and it suggest way for solving main problem.

4.3.

Examine possibility to use of compounds of the resources of substances.

Comments:

33. If resources of substances could be used (already existing, or obtaining under

the problem's conditions), the problem did not appear or could be solved self-acting most probably. Generally it is necessary new substances, but introducing of new substances originate complexity of system, ghost effects etc. The essence of work with SFR in fourth part of ARIZ is to avoid this contradiction and to introduce substance without introducing.

34. The step 4.3 should make transition from two mono-substances to not uniform bisubstance.

The question can arise: is it possible to transit from mono-substance to not uniform bi-substance or poly-substance? This kind of transition is applied much broadly (see Inventive rule 3.1.1). This rule describes combination of systems, but in step 4.3 combination of substances is considered. The new system is arisen through combination of two identical systems. Through combination of two "piece" of substance it is increasing of quantity.

One of a technique for generation of new system through combination of two identical systems intends, that in combined system the sub-systems boundaries is kept. For instance, is sheet of paper is mono-system, the notebook is poly-system, but a thick sheet of paper is not poly-system. Therefore, keeping of boundaries requires introducing of second (boundary) substance (even, it may be void).

From this case it is used step 4.4 making not uniform quasi-poly-system. Void works in this system as boundary substance. However, the void is unusual "partner". The boundaries do not recognize during mixing of void and substance sometimes. But the new quality is appeared, and it is just that needed.

4.4.

Examine possibility to solve problem by replacement existing resources for a void or a mixture of resource substances and void.

Example:

Mixture of air and void this is low pressure of air. From course of physics for secondary school it is known the voltage for discharge appearance is reduced through the decreasing pressure of air. Thus, the answer for problem about antenna is obtained completely.

It is proposed to use lightning rod from dielectric material with a vacuum in the internal cavity of dielectric. During a storm, the rarefied gas inside dielectric rod becomes ionized. The plasma within conducts the lightning currents to the ground.

After storm ions recombine, gas becomes to electro-neutral state. From this case lightning rod do not distort the radio waves. [A.c.177497]

Comments:

35. The void is very important type of resource of substance. Always it is plenty around, it is at most cheap, it is easy to mix with existing substances, and it form cavity, capillary and porous substance, foam, bubbles etc.

    It is not certainly, that a void is vacuum. If this is solid substance, the void may be filled by liquid or gas. If this is liquid substance, the void may be as bubbles of gas.

    The void for higher structural level is structures of low level (see comment 37). For instance, the void for crystal lattice is individual molecules, the void for molecules is individual atoms etc.

4.5.

Examine the possibility to solve problem by using substance derived from existing resources (or use a mixture of derived substances and "void").

Comments:

36. Derived resources of substance are obtained by changing of phase state for existing resource substances. For instance, if there is liquid as resource substance, the derived resources will be ice and steam. On the other hand, the derived resources can be obtained as products of decomposition. Hydrogen and oxygen will be derived resources for water. The components will be derived resources for multi-component substances. The products of decomposition and combustion can be derived resources too.

Rule 8.

If substance particles (e.g. ions) are required to solve a problem but it is difficult or impossible under the conditions of problem, needed particles can be obtained by breaking down a substance of a higher structural level (e.g. molecules).

Rule 9.

If substance particles (e.g. molecules) are required to solve a problem but they cannot be produced directly or through the rule 8, the required particles are to be obtained by completing or combining particles of lower structural level (e.g. ions).

Rule 10.

For applying rule 8, the simplest way is to break down the nearest higher "whole"or "surplus"(negative ions) structure level. For applying rule 9, the simplest way is to complete the nearest lower "non-whole" structure level.

Comments:

37. The substance is multi-layer hierarchical system. With sufficient for practical purpose accuracy, it is possible to describe hierarchy of levels along the following line:
   - material with minimum processing (simplest technical substance, for instance, wire);
   - "super-molecules": crystal lattices, polymers, molecule associations;
   - complex molecules;
   - molecules;
   - particles of molecules, groups of atoms;
   - atoms;
   - particles of atoms;
   - fundamental particles;
   - fields.

   Essence of rule 8: new substance can be obtained through bypass way by breaking down of more big structures for resource or introduced substances.

   Essence of rule 9: other way through completing less big structures is possible too.

   Essence of rule 10: it is advantageous to break down to use "whole" particles (molecules, atoms), because "non-integer" particles (e.g. positive ions) are broken partially, and they resist for further breaking; it is advantageous to complete substance from "non-integer" particles, vice -versa.

   The rules 8-10 point efficient ways of obtaining derived resource substances from "depths" of existing or easy to introducing substances. The rules point at needed physical effects for specific conditions.

4.6.

Examine the possibility to solve problem by introducing electric field (or electric fields interaction) instead substance.

Example:

It is known method for break of pipes by twisting [A.c.182627]. For twisting the pipes it is necessary to grip them, but this action deforms pipes.

It is proposed to twist pipes by electrodynamic forces. [A.c.342759]

Comments:

38. If resource substances (existing or derived) can not be by used under the conditions of the problem, it is necessary to use movable (current) and immovable electrons.

The electrons are always existed "substance"for present object. In addition, the electrons are" substance"combined with field, they provide good controllability.

4.7.

Examine the possibility to solve problem by applying pair "field + additional substance with field reaction".

For instance: magnetic field + ferro-substance, ultraviolet + phosphor, thermal field + metal with shape memory etc.

Comments:

39. The existing SFRs was defined on the step 2.3. The steps 4.3-4.5 relate to derived from existing SFRs. The step 4.6 this is partial deviation from existing and derived SFRs: it is introduced "foreign"substances. The step 4.7 this is next partial deviation: it is introduced" foreign"substances and fields.

    The degree of ideality for solution of mini-problem is more when expenditures of SFRs are less. However, it is difficult to solve each problem through low expenditures. Sometimes it is necessary to deviate, to introduce "foreign" substances and fields. It should be done only if it is impossible to use existing SFRs absolutely.

PART 5. USE OF THE KNOWLEDGE BASE

Usually, the fourth part of ARIZ gives to us solution of problem. It this case, it is possible to go to seventh part of ARIZ. If after step 4.7 the answer is absent, it is necessary to go through fifth part.

The purpose of fifth part of ARIZ is to use experience concentrated in special organized information TRIZ fund. The problem is cleared up before fifth part, and it can be solved through direct using of special organized information.

5.1.

Examine the possibility to solve problem (using IFR-2 and SFR improved in fourth part) through Inventive Rules (Standards).

Comments:

40. The return to Inventive Rules takes place for steps 4.6 and 4.7 in essence. Before those steps the main idea was to use existing SFR without new substances and new fields. If problem has not solution using existing and derived SFR, it is necessary to introduce new substances and fields. Most of Inventive rules contain techniques of additives introduction.

5.2.

Examine the possibility to solve problem (using IFR-2 and SFR improved in fourth part) using analogous solutions of previously obtained by ARIZ for non-typical problems.

Comments:

41. The quantity of inventive problems is infinitely, but quantity of physical contradictions ("roots"of every problem) is not so large.

    Therefore, most part of inventive problems can be solved by analogy with other inventive problems contained similar physical contradiction. The problems can look like as highly different outwardly, the similarities are disclosed after analysis, after building the physical contradiction.

5.3.

Examine the possibility to eliminate physical contradiction using typical transformations (see Table 2. Principles for Physical Contradictions elimination).

Rule 11.

The solution can be suitable, if it is comply with IFR or close to IFR.

5.4.

Examine the possibility to eliminate physical contradiction using the Pointer to Physical effects and phenomena.

Comments:

42. Parts of the Pointer to Physical effects and phenomena was published in journal "Technika i nauka"(1981-1983), books:

    Daring formulae of creativity, Karelia, Petrozavodsk/ Selutsky A. B., ed.: 1987;
    A thread in the labyrinth, Karelia, Petrozavodsk/ Selutsky A. B., ed.: 1988.;
    Rules of a game without rules, Karelia, Petrozavodsk/ Selutsky A. B., ed.: 1989.

PART 6. REFORMULATION OR CHANGE PROBLEM

Simple (typical) problems are solved through directly elimination of physical contradiction (for instance, separation of conflicting properties in space or in time). Solution of complex (non-typical) problems associate with changing of meaning of problem, removing of initial limits, elimination of mental inertia (they was self-evident before solution).

For instance, increasing of speed of "icebreaker"is obtained by transition to "iceNObreaker". Eternal〈 paint"is not paint directly, but bubbles of gas are appeared through electrolysis.

It is necessary to have solution for correct comprehension of problem: inventive problems can not be formulated correct at once. Essence of inventive problem solving is the process of correction (reformulation) of problem.

6.1.

If problem was solved, turn physical solution (concept) to the technical solution: formulate methods, and give principle scheme of device for this method.

6.2.

If solution is absent, check the previously formulated problem (1.1) for combination of several different problems. In this case, it is necessary to reformulate the step 1.1, problems should be picked out for solving them one after another (usually it is enough to solve one main problem).

Example:

It is necessary to solder sections of fine gold chains. One meter of this chain has weight one gram. It is necessary to find techniques for soldering hundreds meters of chain. What should be done?

The problem is decomposed by sub-problems:

a) How to introduce the micro-dose of solder to gaps of sections?

b) How to heat introduced micro-dose of solder without damage for chain?

c) How to remove surplus solder part, if it is arise?

The main problem: to introduce the micro-dose of solder to gaps of sections

6.3.

If solution is absent, change chosen technical contradiction (return to the step 1.4.).

Example:

If we are given the problem of detection or measurement, changing of technical contradiction (TC) indicates about refusal of measurement part development. The problem is solved through changing of system such that there should be no need to perform detection or measurement at all (Inventive Rule 4.1.1).

Typical example is solution of problem about sequentially transportation of oil through the same pipeline. Through the initial formulation of problem, it is necessary to measure the composition of 〈joint"section for transporting types of oils as exactly as possible, when it is applied fluid separator or directed (without separator) transportation.

This "measurement"problem was changed into "modification"problem: how to avoid mixing of oils and fluid separator.
Solution: the fluid separator mixes with oils, but fluid separator has to transform to gas and to eliminate from container itself.

Required properties of fluid separator:

- Is not dissolved with oils;
- Is neutral to hydrocarbon substances;
- Has density equal to density of transported oils;
- Is not frozen up to 50oC;
- Is cheap and safe.

The ammonia was found through the reference book. [in detail see: G.S.Altshuller: 1973, ALGORITHM OF INVENTION, Moscowskiy Rabochy, Moscow, p.207-209; 270-271]

6.4.

If solution is absent, return to step 1.1, reformulate the mini-problem, correlate new formulation of mini-problem with super system. If it is necessary to repeat returning several times using transition to super system etc.

Example:

Typical example is solution of problem about gas-heat-reflecting suit (rescue suit). [in detail see: G.S.Altshuller: 1973, ALGORITHM OF INVENTION, Moscowskiy Rabochy, Moscow, p.105-110]
As a first approximation the problem was formulated about development of

refrigerating suit. But providing necessary refrigerating power was impossible through physical principles for existing limits of weight of system.

The problem was solved through transition to super system. Rescue suit executes function of refrigerating suit and breath device in the same time. It is proposed to integrate air cylinder and coolant reservoir. The oxygen (as liquid) during evaporation works as cooler. After transformation to the gas oxygen is used for breath. [A.c.111144]

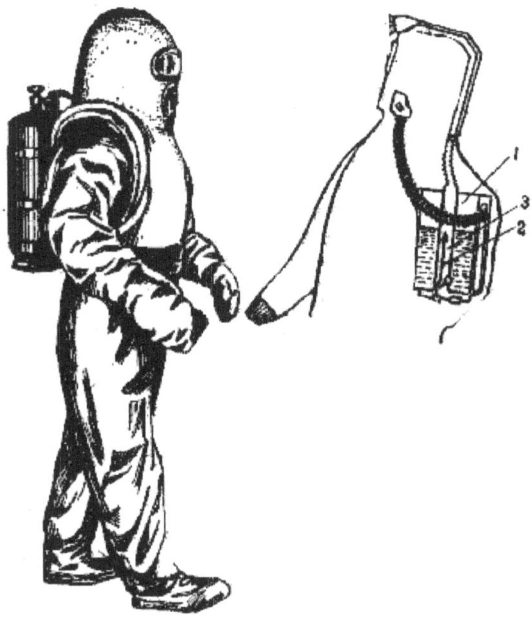

Transition to super system allows increasing limits of weight at 2-3 times.

PART 7. ANALYSIS OF THE PRINCIPLE OF PHYSICAL CONTRADICTION ELIMINATION

The main purpose of seventh part of **ARIZ** is to verify quality of obtained solution. Physical contradiction should be eliminated almost ideal, "without nothing". It would be better to spend two or three hours for new powerful solution, than a lot of years for introduction poor idea.

7.1. .

Verify the obtained solution. Examine introduced substances and fields.

Is it possible do not introduce new substances and fields by applying existing and derived SFR? Is it possible to use self-regulating substances?

Introduce suitable corrections to technical solution.

Comments:

43. Self-regulating substances (in this context) there are substances which be able to change their physical parameters through changing of external environment (e.g. they lose magnetic properties using heating up the Curie point). It is possible to change system state or to measure parameters without additional devices through using selfregulating substances.

7.2.

Take preliminary verification of the obtained solution.

List of the questions

a) Does obtained solution provide execution of main request of IFR-1(the element itself …)?

b) What kind of physical contradiction is eliminated (did it eliminate?) by obtained solution?

c) Does obtained system include a good controllable part? Which is this part exactly? How does this part control?

d) Does obtained solution for "one-cycling"model of problem work for real conditions during many cycles?

If the obtained solution does not satisfy for one question, return to step 1.1.

7.3.

Verify the obtained solution through patent fund (for originality).

7.4. .

Examine what kind of sub problems may appear during embodiment design stage. Prepare the list of sub problems: inventive sub problems, difficulties for developing construction structure, form design, materials selection and calculation, problems of process organization.

PART 8. USING OF THE OBTAINED SOLUTION

Truly good idea gives universal key for other analogous problems. The purpose of eighth part of ARIZ is to use resources of obtained solution as much as possible.

8.1.

Define modifications of the super system for changed system.

8.2.

Examine possibility of the new employment for obtained solution (new technical system) or its super system.

8.3.

Use the obtained solution for solving other inventive problems:

a) Formulate principle in general form for obtained solution.
b) Examine possibility of using obtained principle directly for other problem solving.
c) Examine possibility of using principle opposite for obtained.
d) Build morphological table (e.g. "parts location" "phase statement of product" or "used field" "phase state of environment"), and to examine possible reconstruction for solution using cells in this table.

e) Examine changes for found principle through transformation the dimensions of system (or its parts): dimensions tend to zero; dimensions tend to infinity.

Comments:

44. If the purpose of work is not only one technical problem solution, careful work for steps 8.3a-8.3e may be start of new theory development (based at obtained principle).

PART 9. ANALYSIS OF THE PATH OF SOLUTION

Every problem solved through ARIZ has to increase creativity of person. For this case it is necessary to analyze carefully the line (track) of solution. This is sense of ninth (final) part of ARIZ.

9.1.

Compare the real line for problem solving process and theoretical instructions (through ARIZ). If differences presented, fix them.

9.2.

Compare the obtained solution and data of TRIZ information fund (Inventive Principles, Inventive Rules, and Physical Effects).

If in TRIZ information fund this principle is absent, write down its in preliminary register.

ATTENTION!

ARIZ-85C was examined for many problems (for all problems, used during TRIZ education). Sometimes it is proposed modernization based on the experience for one problem solving. The proposed modernization may be good (let's suppose!) for this specific problem, but they make difficulties for other problems as a rule.

Every proposal should be test outside for ARIZ (e.g. this way was used for MMD method). Every modification has to test through analysis for 20-25 non-typical problems at least, after introducing into ARIZ.

ARIZ is developing. Therefore, it requires new ideas, but these ideas should be tested carefully before.

Table 1> Diagrams for typical conflicts of problem models

1. 

COUNTERACTION

A acts to B useful (full line arrow), but B acts inverse to A harmful (permanently or on some stages).

It is necessary to eliminate harmful action, and to save useful action.

---

2. 

CONJUGATE ACTION

Useful action A to B generate harmful action to B (e.g. by different working stage the action can be useful and harmful).

It is necessary to eliminate harmful action, and to save useful action.

---

3. 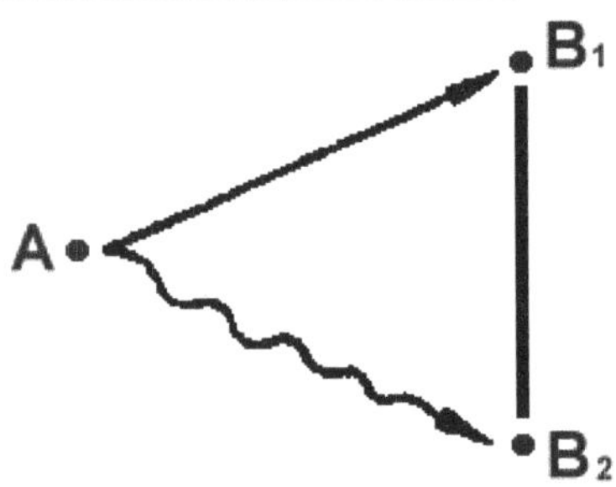

MUTUAL HARMFUL AND USEFUL ACTION

Useful action A to one part of B generate harmful action to other part of B.

It is necessary to eliminate harmful action to B_2, and to save useful action to B_1.

4.

CONJUGATE ACTION

Useful action A to B generate harmful action to C. A, B, and C are parts of one system.

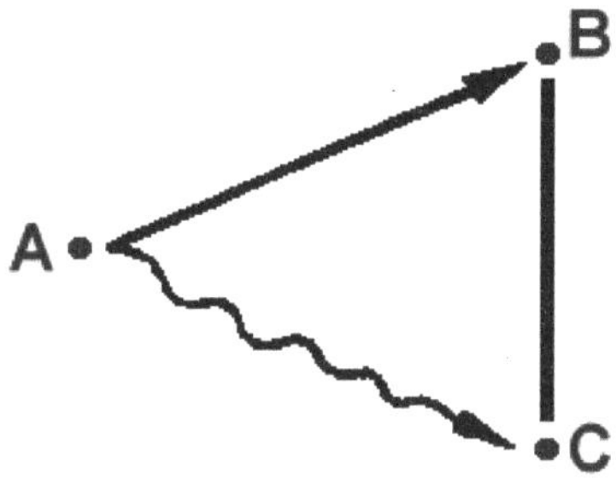

It is necessary to eliminate harmful action, and to save useful action without destruction of system.

5.

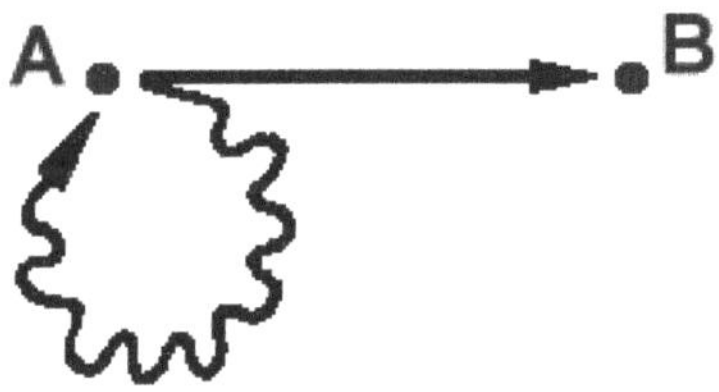

CONJUGATE ACTION

Useful action A to B generate harmful action to A by itself (e.g. increasing device complexity).

It is necessary to eliminate harmful action, and to save useful action.

6.

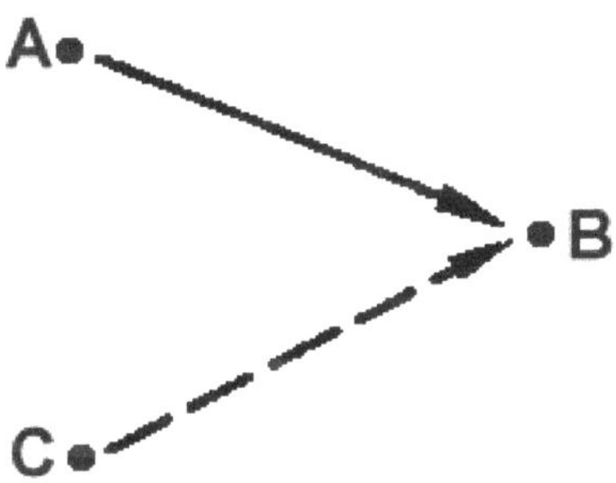

INCOMPATIBLE ACTION

Useful action A to B is incompatible with useful action C to B (e.g. treatment is incompatible with measurement).

It is necessary to provide action C to B, without change action A to B.

7.

INCOMPLETE ACTION OR INACTION

A acts to B one type, but it is necessary to have two equal actions.

A does not act to B.

Sometimes A is absent: it is necessary to change B and way is not known.

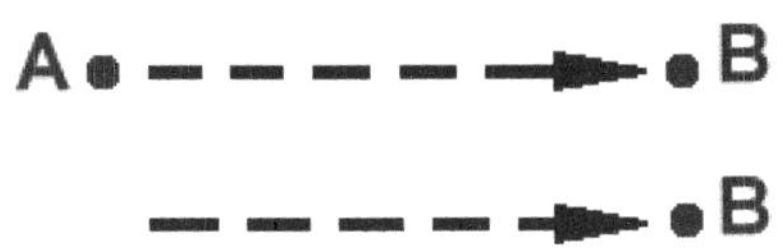

It is necessary to provide action to B, with simplest A.

8.

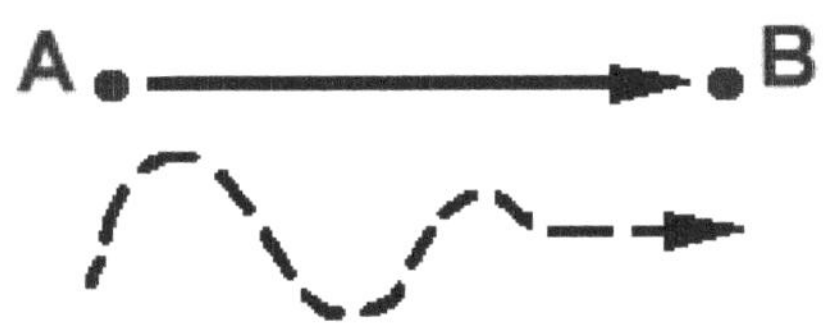

"MUTE ACTION"

It is no information about A, B or about interaction between A and B. Sometimes has been only B.

It is necessary to obtain needed information.

9.

UNREGULATED ACTION

Interaction between A and B is uncontrolled (e.g. permanent motion), but it is needed controllable interaction (e.g. variable motion).

It is necessary to make action A to B as controllable.

Examples for Diagrams for typical conflicts of problem models

1. A formwork forms the walls from fluid concrete. But it is difficult to remove formwork after concrete will solidify through the friction forces between formwork surface and concrete surface.
It is proposed to add an electrolyte to the mix and to pass current through it. (electrolysis) [A.c.628266]

2. It is necessary to put additive to the melt of iron. Additive is powder of needed elements. Additive improves qualities of iron, but additive does not mix in melt. It is

proposed to use exothermic mixture of needed powder and put it under the metal level. [A.c.541864]

3. Small parts from ceramics or non-ferrous metals before polishing should fasten to table before grinding. For this case usually is used special mixtures of rosin and paraffin (glue). This is useful action. After grinding it is necessary to unfasten small parts, but it is difficult. This is harmful action from productivity viewpoint.

(B1 grinding operation; B2 unfastening operation)

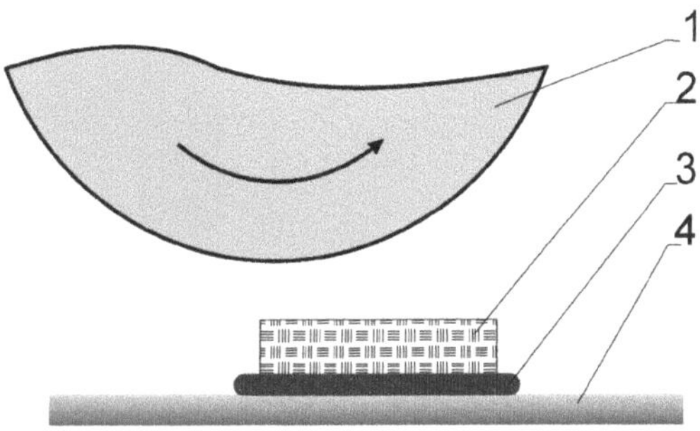

1. Grinding wheel-head; 2. Detail; 3. Glue; 4. Desk

It is proposed to fix small ceramics parts by freezing (ice works as glue).

4. To control exhaust valve of stratosphere balloon is used rope. If exhaust valve is opened, part of gas goes out, and stratosphere balloon can go down. Balloon-car is air-proof, because stratosphere balloon flies at high altitude (low pressure, low temperature).

First pilot of stratosphere balloon was Ogust Picar. It was necessary to use rope to control exhaust valve, and balloon-car should be air-proof to protect pilot from high altitude conditions. If rope is passed through wall of air-proof ballooncar, it is break of air-tightness. If it is reduced size of hole for rope, it is dangerous, the rope can stick. (A rope; B - exhaust valve; C wall of balloon-car)

It was used “liquid part of wall”. Rope is passed through pipe with mercury.

5. Sometimes, it is necessary to coat metallic surfaces with thick layer of isolation.

Sometimes later, is required to remove this layer. For this situation, during the coating process put steel wire under isolation. When this it is necessary, wire cuts isolation. But when wire try to cut isolation, difficulties is appeared:

If put thin wire, it cuts isolation well, but can to break;

If put thick wire, it doesn't break, but increase cutting forces, increase consumption of materials. (A wire; B isolation layer)

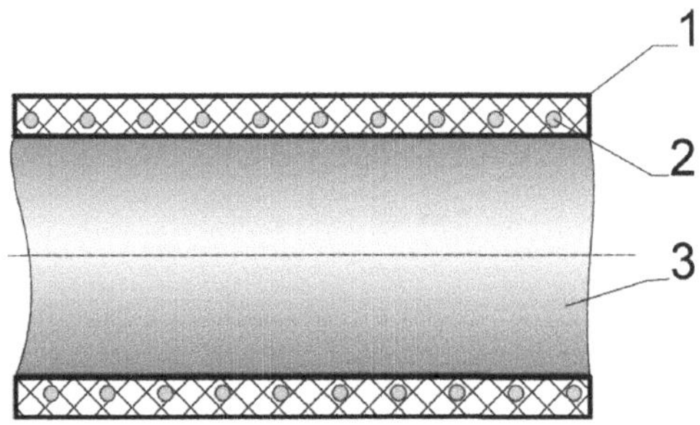

1. Thick layer of isolation; 2. steel wire; 3. metallic surface.

It is proposed to pass through the thin wire electric current before cutting isolation. Forces of cutting are decreased.

6. It is necessary to measuring diameter of grinding wheel during its work (without stop) with 0.01mm accuracy.

On the other hand, grinding wheel can be imagining as concentric circles with 0.01mm distance between them. In this case it is necessary to detect transition from one to other circle. It is possible to estimate diameter through fixing transitions and them quantity.

It is proposed to make concentric circles with different color.

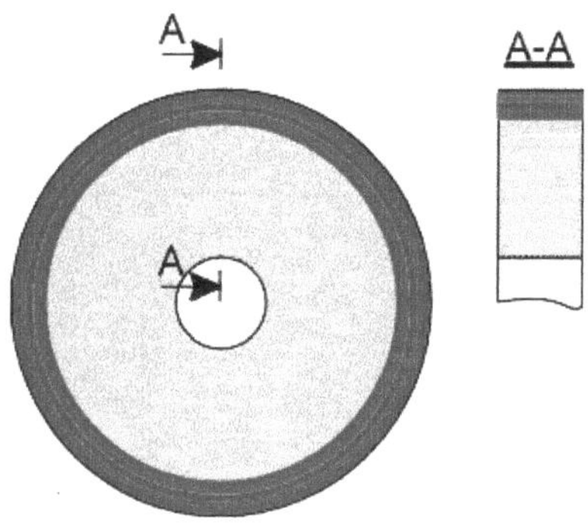

7. Hot rolling of metals requires lubrication of the deformation zone. Special brushes or sprayers usually supply the liquid lubricant. This technique does not provide uniform distribution of the lubricant in the deformation zone, the oil splashes around, and much of it is lost.

It is proposed to use a paper impregnated with the liquid lubricant is fed between the rollers and the metal strip. The paper is burnt due to the high temperature in the deformation area. [A.c.589046]

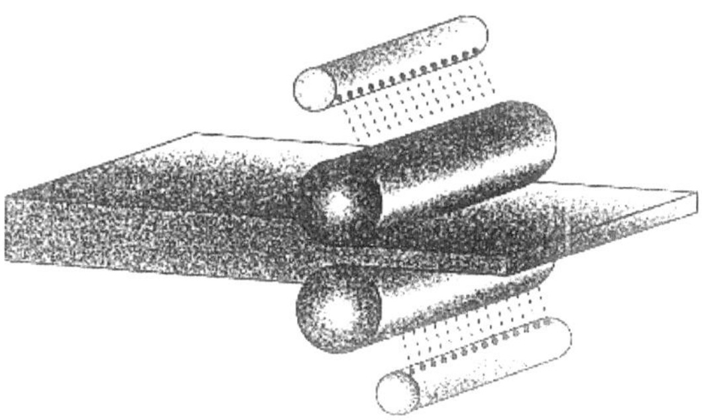

Old design:

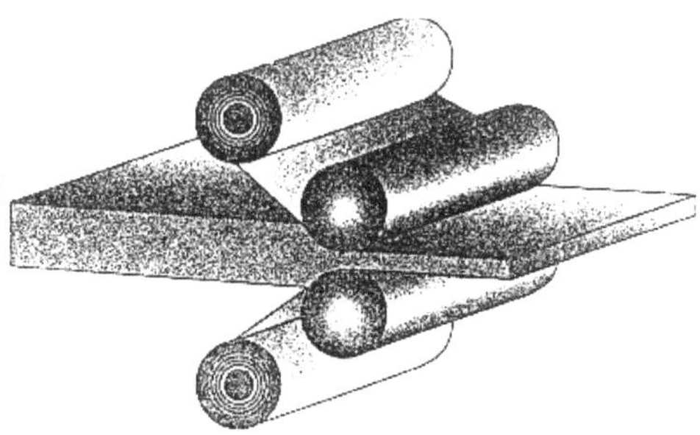

New design:

8. It is necessary to measure height of cave. But light of pocket flashlight does not touch the top of cave. It is impossible to climb by vertical surface of cave. Mountain-climbers and speleologists do not like additional weight.
It is proposed to use air-balloon to measure height of cave by length of thread.

9. When sealing a glass ampoule with liquid medicine, an overheated glass might destroy the medicine.
It is proposed to put ampoule into water leaving the ampoule's tip above the water. Water protects the rest of the ampoule from overheating. [A.c.264619]

Table 2> Principles for Physical Contradictions elimination

	Principle	Example
1	Separation of conflicting properties **in space**.	*To get rid of the dust during maintain works, a spray of dispersed water drops is used. However, they create fog. But large drops do not remove dust. It is proposed to surround the jet of small drops with a cone formed by large drops. [A.c.256708]*
2	Separation of conflicting properties **in time**.	*The aircraft with changeable geometry of a wing. See Inventive Rule 2.3.3.*
3	System transition 1a: By merging homogeneous or heterogeneous systems to a single system.	*Computers are combined to network, that allows to use one printer or Internet connection for the whole group. See Inventive Rule 3.1.1.*
4	System transition 1b: The use of an-	*To stop bleeding, a napkin with the blood of different*

	ti-system, or combination of a system with anti-system.	*group is used. [A.c.523695]See Inventive Rule 3.1.3.*
5	System transition 1c: The entire system has a property X whiles its parts have a property opposite to X.	*A working part of a vice is made of segmented plates capable of moving relatively each other. Parts of various shapes can be gripped quickly. (Parts are solid, but the fixing device is "soft".) [A.c.510350]See Inventive Rule 3.1.5.*
6.	System transition 2: transition to system working on micro-level.	*For increase accuracy, instead mechanical tap it is used "thermo-tap". Parts of "thermo-tap" have different coefficient of thermal expansion. Gap is made through the heating. [A.c.179479] See Inventive Rule 3.2.*
7	Phase transitions 1: replacement of the phase state of a system's part or external environment.	*It is proposed to use liquefied gas, instead compressed gas for pneumatic systems in mine. [A.c.252262]See Inventive Rule 5.3.1.*
8	Phase transitions 2: the use of two phase states of the same substance.	*A heat exchanger is surrounded by plates made of nitinol. When the temperature increases, the plates are bend out thus increasing the size of a surface to be cooled. [A.c.958837]See Inventive Rule 5.3.2.*
9	Phase transitions 3: the use of effects resulting from phase transition.	*For transportation of frozen loads it is proposed to use bars of ice as support (friction decreases through thawing). [A.c.601192]See Inventive Rule 5.3.3.*
10	Phase transitions 4: the use of two substances in different phase states.	*To polish parts, the polishing media consists of melted metal (plumbum) and abrasive ferromagnetic particles. [A.c.722740]See Inventive Rule 5.3.4, 5.3.5.*
11	Physical-chemical transitions: appearance- disappearance of the substance due to solution-dissolution, combination- recombination.	*A working liquid evaporates and chemically decomposes in the hot zone of a heat pipe, and combines back from components in a cold zone.* *The rubbing surface of a wooden bearing is plasticized by ammonia. For increase productivity and cost reducing of process it is proposed to use an ammonium salt that decomposes under heating (source of heat - friction). [A.c.342761]See Inventive Rule 5.5.1, 5.5.2.*

트리즈기반의 서비스 제공자들

미국

American Supplier Institute
17333 Federal Drive, Suite 220,
Allen Park, MI 48101
Tel. (313) 336-8877

Goal/QPC
13 Branch Street,
Methuen, MA 01844
Bob King, Executive Director
Tel. (508) 685-3900

Ideation International, Inc.
21800 West 10 Mile Road
Suite 119
Southfield, MI 48075
Tel. (248) 353-1313

Invention Machine Corp.
200 Portland Street,
Boston, MA 021114-1722
Val Tsourikov, CEO and TRIZ Expert.
Tel. (617) 305-9250

Renaissance Leadership Institute, Inc.
P.O. Box 659
9907 Camper Lane,
Oregon House, CA 95962
Jim Kowalick, President.
Tel. (916) 692-1944

Pragmatic Vision, Inc.
200 Portland Street,
Boston, MA 021114-1722
Simon Litvin,
Vice President and TRIZ Master
Tel. (617) 305-9260

Strategic Product Innovation, Inc.
7591 Brighton Road,
Brighton, MI 48116

Steven Ungvari, President.
Tel. (810) 220-8440

Technical Innovation Center, Inc.
60 Prescott Street
Worcester, MA 01605
Lev Shulyak, President and TRIZ Expert
Tel. (508) 799-6700
Fax: (08) 799-9944
Email: tic@triz.org
www.triz.org

The TRIZ Group
30120 Northgate Lane,
Southfield, MI 48076
Victor Fey, President and TRIZ Expert
Tel. (248) 433-3075

TRIZ Consulting, Inc.
12013C 12 Avenue Northwest
Seattle, WA 98177
Zinovy Roysen, President and TRIZ Expert
Tel. (206) 364-3116

The Altshuller Institute for TRIZ Studies www.aitriz.org

한국

한국아이템 개발(www.innokid.com)
Invention Machine Corp.의
Goldfire 판매/교육
Email : sales@innokid.com

(주)트리즈 코리아(www.triz.co.kr)
Invention Machine Corp.의
Goldfire 판매/교육
Email : info@triz.co.kr

아이디어브레인(www.ideabrain.co.kr)
Ideation International, Inc.의
IWB 판매/교육
Email : info@ideabrain.co.kr

한국트리즈협회(www.triz.or.kr)
트리즈연구회, 교육/인증제도 운영
Email : webmaster@triz.or.kr

시그마트리즈(www.sigmatriz.com)
: 역자의 홈페이지
Invention Machine Corp.의
Goldfire 판매/교육
Email : pasu@sigmatriz.com

REFERENCE

1. Poya D., Problem Solving : Translated from the English, Edited by Yu. M. Gayduk, Moscow, Uchpedgiz, 1959.
2. Poya D., Mathematical Doscovery : Trans. Ed. I.M. Yaglom, 2nd Edition, Moscow, Nauka, 1976.
3. Adamar G. Research into the psychology of the process invention in the field of mathematics. Moscow, Sov. Radio, 1970.
4. Engelmeyer P. K., Theory of Creativity, Spb, 1910.
5. Psychology of Thought, Collection of Translations : Ed. A. M. Matyushkin, Moscow, Progress, 1965.
6. Linkova N. P., Use of ASIP as methodology for the study of the inventor's activity, Included in book : Problemy metodologii projektowania, Warsaw, PWN, 1977.
7. Lapshin I. I., Philosophy of invention and invention in philosophy, Petrograd, Nauka I shkola, 1922.
8. Rainer M., Rheology, Transl. from English. Ed. E. I. Grigoliuk, Moscow, Nauka, 1965.
9. Dixon J., Projecting systems : invention, analysis and acceptance of solutions, Trans1 from English, Moscow, Mir, 1969.
10. Altshuller G. S., Shapiro P. B, On the Psychology of Inventive Creativity, Voprosy psikhologii, 1956, no. 6, pp 37-49.
11. Altshuller G. S., How to learn to invent, Tambov Book Publ., 1961.
12. Altshuller G. S., Foundations of invention, Voronezh : Central Black Earth Publ. House, 1964.

13. Altshuller G. S., Algorithm of invention, Moscow, Moscow Worker, 2nd Edit. 1973.
14. Altshuller G. S., Collection of problems and exercises on the methodology of invention.
15. Altshuller G. S., Basic methods of eliminating technical contradictions in solving inventive problems, Baku, Gyandzhlik, 1971.
16. Altshuller G. S., Analysis of solutions of inventive problems, Incl. in book, aterials for the seminar on the methodology of invention, Inst. of Heat and Mass change, Academy of Sciences of Belorussian SSR, Minsk, 1971, pp 51-133.
17. Altshuller G. S., O uzdolnieniach wynalazczych, Warsaw, Prakseologia, 1972, no. 41, pp 121-144.
18. Altshuller G. S., O teorii rozwiazywania zadar wynalazczych, Warsaw, rakseologia, 1977, no. 1-2, pp 485-495.
19. Selyutskii A. B., Slugin G. I, Inspiration on demand, Petrozavodsk, Karelia, 1977.
20. Tsonev M. G., Methods types in eliminating technical contradictions in inventive creativity, Sofia : Central Soviet for Organization of Technical Creativity, 1977.
21. Voronkov V. D., Oganising-Engineer's Handbook, Moscow, Moscow Worker, 1973.
22. Gutkin L. S., Basic trends in the theory of designing radio systems, Incl. in book: Radiotekhnika, 1976, vol. 31, no. 1, pp 2-6.
23. Methods in the search for new technical solutions, Ed. A. I. Polovinkin, Yoshkar-Ola, Mari Book Publishers, 1976.
24. Rubin I. D., Some paths in the development of electromagnetic consumption metres, Izv. Vuzov SSSR, Oil and Gas, 1977, no. 5, pp 83-86.
25. "Attention : Algorithm of Invention", Ekonomicheskaya gazeta, 1965, Sept 1.

26. Jones J. K., Engineering and Artistic Design: Transl. from English Edi. V. F. Vendy and V. M. Minipov, Moscow, Mir, 1976.
27. Bush G., Methodological foundations of scientific control of invention, Riga : Liesma, 1974.
28. Deryagin R. I., Algorithm of the solution of inventive problems, Incl in the book, Information Science and its problems, Ed. 5, Novosibirsk, Nauka, 1972.
29. Foundations of theory and general methods of patent evaluation, G. N. Anisov, I. I. Kichkin, N. M. Madatov, E. P. Skornyakov : Ed. V. N. Bakastov, Moscow, TsNIIPI, 1973.
30. Chinnov Yu. V., From my experience of solving inventive problems, Incl. in the book : Materials for the seminar on the methodology of invention, Inst of Heat and Mass Exchange, Acad of Sciences of the Belorussian SSR, Minsk, 1971, pp. 27-88.
31. Bogach V. A., We train inventors, Young Communist, 1972, no. 8, pp 5-88.
32. Kalenik V. I. Diplomas for inventors, Evening Dnepr, 1972, June 1.
33. Shuvalov V. N., Nasedkin A. I., Kulikov A. Yu., The "Golden Key" for seekers, Incl in the book : Economics and organization of industrial production, 1977, no. 3, pp 193-197.
34. Chinnov Yu. V., The logic of success, Socialist Industry, 1972, Jan. 26.
35. Golovchenko G. G., The wind energy of plants, Physiology of Plants, 1974, vol. 21, ed. 4, pp 861- 863.
36. Mitrofanov V. V,. Sokolov V. I., The nature of the Russell effect, Physics of Solid Bodies, 1974, vol. 16, no. 8, pp 24-35.

Epilogue

역자는 트리즈 관련 다수의 책들을 한국트리즈 연구회를 통해서 접하고, 출판하면서, 트리즈를 사랑하는 사람들은 이 책을 꼭 읽어야 한다는 의견을 많이 들었다. 하지만 이 책에 대한 아마존 서평에서도 알 수 있듯이 러시아어에서 영어로 번역이 형편없어서 올 초에 이 책을 한국어로 번역하기로 마음먹을 때, 한국어로 옮기는 일이 순조로울까 걱정을 많이 했었다. 그런데도 트리즈 관련 알트슐러의 저서들이 역자의 손을 거쳐 4권이 전부 국내에 소개되는 그랜드 슬램을 꼭 이루고 싶다는 희망을 저 버릴 수 없었다.

그 동안 출판했던 책들을 간단히 견주어 보는 것도 나쁘지는 않을 것 같다. 〈그러자 갑자기 발명가가 나타났다〉는 다양한 트리즈 사례를 접할 수 있어서 트리즈 초보자들에게 적당하고, 〈40가지 원리〉는 그림으로 40가지 발명원리를 알기 쉽게 소개하고 있어서, 역시 트리즈 초보자에게 소개할 만한 책이다. 〈이노베이션 알고리즘〉은 이상성, 기술적 모순, 기술진화와 같은 중요한 개념을 여러 공학 분야의 다양한 사례를 통해서 설명하고 있어서 트리즈 전문가가 되려는 사람은 반드시 읽어야 하는 책이다.

그렇다면 이번에 출판되는 책〈에디슨은 Why 시행착오를 더 했을까?(Creativity as an Exact Science)〉는 어떤가? 이 책은 트리즈 여러 도구들의 이론적 배경, 그리고 그것들을 어느 단계에서 어떻게 사용할 것인가 자세히 설명하고 있다. 제목에서 암시하듯이 트리즈가 하나의 발명이론으로 그치지 않고, 트리즈를 통해 과학으로서 창의성을 얻을수 있다고 주장하고 있다.

러시아어에서 영어로 번역되면서 어려워진 내용을 분명하게 이해하기 위해서 역자의 트리즈 책 출판 경험은 많은 도움이 되었다. 알트슐러는 고맙게도 일부 사례들이 다른 책에서 동일하게 사용하였다. 다른 책에서 같은 사례를 사용한다고 해서 트리즈 깊은 맛이 없어지는 것이 아니라, 트리즈의 여러 도구들을 이해하는 데는 오히려 더 도움이 되었다. 사실 알트슐러는 사례들을 제시할 때, 많은 특허 중에서 골랐기 때문에 트리즈의 표준 문제들이라고 해도 좋다. 알트슐러는 표준 문제를 200여개만 알고 있다면, 그것들이 문제의 바다에서 나침반 역할을 할 수 있다고 하였다. 따라서 역자 생각에는 트리즈 이론도 중요하지만, 알트슐러가 제시한 여러 사례들을 이해하는 것만으로도 독자들의 창의성은 일취월장할 것이다. 또한 이것만으로도 독자들은 과학 창의성 분야에서 많은 시간을 절약하게 될 것이다. 또한 본문 내용 중에 보충 설명이 필요한 부분에는 원서에는 없었던 주석을 달아 독자의 이해를 돕고자 하였다.

트리즈 각 기법들을 어느 정도 익힌 독자라면 각 부록은 아리즈의 학습을 위해 귀중한 자료가 될 것으로 판단하여 이 책에는 아리즈-77을 자세히 담았다. 이 책을 읽고 트리즈에 대한 호기심과 열정이 생겨, 계속 아리즈를 공부하고자 하는 독자를 위해 아리즈의 마지막 버전인 아리즈-85c를 영문 번역본 그대로 실었다. 또한 실용적으로 아리즈와 친근해질 수 있도록 〈물안경의 렌즈는 why 있는 것일까?〉라는 책을 준비했다.

이 책을 출판하기 위해 수고한 분들이 있다. 먼저 2003년도 〈트리즈연구회〉에서 이 책을 다루면서 참여했던 많은 〈트리즈연구회〉 회원들에게 감사한다. 초벌 원고에 있는 오류에 대해 많은 지적을 해준 삼성 SDI 김원식 박사, 마지막 교정단계에서 원고의 수준 향상을 위해 시간을 아끼지 않은 한국트리즈협회 김익철 회장, 삼성전자 정진하, 포스코 허윤기, RIST 정우철, KISTEP 박수동, 연세대학교 창의공학연구센터 정지범께 진심으로 감사한다. 끝으로 이 책은 2006년 인터비젼에서 초판을 출간한 후 다시 수정과 교정을 거듭하여 수정판을 출간하게 되었다. 트리즈 관련 출판에 열성을 보이는 GS인터비전 송기수사장께 진심으로 큰 감사한다.

역자 박성균, 박선순

2012년 1월

본서의 원제는 [CREATIVITY AS AN EXACT SCIENCE]이며
<창의성은 과학이다>라는 제목으로 발간된 것이 있음

TRIZ는 과학이다

2012년 3월 10일 초판 인쇄
2013년 9월 10일 2 쇄 발행

역　　자 박성균, 박선순
발 행 인 송기수
발 행 처 도서출판 GS인터비전
편 집 처 도서출판 GS인터비전
인 쇄 처 대일문예사
등록번호 제 25100-2016-000050 호
I S B N 978-89-93668-75-9 (92530)

주　소 서울 은평구 증산로15길 69, 2층
전　화 02-976-7898, 02-3272-7898. 0707-720-7898
팩　스 02-6468-7898
홈페이지 gsintervision.co.kr
E-Mail gsinter7@gmail.com

정 가 23,000원